第一推动丛书:生命系列
The Life Series

# 惊人的假说
## The Astonishing Hypothesis

[英] 弗朗西斯·克里克 著　汪云九 等 译
**Francis Crick**

U0756502

CBK 湖南科学技术出版社

THE
FIRST
MOVER

# 总序

《第一推动丛书》编委会

　　科学，特别是自然科学，最重要的目标之一，就是追寻科学本身的原动力，或曰追寻其第一推动。同时，科学的这种追求精神本身，又成为社会发展和人类进步的一种最基本的推动。

　　科学总是寻求发现和了解客观世界的新现象，研究和掌握新规律，总是在不懈地追求真理。科学是认真的、严谨的、实事求是的，同时，科学又是创造的。科学的最基本态度之一就是疑问，科学的最基本精神之一就是批判。

　　的确，科学活动，特别是自然科学活动，比起其他的人类活动来，其最基本特征就是不断进步。哪怕在其他方面倒退的时候，科学却总是进步着，即使是缓慢而艰难的进步。这表明，自然科学活动中包含着人类的最进步因素。

　　正是在这个意义上，科学堪称为人类进步的"第一推动"。

　　科学教育，特别是自然科学的教育，是提高人们素质的重要因素，是现代教育的一个核心。科学教育不仅使人获得生活和工作所需的知识和技能，更重要的是使人获得科学思想、科学精神、科学态度以及科学方法的熏陶和培养，使人获得非生物本能的智慧，获得非与生俱来的灵魂。可以这样说，没有科学的"教育"，只是培养信仰，而不是教育。没有受过科学教育的人，只能称为受过训练，而非受过教育。

　　正是在这个意义上，科学堪称为使人进化为现代人的"第一推动"。

　　近百年来，无数仁人志士意识到，强国富民再造中国离不开科学技术，他们为摆脱愚昧与无知做了艰苦卓绝的奋斗。中国的科学先贤们代代相传，不遗余力地为中国的进步献身于科学启蒙运动，以图完成国人的强国梦。然而可以说，这个目标远未达到。今日的中国需要新的科学启蒙，需要现代科学教育。只有全社会的人具备较高的科学素质，以科学的精神和思想、科学的态度和方法作为探讨和解决各类问题的共同基础和出发点，社会才能更好地向前发展和进步。因此，中国的进步离不开科学，是毋庸置疑的。

　　正是在这个意义上，似乎可以说，科学已被公认是中国进步所必不可少的推动。

　　然而，这并不意味着，科学的精神也同样地被公认和接受。虽然，科学已渗透到社会的各个领域和层面，科学的价值和地位也更高了，但是，毋庸讳言，在一定的范围内或某些特定时候，人们只是承认"科学是有用的"，只停留在对科学所带来的结果的接受和承认，而不是对科学的原动力——科学的精神的接受和承认。此种现象的存在也是不能忽视的。

　　科学的精神之一，是它自身就是自身的"第一推动"。也就是说，科学活动在原则上不隶属于服务于神学，不隶属于服务于儒学，科学活动在原则上也不隶属于服务于任何哲学。科学是超越宗教差别的，超越民族差别的，超越党派差别的，超越文化和地域差别的，科学是普适的、独立的，它自身就是自身的主宰。

　　湖南科学技术出版社精选了一批关于科学思想和科学精神的世界名著，请有关学者译成中文出版，其目的就是为了传播科学精神和科学思想，特别是自然科学的精神和思想，从而起到倡导科学精神，推动科技发展，对全民进行新的科学启蒙和科学教育的作用，为中国的进步做一点推动。丛书定名为"第一推动"，当然并非说其中每一册都是第一推动，但是可以肯定，蕴含在每一册中的科学的内容、观点、思想和精神，都会使你或多或少地更接近第一推动，或多或少地发现自身如何成为自身的主宰。

再版序
一个坠落苹果的两面：
极端智慧与极致想象

龚曙光
2017年9月8日凌晨于抱朴庐

　　连我们自己也很惊讶，《第一推动丛书》已经出了25年。

　　或许，因为全神贯注于每一本书的编辑和出版细节，反倒忽视了这套丛书的出版历程，忽视了自己头上的黑发渐染霜雪，忽视了团队编辑的老退新替，忽视好些早年的读者，已经成长为多个领域的栋梁。

　　对于一套丛书的出版而言，25年的确是一段不短的历程；对于科学研究的进程而言，四分之一个世纪更是一部跨越式的历史。古人"洞中方七日，世上已千秋"的时间感，用来形容人类科学探求的速律，倒也恰当和准确。回头看看我们逐年出版的这些科普著作，许多当年的假设已经被证实，也有一些结论被证伪；许多当年的理论已经被孵化，也有一些发明被淘汰……

　　无论这些著作阐释的学科和学说，属于以上所说的哪种状况，都本质地呈现了科学探索的旨趣与真相：科学永远是一个求真的过程，所谓的真理，都只是这一过程中的阶段性成果。论证被想象讪笑，结论被假设挑衅，人类以其最优越的物种秉赋 —— 智慧，让锐利无比的理性之刃，和绚烂无比的想象之花相克相生，相否相成。在形形色色的生活中，似乎没有哪一个领域如同科学探索一样，既是一次次伟大的理性历险，又是一次次极致的感性审美。科学家们穷其毕生所奉献的，不仅仅是我们无法发现的科学结论，还是我们无法展开的绚丽想象。在我们难以感知的极小与极大世界中，没有他们记历这些伟大历险和极致审美的科普著作，我们不但永远无法洞悉我们赖以生存世界的各种奥秘，无法领略我们难以抵达世界的各种美丽，更无法认知人类在找到真理和遭遇美景时的心路历程。在这个意义上，科普是人类极端智慧和极致审美的结晶，是物种独有的精神文本，是人类任何其他创造 —— 神学、哲学、文学和艺术无法替代的文明载体。

在神学家给出"我是谁"的结论后，整个人类，不仅仅是科学家，包括庸常生活中的我们，都企图突破宗教教义的铁窗，自由探求世界的本质。于是，时间、物质和本源，成为了人类共同的终极探寻之地，成为了人类突破慵懒、挣脱琐碎、拒绝因袭的历险之旅。这一旅程中，引领着我们艰难而快乐前行的，是那一代又一代最伟大的科学家。他们是极端的智者和极致的幻想家，是真理的先知和审美的天使。

我曾有幸采访《时间简史》的作者史蒂芬·霍金，他痛苦地斜躺在轮椅上，用特制的语音器和我交谈。聆听着由他按击出的极其单调的金属般的音符，我确信，那个只留下萎缩的躯干和游丝一般生命气息的智者就是先知，就是上帝遣派给人类的孤独使者。倘若不是亲眼所见，你根本无法相信，那些深奥到极致而又浅白到极致，简练到极致而又美丽到极致的天书，竟是他蜷缩在轮椅上，用唯一能够动弹的手指，一个语音一个语音按击出来的。如果不是为了引导人类，你想象不出他人生此行还能有其他的目的。

无怪《时间简史》如此畅销！自出版始，每年都在中文图书的畅销榜上。其实何止《时间简史》，霍金的其他著作，《第一推动丛书》所遴选的其他作者著作，25年来都在热销。据此我们相信，这些著作不仅属于某一代人，甚至不仅属于20世纪。只要人类仍在为时间、物质乃至本源的命题所困扰，只要人类仍在为求真与审美的本能所驱动，丛书中的著作，便是永不过时的启蒙读本，永不熄灭的引领之光。

虽然著作中的某些假说会被否定，某些理论会被超越，但科学家们探求真理的精神，思考宇宙的智慧，感悟时空的审美，必将与日月同辉，成为人类进化中永不腐朽的历史界碑。

因而在25年这一时间节点上，我们合集再版这套丛书，便不只是为了纪念出版行为本身，更多的则是为了彰显这些著作的不朽，为了向新的时代和新的读者告白：21世纪不仅需要科学的功利，而且需要科学的审美。

当然，我们深知，并非所有的发现都为人类带来福祉，并非所有的创造都为世界带来安宁。在科学仍在为政治集团和经济集团所利用，甚至垄断的时代，初衷与结果悖反、无辜与有罪并存的科学公案屡见不鲜。对于科学可能带来的负能量，只能由了解科技的公民用群体的意愿抑制和抵消：选择推进人类进化的科学方向，选择造福人类生存的科学发现，是每个现代公民对自己，也是对物种应当肩负的一份责任、应该表达的一种诉求！在这一理解上，我们将科普阅读不仅视为一种个人爱好，而且视为一种公共使命！

牛顿站在苹果树下，在苹果坠落的那一刹那，他的顿悟一定不只包含了对于地心引力的推断，而且包含了对于苹果与地球、地球与行星、行星与未知宇宙奇妙关系的想象。我相信，那不仅仅是一次枯燥之极的理性推演，而且是一次瑰丽之极的感性审美……

如果说，求真与审美，是这套丛书难以评估的价值，那么，极端的智慧与极致的想象，则是这套丛书无法穷尽的魅力！

谨将此书献给克里斯托弗·科赫，没有他的热情鼓励和支持这本书就不可能面世。

# 写给中国读者

很高兴《惊人的假说》一书已被译成中文。这使得它可以供许许多多有学识的中国读者阅读。这本书是为对意识问题感兴趣的非科学界人士，同时也为科学家，特别是那些具有一些神经科学背景的科学家而著。

自1994年本书出版以来，神经科学又取得若干进展。尼科斯·罗格赛西斯（Nikos Logothetis）和他的同事们对双眼竞争的研究已经延伸到其他的皮质区，特别是视觉等级系统的较高层次，比如颞下区（IT）。一个引人注目的结果是：很大一部分的相关神经元都按照猴子预先推测的感知（percept）而活动，其中许多采取"全或无"的方式，这很明确地表明在这特定的任务中，这些神经元的发放确实是意识的部分神经对应物。我们热切地期待有更多类似的工作成果发表。

基于神经解剖学证据，克里斯托弗·科赫（Christof Koch）和我认识，当视觉信息经过我们的眼睛时，尽管大部分信息通过初级视觉皮质，但是人们并不能直接地知道在V1视区上的神经元的发放。我们确信意识是由视觉等级系统中的较高层次来清晰地表达。现在，视觉心理学的一些新的实验证据支持了我们的假设，但这还不足以证明它。

戴维·米尔纳（David Milner）和梅尔温·古戴尔（Melvyn Goodale）于1995年出版了一本重要著作，名为《行动中的视觉脑》。在书中，他们提出在脑中或许存在着快速的"在线"系统，它对简单的视觉输入可以作出适当的、但稍显刻板的行为响应，就像伸手去抓个杯子那样。这些系统是快速且无意识的。相反地，米尔纳和古戴尔还提出存在着一个与此相并行的较慢的意识系统，而它可以处理更复杂的视觉情况，并且能够影响到许多不同的运动输出(包括语言)的选择。这种有意识的和无意识的两个系统并存的思想是一个令人振奋的假说，但是这些假定的通路究竟怎样工作，它们又是如何相互作用的，还远远没有搞清楚。

已故的欧文·洛克（Irvin Rock）从心理学的角度指出，视觉系统是将复杂特征的表达建立在简单特征表达基础之上的分等级系统。他还做了一些实验支持这种想法，这与吉布森（J. J. Gibson）所偏爱的直接感知的过于简单的假设是相矛盾的。

总之，自从这本书问世以来已有某些进展。但到目前为止，还没有强有力的证据所支持的重大突破。它能使我们得出这样一个清晰的假设，即脑究竟干了些什么才使得我们具有了意识。在这种突破到来之前，我们不大可能解决可感受的特性(如蓝色的程度)这样一个令人困惑的问题。与此同时，哲学家们会继续喋喋不休地反对这个观点。

我希望这本译著能够引起中国读者在意识问题方面的兴趣，并且能鼓舞其中一些人对这一困难且具有极大魅力的课题开展实验研究。

# 前言

本书试图用科学方法来解释意识的奥秘。在此，我并非想给出关于意识问题的直截了当的答案。我倒希望能够如此，但是目前似乎太困难了。当然，某些哲学家误认为已经解决了这一问题，但对我而言，他们的解释并不属于科学真理的范畴。这里我想做的是勾画出意识问题的本质，并提出一些如何用实验方法来研究这一问题的建议。我将要提出的是一个特定的研究策略，而不是一个充分发展的理论。我想要知道的是，当我看某个东西时，在我头脑中究竟发生了什么事情。

某些读者也许会发现这种思维方法有点令人失望。因为它有意避开那些他们乐于听到的关于意识的许多议论，特别是如何定义意识。仅仅靠争论清楚关于战斗一词的意义，你不可能赢得胜利。你需要一支训练有素的队伍，装备精良的武器和出奇制胜的谋略，然后才能有效地击溃敌人。这些同样适合于解决一个困难的科学问题。

本书是为那些对于意识问题有科学兴趣却没有专业知识的一般读者而写的。这意味着我必须用相对简单的术语去解释关于意识的方方面面。即便如此，某些读者仍会发现本书的某些部分难于理解。对此，我想说：不要因为那些不熟悉的争论和实验细节的复杂性而泄气。

再坚持一下，或者干脆只是浏览一下这些难懂的章节，大致的意思一般是很容易懂的。

研究心脑问题的哲学家和科学家，将会清楚地看到我忽略了许多他们非常感兴趣的问题。尽管这样处理过于简单化，我仍希望他们能从本书中学到些东西，即便只是在他们所知甚少的章节中。我尽量避免对事实的曲解，由于大自然的极端多样性，在生物学中做到这一点不太容易。同样我也不能完全避免观点上的曲解。意识问题是一个远未取得一致意见的研究课题。没有一些最初的偏见我们不可能得到什么结果。读者将会明白，此刻我并不热衷于功能主义和行为主义的观点，也不倾向于数学家、物理学家或哲学家的论调。也许我明天就会发现此时思考问题的错误，但今日我仍尽力而为。

现在应该从科学的角度来思考意识问题（以及它与假设上永存的灵魂的关系），而且最重要的是，现在是开始严肃而精心地设计实验来研究意识问题的时候了。这正是本书给出的启示。

以下关于本书的概述将有助于引导读者穿越脑科学的丛林。本书主要分为三个部分。第一部分由以下几章组成：

第1章，我开始大胆地陈述我的"惊人的假说"。它概括了我研究脑的方法。为了弄清楚我们自身，必须要知道神经细胞是如何活动的，它们又是如何进行相互作用的。接着，比较了意识和灵魂的前科学思想与宇宙的现代科学知识的不同。最后，我简要地讨论一些带有哲学味道的问题，诸如还原论、可感受性、突现行为以及世界的现实性。

　　第2章略述了意识的一般性质［如1个世纪前威廉·詹姆斯(William James)和3位现代心理学家所论述的］，并把它与注意机制和极短时记忆联系在一起。然后是我为解决这个问题而做出的种种假设，说明了我为什么要集中于一类特殊的意识（视觉意识），而不是其他类型的意识，如痛的意识、自我意识等问题。

　　第3章说明了为什么多数人所具有的关于如何看东西的朴素想法在很大程度上是不正确的。虽然，至今我们还不清楚当我们观看事物时，头脑中真正发生了什么，但是，至少可以大概地说出用科学的方法来研究这一问题的可能途径。第4章、第5章用相当长的篇幅描述了视知觉心理学中的少数几个复杂问题。这些章节将会给读者一个印象，即什么是必须解释清楚的。

　　第二部分主要对大脑，特别是视觉系统，作了扼要的概述。我不想给读者过多细节的描写，只提供了关于神经系统如何组织和如何工作的一些知识。我首先在第7章中概述了脑的解剖学，紧接着在第8章中给出了单个神经细胞的简单描述。第9章介绍了有关脑研究中常用的(包括细胞学和分子生物学的)实验方法。随后的两章概述了较高级灵长类视觉系统的一般性质。第12章说明了如何从研究大脑受到伤害的患者病例中获得有用的信息。第二部分以第13章为结论，描写了各种理论模型(称为"神经网络")，它可以用来模拟由一小群类似神经元所构成的单元的行为。

　　前两部分为进入第三部分提供了必要的背景知识。在第三部分中论述了各种可能的研究视觉意识的实验方法。其中任何一种都还没能导致谜底的揭晓，但其中有些方法是有前途的。作为第三部分的结论，第18章讨论了由于我的提法而引起的一些普遍争议。最后我用关于"自由意志"的跋作为本书的结束语。

为使文章保持紧凑，我把不太重要的论据作为脚注给出，并提供了词汇表以便对正文中的科学术语加以简明扼要的解释。此外，在词汇表前，对长度、时间和频率等共同的科学单位有注记，这是因为脑活动发生的距离和时间比之日常经验中要小得多。

对于那些愿意就某些主题作深入探究的读者，我提供了进一步阅读的书目表，有的适合于外行，有的适合于专家。在多数情况下，关于它们的内容，我加上了简短的评注。正文中方括号里的上标号码，牵涉技术性更强的参考文献，主要是发表于一些研究性的期刊上的（本书的附录部分列出了这些参考文献，译者注）。这仅仅是包含了有关文献中的极少部分，但提供了进一步具体探索的起点。我并不想把这些论文推荐给外行读者，因为多数论文写得太艰深、太枯燥了。

我要对那些指出本书不足之处的读者致以最崇高的敬意。但我对于一般性讨论缺乏热情。许多人对意识问题有其自己的想法，其中不少人觉得很有必要见诸于笔端。请原谅，我不能通读许多读者有关这一主题的所有来信。我的常规做法是，只考虑那些在有参考价值的期刊上和有信誉的出版商出版的书籍中发表的思想。否则的话，别人的叽叽喳喳的建议会使我无法有效地思考。我将继续探索这些困难的问题。希望这个前言会引起读者的一些兴趣。

# 致谢

在著书过程中，我曾得到过许多人的帮助，其中少数人为此做出了决定性的贡献。我的同事克里斯托弗·科赫不仅同我一起发展了这些思想，而且在撰稿的几个阶段都作了详尽的评论。谨以此书献给他。我的校订者，Scribners公司的Barbara Grossman，提出了中肯的建议，使文稿得到相当大的改进。多余的一些材料已果断地删去了，而剩余的部分已作了有说服力的校订，以使它更为清晰易读。书中还有难以阅读的部分，这就是我的过错了。担任十六年之久的我的私人助手，Maria Lang不仅要一章接一章、一个版本接一个版本地辨认我的手写稿，而且为插图的正确格式及获得合法使用权、为完成办公室必要的各种杂务都付出了辛勤的劳动。我要特别感谢他们三位。

我还要感谢对我的手稿的较早版本提出建议与评论的那些朋友们。他们是Tom Albright, Patricia Churchland, Paul Churchland, Odile Crick, Antonio Damasio, Peter Dayan, Ray Jackendoff, Graeme Mitchison, Read Montague, Leslie Orgel, Piergiorgio Odifreddi, V．S．Ramachandran（Rama），Paul Rhodes, Terry Sejnowski和Dan Voll。他们的评论已使文稿水平得到很大提高，而且消除了很多错误。他们不应对出现的错误负责。

我还要感谢Jamie Simon，他重新绘制了许多插图及创作了一些新图，还加上了一些简练的注释。

最后，我的妻子，奥黛尔，能够容忍我接连数月全神贯注地思考这些困难的问题。没有她爱的支持和理解，这本书根本不会面世。

# 译校者序

译校者
1997 年 9 月于北京
中国科学院生物物理所

意识问题是对当代科学的巨大挑战。著名的数理科学家罗杰·彭罗斯在《皇帝新脑》一书中阐述了电脑、人脑及物理定律之间的相互关系。他假托一个故事作为该书的开场白，故事说某单位设计成功一台性能卓越、速度惊人的"超子"电脑，并在新闻发布会上让它当众回答出席者的各种问题。与会者生怕自己的问题太粗浅而踌躇不前。突然，一位"不知天高地厚"的十几岁男孩打破了沉默。他羞怯地问道："你现在的感觉如何？""超子"茫然不知所措。彭罗斯借此说明，计算机虽然取得巨大成功，但与人脑相比，仍有许多原则区别。现在，尽管人类设计的计算机能够战胜国际象棋世界冠军，但它并不具备意识功能。

意识问题历来是哲学家十分关注的研究对象，但是，经过长达几个世纪的探索，仍没有取得实质性进展。心理学从哲学中分化出来以后，也把意识问题作为重要的研究课题。自从德国心理学家冯特把心理学看作是一门行为科学之日起，意识问题就被打入冷宫。大多数神经科学家往往讳言自己的研究与意识问题有关。只有当他们功成名就之后，才会对此发表议论。例如：谢林顿、埃克尔斯等人，在他们获得诺贝尔奖以后，就出版了若干著作论述自己对意识问题的看法。由于意识问题的极端复杂性，至今还没有取得突破性进展。

　　本书作者克里克独辟蹊径，坚持一个数理科学家朴素的唯物主义思想，大胆地提出了一个基于"还原论"的"惊人的假说"。他认为"人的精神活动完全由神经细胞、胶质细胞的行为和构成及影响它们的原子、离子和分子的性质所决定"。他坚信，意识这个心理学的难题，可以用神经科学的方法来解决。在《惊人的假说》一书中，他把视觉作为研究意识问题的突破口，认为意识源于"注意"和"短时记忆"相结合的过程。在本书的末尾，作者大胆地涉足"自由意志"问题。他分析了某些大脑损伤患者的行为反应，提出"自由意志"的解剖部位可能与"前扣带回"密切相关。他还提出了研究意识问题的一系列心理学、解剖学和神经科学的实验设计和方法。这些观点、理论和方法显然是对意识问题研究中长期处于主导地位的哲学、心理学思想方法的严重挑战。"惊人的假说"把一个长期困扰哲学、心理学界的复杂的意识问题还原成一个典型的现代神经科学问题，确实有些出人意外。

　　本书出版时适逢国际学术界对意识问题重新发生兴趣的时期。一方面计算机科学迅速发展和普及，个人电脑正在进入千家万户，计算机的功能愈来愈强大。但是，要想设计一个具有独立意识、能主动感知和适应周围环境的自动机，却遇到一些不可逾越的困难。虽然20世纪80年代后期人工神经网络取得某些进展，但与人的复杂行为相比，尚有许多本质差别。另一方面，近年来脑科学、神经科学发展迅速。20世纪90年代被科学界称为"脑的十年"。现在一些新的实验仪器技术，如：正电子发射断层图(PET)、功能性磁共振技术(fMRI)等无损伤性技术的发明和改进，可以探测正常情况下人的神经活动。这些实验技术为探索意识问题提供了前所未有的实验证据和可能性。科学的进步，人类生产活动和社会活动的需要，呼唤人类揭开意识的奥秘。在此背景下，克里克的"惊人的假说"应运而生，揭开了用自然科学方法研究意识问题的序幕。

克里克是学界泰斗，他与沃森一起因发现DNA双螺旋结构而获得1962年诺贝尔医学奖，开创了分子生物学的新时代。70年代，他把兴趣转向神经科学，特别对视觉系统的理论和模型产生了浓厚的兴趣。他认为，自从双螺旋模型提出以后，分子生物学中的一些基本问题大体上已得到解决，而人类对自身的精神活动理解得太少。经过深入的调查研究，他选择了意识问题作为研究目标。

译校者们极为赞赏克里克的朴素的唯物主义思想。人脑是一个极其复杂的系统。系统论的精髓在于系统的功能不能完全还原成组成单元。特别是非线性系统，其复杂性远非是个别单元可预测的。系统的组织结构、层次关系对系统的功能起重要作用。意识问题是心理学中最为复杂的一个问题。在一段相当长的时间内，宗教的、哲学的、心理学的和神经科学的解释可能仍会各执一词、长期共存。令人欣慰的是，人们终于开始用自然科学的方法探索意识问题了。我们很高兴把克里克著作的中文简体译本献给中国的读者，为对此问题有兴趣的读者提供一本重要的参考书。

原书出版不久，我们收到了程子习博士(我组已毕业硕士生)从美国寄来的克里克的原版书。现在我们研究组正从事视觉理论与模型研究，承担着国家自然科学基金委重大项目。大家抱着极大的兴趣读完了这本深入浅出的著作。我们感到这是一本难得的好书，对我们当前的研究工作具有重要的参考价值。我们有义务向中国读者作一介绍，因此，我们向湖南科学技术出版社"第一推动丛书"编辑部推荐了此书，立即得到他们的积极响应。

本书中译本是我们研究组的集体劳动成果。为了培养青年人的译作能力，大部分译稿由博士研究生执笔。参加翻译、核校及审订者为吴新年、崔嵩(第1章至第6章)；潘晓川、齐翔林(第7章、第8章、第10章)；曾晓东、齐翔林、王志宏、汪云九(第9章、第11章至第18章)；汪云九、齐翔林、潘晓川、王志宏、倪睿、杨谦(其余部分)。我们从译校工作中学习了很多东西。但是，由于国内尚无专门研究"意识"问题的机构和队伍，个别名词在不同专业中也有不同译法；此外，国外研究"意识"问题的思想、理论尚未为国内学术界所熟悉，再加上我们对此问题认识上的粗浅，因此，译作中的错误在所难免，望读者发现后不吝指教。

我们感谢国家自然科学基金委员会、中国科学院视觉信息加工开放实验室多年来的资助，使得我们有可能在我们感兴趣的领域内从事长期研究，并提供必要的时间和条件，保证了本书的翻译出版。最后，感谢湖南科学技术出版社承诺了本书的出版工作，通过谈判取得本书中译本的出版权。

# 目录

# 第1章
# 引言

　　问：什么是灵魂?

　　答：灵魂就是离开躯体但却具有理智和自由意志的活的生物体。[1]

——《罗马天主教教义问答手册》

　　惊人的假说是说，"你"，你的喜悦、悲伤、记忆和抱负，你的本体感觉和自由意志，实际上都只不过是一大群神经细胞及其相关分子的集体行为。正如刘易斯·卡罗尔 ( Lewis Carroll ) 书中的爱丽丝 ( Alice ) 所说："你只不过是一大群神经元[2]而已。"这一假说和当今大多数人的想法是如此不相容，因此，它可以真正被认为是惊人的假说。

　　在所有的民族和部落之中，人类对大自然特别是自身特性的兴趣由来已久，尽管其表现方式有所不同。这可以追溯到有历史记载的远古时代，并且肯定比这个时间还要早。这从人类广泛出现的精致的墓葬中就可以作出判断。大多数宗教都认为，人死后仍存在某种形式的

---

1. 当我的妻子奥黛尔 ( Odile ) 还是一个小姑娘时，一位年长的爱尔兰女子给她上过宗教教义课。该老师把"being" ( 生物 ) 念成"be-in"。奥黛尔把它听成了"bean" ( 蚕豆 )。她对灵魂是脱离躯体的"活蚕豆" ( living bean ) 的想法着实感到迷惑不解。但她只是把困惑埋在了心头，并没有和别人讲。

2. "神经元" ( neuron ) 是神经细胞 ( nerve cell ) 的科学术语。

精神，它在一定程度上体现了人类的本质。如果失去精神，躯体就不能正常工作。人死后灵魂会离开躯体，至于以后会发生的事情，是上天堂、下地狱，还是入炼狱或者转世成为驴或蚊虫什么的，不同的宗教则有不同的说法。并非所有的宗教在细节上都完全一致。这通常是由于它们基于不同的教义，如基督教的《圣经》和伊斯兰教的《古兰经》就形成了鲜明的对比。尽管不同的宗教存在差异，但至少在一点上它们有着广泛的共识：人类确实具有灵魂，这并不仅仅是一种比喻。当今大多数人还抱有这一信念，而且在许多情况下，这一信念相当强烈和执着。

当然也有少数例外。其中之一是少数追随亚里士多德（Aristotle）的极端的基督教徒，他们怀疑女人是否具有灵魂或具有和男人一样品质的灵魂。某些宗教很少关心死后的生活，如犹太教就是如此。动物是否具有灵魂，不同的宗教也有不同的说法。有一个笑话说，哲学家（尽管他们也有区别）大体上可分成两类：自己养狗的确信狗有灵魂；自己没有狗的则否认灵魂的存在。

然而，今天仍有少数人（包括社会主义国家的一大部分人）持有完全不同的观点。他们认为，有别于躯体且不遵从我们已知的科学规律的灵魂完全是一种神话。我们很容易理解这类神话产生的原因。的确，倘若我们不甚了解物质、辐射以及生物进化的本质，那么这种神话的出现似乎就不足为奇了。

那么，灵魂这一基本概念为什么应当被怀疑呢？当然，如果绝大多数人都相信灵魂，在表面看来，这本身也是灵魂存在的证据。不过，4000年前，几乎每个人都相信地球是平的。现在，这一观点已发生了根本变化，其主要原因是现代科学的进步。按照我们今天的标准，地球是个很小的地方，但在当时却被认为很大，尽管当时还不知道它的确切尺寸。我们今天的大多数宗教信仰就起源于那个时代。任何一个人的直接知识仅仅来源于地球上的一个小小的部分。因而，当时人们有理由认为，地球是宇宙的中心，而人类处于宇宙的领导地位。随着时间的流逝，地球的起源渐渐被人们遗忘。而当时认为的地球的时间跨度，尽管与人的经历相比显得很长，但在今天看来仍然短得可笑。那时人们相信，地球的寿命少于1万年，这在今天看来是不难理解的。现在我们已经知道，它的真正年龄是46亿年。在当时看来，星星似乎离我们很远，大概固定在球形的太空。而实际上宇宙可延伸到无限远（大于100亿光年），这在当时简直是不可想象的事情（某些东方宗教，如印度教，则是例外。他们把夸大时间和距离纯粹作为一种乐趣）。

在伽利略（Galileo）和牛顿（Newton）之前，我们的基础物理学知识还是很原始的。太阳和行星被认为是以某种非常复杂的方式有规律地运动着。因而他们有理由相信，只有天使才能引导它们。还有什么别的力量能使它们的行为如此有规律呢？甚至到了十六、十七世纪，我们对化学的理解大部分还是不正确的。事实上，直至20世纪初，还有某些物理学家怀疑原子是否存在。

今天，我们已经知道了很多有关原子的特性，并赋予了每种元素一个原子序数。我们已经详细地了解到它们的结构以及控制它们行为的大部分规律。物理学已经为化学提供了理论框架。我们的有机化学知识与日俱增。

　　我们承认，在很短的距离（在原子核内）、极高的能量及极大的引力场中发生的事情我们还不能真正理解。但是大多数科学家认为，对于地球上我们通常所处的条件（只有在非常特殊的情况下，一个原子才转变为另外一个原子），我们知识上的这种不完备性，对理解思维和脑影响不大。

　　除了基本的化学和物理学知识之外，地球科学（如地理学）和天文科学（天文学和宇宙学）已经为我们生存的世界和宇宙描绘了一幅与传统宗教建立时的基本观念迥然不同的图画。宇宙的现代图景及其发展规律，构成了目前生物学知识的基本背景。在过去的一个半世纪，这些知识发生了根本性变化。在达尔文（Darwin）和华莱士（Wallace）各自独立地发现了导致生物进化（自然选择过程）的基本机制之前，"造物的论点"（Argument from Design）似乎仍然是不可辩驳的。像人体这样结构复杂和设计精巧的有机体的产生，不借助至灵至慧的造物主的设计怎么可能呢？今天，这一论点已经完全过时了。我们知道，一切生命，从细菌到我们人类自己，都是与生物化学水平的活动紧密相关的。地球上的生命已经存在了数十亿年，其间许多种类的动物和植物都已经发生了变化，而且往往是根本性的变化。恐龙已经灭绝，在它们曾经生活的地方，出现了很多新的哺乳动物。今天，无论是在野外还是在实验室内，我们都可以观察到基本的进化过程。

　　在 20 世纪，生物学有了突飞猛进的发展。对基因的分子基础及其精确的复制过程，对蛋白质及其合成机制的详细知识，都有了更深入的了解。现在我们已经知道，蛋白质具有很强的功能，其用途也非常广泛，它能构成精巧的生化装置的基础。胚胎学（目前经常被称为发育生物学）是当前研究的重点。一个海胆的受精卵经过多次分裂，最终会变成一个成熟的海胆。但是，如果把其受精卵第一次分裂后的两个子细胞分开，那么每个子细胞就会各自发育成一个独立的、但却更小的海胆。类似的实验也可以在蛙卵上完成，即经过分子自身的重新组织，从本来应该产生一个动物的物质中产生出两个小动物。这一现象在100年前被发现时，曾被认为是某种超自然的生命力（life force）作用的结果。根据生化基础，用有机分子和其他分子的特性及其相互作用去解释生物的戏剧性复制，似乎是不可想象的事情。现在，对这一过程的发生机制，在原理上我们感到已经没有什么困难了。我们曾料想这种解释是很复杂的。科学史上充斥着一些观点，认为有的东西在本质上就是不可理解的（例如我们永远不会知道星星是由什么形成的）。在大多数情况下，时间将会证明，这些预言是不正确的。

一个现代的神经生物学家，无须借助灵魂这个宗教概念去解释人类和其他动物的行为。这使人想起当年拉普拉斯（Laplace）解释太阳系的运动规律时，拿破仑（Napoléon）曾经提出的问题："那么，上帝如何发挥作用呢？"拉普拉斯回答："陛下，我不需要这一假设。"并非所有的神经科学家都相信灵魂是一个神话，约翰·埃克尔斯爵士（sir John Eccles）[1, 2] 就是一个明显的例外。但大多数科学家确实认为灵魂是神话。这并非由于他们能证明灵魂这一概念是虚假的，而是他们目前并不需要这一假设。从人类历史发展的角度看，脑研究的主要目标不仅仅是理解和治疗各种各样的脑疾病（尽管这是很重要的），其目标更主要的是掌握人类灵魂的真正本质。不管灵魂这个术语是比喻性的或是确实存在的，但它恰恰是我们正在试图研究的东西。

　　许多受过教育的人，特别是在西方世界，也都相信灵魂只是一种比喻。一个人在被孕育之前和死后是不会存在个人生命的。他们也许会把自己称为无神论者、不可知论者、人文主义者，或是离经叛道的信徒——他们都否认传统宗教的主要观点。然而，这并不意味着他们通常考虑自己时与传统的方式完全不同。因为旧的思维习惯是很难消逝的。 一个人也许在宗教意义上并不是一个信徒，但在心理上也许会继续像信徒那样思考问题，至少在日常生活中如此。

　　因此，我们需要使用更鲜明的术语来表述我们的想法。科学的信念就是，我们的精神（大脑的行为）可以通过神经细胞（和其他细胞）及其相关分子的行为加以解释。[1] 对大多数人而言，这实在是一个惊人的概念。很难令人相信，我们自己仅是一群神经细胞的精细行为，即便这种细胞是大量的，它们的相互作用是极其复杂的。读者不妨想象一下这一观点。（"无论他说些什么，梅布尔，我知道我正在某处看世界。"）

　　为什么惊人的假说如此令人吃惊呢？我认为主要有三个原因。

　　第一个原因是许多人还不愿意接受被称作"还原论"的研究方法，即复杂系统可以通过它各个部分的行为及其相互作用加以解释。对于一个具有多种活动层次的系统，这一还原过程将不止一次地加以重复。也就是说，某一特定部分的行为可能需要用它的各个组成部分及其相互作用的特性加以解释。例如，为了理解大脑，我们需要知道神经细

---

1.这个想法并不新奇。在霍勒斯·巴洛（Horace Barlow）的著名论文中就有特别明确的表述 [3] 。

胞的各种相互作用，而且每个细胞的行为又需要用组成它的离子和分子的行为来解释。

这种过程在哪里终止呢？幸运的是，存在一个自然的中断点。这发生在（化学）原子的水平。每个原子有一个携带正电荷的重原子核，它被一个有组织的电子云包围。这些电子既轻又灵活，而且携带负电荷。每个原子的化学性质几乎完全由核电荷确定[1]。核的其他性质，如质量数及偶极矩、四极矩强度等次级电学性质，在大多数情况下，对它的化学性质影响很小。

大体上说来，原子核的质量数和电荷数不会发生变化，至少在生命赖以生存的温度和环境中如此。在此情况下，原子核的亚结构知识对研究化学是不必要的。原子核由各种质子和中子组成，这与质子和中子由夸克组成没有区别。为了解释大多数化学事实，所有的化学家都需要知道原子的核电荷数。为此，我们需要懂得一种料想不到的力学类型——量子力学，它控制微小粒子特别是电子的行为。实际上，由于计算很快就变得极端复杂，因此，人们主要是应用各种粗略的"拇指规则"（rules-of-thumb），以便用量子力学术语进行合理的解释。在这一水平以下，我们无须去冒险[2]。

至今仍有许多人企图说明还原论是行不通的。他们通常先是采用

---

1. 碳核携带电荷数为 +6，氧核携带电荷数为 +8。因此，一个氧原子要保持电中性，周围必须有 8 个带负电荷的电子。
2. 主要的例外是放射性——一个原子变为另一个原子的罕见情况。这在星星、原子反应堆、原子弹、辐射矿的原子（这很少被注意）以及在实验室特殊设计的实验中会发生。辐射可以产生 DNA（遗传物质）突变，因而不能被完全忽略。但它不大可能是我们大脑行为的重要的基本过程。

相当正式的定义形式，进而说明这种类型的还原论是不真实的。他们忽略的一点是，还原论并非用一组低层次上的、固定的思想去解释另一组高层次的、固定的思想。它并不是一个一成不变的过程，而是一个动态的相互作用过程。它随着知识的发展，不断修改两个层次已有的观念。"还原论"毕竟是推动物理学、化学和分子生物学发展的主要理论方法。它在很大程度上推动了现代科学的蓬勃发展。除非遇到强有力的实验证据，需要我们改变态度，否则，继续运用还原论就是唯一合理的方法。反对还原论的泛泛的哲学争论是我们不希望看到的。

另外一个某些人喜欢的哲学论点是"还原论"中包含了"分类错误"。例如，20世纪20年代时他们说，把基因视为一种分子（现在我们应该说是配对分子中的一部分）是一种分类上的错误。基因是一回事，分子则是另外一回事。现在看来，这种反对意见是十分空洞的。[1]分类对于我们来说并非绝对的，只是人们的一种规定而已。历史告诉我们，某种听起来很合理的分类，有时也可能是错误的和会使人发生误解的。回想一下古代和中世纪医学上有关人体四种体液的分类（血液、黏液、黄胆汁和黑胆汁），我们就清楚了。

惊人的假说使人感到奇怪的第二个原因，是意识的本质。比如说，我们有一幅外部世界的生动的内部图画。如果把它仅仅看成神经元行为的另外一种描述方式，这看来也是一种分类错误。但是我们已经看到，这种论点并不总是可信的。

---

1. 加拿大哲学家保罗和帕特丽夏·丘奇兰德（Paul and Patricia Churchland,现在在加利福尼亚州大学圣迭戈分校）已经非常圆满地回答了那些反对还原论的观点。参见有关参考文献和阅读材料。

　　哲学家特别关心可感受特性问题，如怎样解释红的程度和痛的程度。这是一个非常棘手的问题。它来自这样一个事实：不管我们自己感受到的红色多么鲜明，都无法与其他人进行准确的交流，至少在通常情况下是这样的。倘若你不能以确定的方式描述一个物体的特性，那么当你使用还原论的术语解释这些特性时，就可能遇到某些困难。当然这并不是说，在适当的时候无法向你解释清楚你看红色时的神经相关物[1]。换句话说，我们有可能说，只有你头脑中一定的神经元和（或）分子以确定的方式活动时，你才能感受到红色。这也许说明了，为什么你能体验到鲜明的颜色感觉。为何某种神经行为必定使你看到红色，另一种神经行为使你看到蓝色，而不是相反的情况。

　　即使得出结论说，我们不能解释红色的程度（因为你无法将你的红色感觉准确地告诉我），这也并不意味着，你我看到的红色是不同的。如果我们知道，你我大脑中的红色神经相关物严格相同，我们就可以作出科学推论，你我在观看红色时具有同样的感受。问题在于"严格"一词。我们能有的精确程度，取决于我们对该过程的详尽知晓。如果红色的神经相关物主要依赖于我过去的经历，而你我的经历又大不相同，那么我们就不能推断出你我看到的红色完全相同。

　　因此，可能有人做出结论，要想了解各种不同形式的意识（consciousness），我们首先就需要知道它们的神经相关物。

　　惊人的假说让人感到奇怪的第三个原因，是我们无法否认"意

---

1. 有必要记住这个术语。

志（will）是自由的"这种感觉。两个相应的问题立刻就会产生：我们能够发现表现为自由意志的事件的神经相关物吗？我们的意志并不仅仅表现为自由的吗？我相信，只要我们首先解决了意识问题（problem of awareness or consciousness），[1]再解释自由意志就会比较容易了。（该问题将在附录中用较长篇幅加以讨论）

这一超常的神经机器（machine）是怎样产生的呢？要理解大脑，非常重要的一点就是要懂得，大脑是在长期的进化过程中自然选择的最终产物。大脑并非由工程师设计的，但它能在狭小的空间内靠消耗微不足道的能量来完成十分巧妙的工作。双亲遗传给我们的基因经历了千百万年的进化，它受到我们远古祖先生活经历的深刻影响。这些基因以及在出生前由其引导的发育过程决定了大脑各部位的基本结构。我们已经知道，出生时的大脑并非白纸一张，而是一个复杂的结构，它的很多部分已经各就各位。经验将会不断调节这一大体确定的装置，直到它能完成精细的工作。

进化并非一个彻底的设计者。确实，正如法国分子生物学家雅克布（Franccois Jacob）所说："进化是一个修补匠。"[4]它主要通过一系列较小的步骤，根据从前已有的结构去构造。进化又是机会主义的。只要某一新装置可以工作，即使工作方式很奇特，进化也会采用它。这就意味着，最有可能被进化选上的，是那些较容易地叠加到已有结构上的改变和改进。它的最终设计不会很彻底，而是一群相互作用的

---

1. 我有时交替使用awareness和consciousness两个术语。对于consciousness的某些特殊方面，我更倾向于使用awareness（如visual awareness）。某些哲学家认为这两个词具有严格的区别，但对如何区分它们却没有一致的看法。我承认，在日常谈话中，当我想使人有些吃惊时，我用"consciousness"，否则，就用"awareness"。

小配件的零散累加。令人奇怪的是，这种系统比直接针对某项任务设计的机器往往工作得更好。

成熟的大脑是自然和培育的共同产物，从语言方面就很容易认识到这一点。只有人类才具备流利地使用复杂语言的能力，而与我们有着最近亲缘关系的类人猿，即使经过长期的训练，它的语言也是很贫乏的。而且我们学得的实际语言也在很大程度上依赖于我们成长的环境和生活方式。

还需要说明两个更具哲学意味的观点。

第一个需要澄清的观点是，大脑的许多行为是"突现"的，即这种行为并不存在于像一个个神经元那样的各个部分之中。仅仅每个神经元的活动是说明不了什么问题的。只有很多神经元的复杂相互作用才能完成如此神奇的工作。

突现（emergent）一词具有双重含义。首先它具有神秘的色彩。这就意味着，突现行为无论如何（哪怕在原理上）也不能理解为各个分离部分的组合行为。我发现很难说明这种想法指的是什么。突现的科学含义（或者说至少我是这样使用的）是指如下假设：即使整体行为不等同于每一部分的简单叠加，但这种行为至少在原理上可以根据每一部分的本性和行为外加这些部分之间如何相互作用的知识去理解。

一个简单的例子就是基础化学中的有机化合物，比如苯。苯分子由对称地排列在一个环上的六个碳原子以及环的外侧与每个碳原子相连的氢原子组成。除了质量之外，苯分子的其他特性并非都是12个原子的简单叠加。然而，只要了解各部分的相互作用机制，其化学反应和光谱吸收等特性都可以计算出来。当然，这需要量子力学告诉我们如何去做。奇怪的是，并没有人会从"苯分子大于其各部分的总和"的说法中获得神秘的满足感。然而有很多人乐于用这样的方式谈论大脑。大脑如此复杂且因人而异，因此，我们也许永远得不到某个特定大脑如何工作的详细知识。但我们至少有希望了解，大脑如何通过很多部分的相互作用产生复杂的感觉和行为的普遍原理。

当然，也许还有某些重要的过程尚未被发现。但我怀疑，即使我们已经知道大脑某个部分的确切行为，在某些情况下，我们也无法立刻了解对它的解释。因为其中可能包含了许多尚未阐明的新的概念和想法。但是我们并不像某些悲观主义者那样，认为我们的大脑生来就不能理解这些想法。如果这些困难确实存在，当我遇到它们时，我宁愿正视它们。我们具有高度进化和发达的大脑，它使我们能够顺利地处理与日常生活紧密相关的很多概念。无论如何，受过训练的大脑能够把握许多超越我们日常经验的现象，比如相对论和量子力学。这些思想是违反直觉的，但长期的实践能使受过训练的大脑正确地理解和熟练地处理这些现象。有关我们大脑的想法很可能具有同样的基本特点。起初看起来它们似乎很陌生，但经过实践我们也许能满怀信心地操纵它们。

无论是大脑的各个组成部分，还是它们之间的相互作用，都没有明显的理由说明我们无法获得这些知识。只是由于其涉及过程的极端复杂性和多样性，我们的进展才如此缓慢。

　　第二个需要澄清的哲学难题涉及外部世界的真实性。我们大脑的进化结果主要适宜处理我们自身以及与周围世界的相互作用。但这个世界是真实的吗？这是一个由来已久的哲学问题。在这里，我们不想被卷入由此引发的喋喋不休的争论之中。我只想陈述一下我自己的研究假设：确实存在一个外部世界，它大体上不依赖于我们对它的观察。我们也许永远不能全面了解这个外部世界，但我们能够通过我们的感觉和大脑的操作获得外部世界某些方面的近似信息。如我们将在下文中看到的那样，我们不可能意识到我们头脑中所发生的一切，我们只能意识到大脑活动的某些方面。此外，无论是对外部世界本质的解释还是对我们自身内省的解释，这些过程都可能出现错误。我们可能以为，我们知道自己某项活动的动机，但至少在某些情况下很容易说明，我们实际上是在欺骗自己。

# 第 2 章
# 意识的本质

*在任何一个领域内发现最神奇的东西，然后去研究它。*

——惠勒（John Archibald Wheeler）

要研究意识问题，首先就要知道哪些东西需要我们去解释。当然，我们大体上都知道什么是意识。但遗憾的是，仅仅如此是不够的。心理学家常向我们表明，有关心理活动的常识可能把我们引入歧途。显然，第一步就是要弄清楚多年来心理学家所认定的意识的本质特征。当然，他们的观点未必完全正确，但至少他们对此问题的某些想法将为我们提供一个出发点。

既然意识问题是如此重要和神秘，人们自然会期望，心理学家和神经科学家应该把主要精力花在研究意识上。但事实远非如此。大多数现代心理学家都回避这一问题，尽管他们的许多研究都涉及意识。大多数现代神经科学家则完全忽略了这一问题。

情况也并非总是这样。大约在 19 世纪后期，当心理学开始成为一门实验科学的时候，就有许多人对意识问题怀有极大的兴趣。尽管这个词的确切含义当时还不太清楚。那时研究意识的主要方法就是进行详细的、系统的内省，尤其是在德国。人们希望，在内省成为一项可靠的技术之前，通过对它的精心改进而使心理学变得更加科学。

美国心理学家威廉·詹姆斯（William James）（与小说家亨利·詹姆斯是兄弟）较详尽地讨论了意识问题。在他1890年首次出版的巨著《心理学原理》中，他描述了被他称为"思想"（thought）的五种特性。他写道，每一个思想都是个人意识的一部分。思想总是在变化之中，在感觉上是连续的，并且似乎可以处理与自身无关的问题。另外，思想可以集中到某些物体而舍弃其他物体。换句话说，它涉及注意。关于注意，他写下了这样一段经常被人引用的话："每个人都知道注意是什么，它以清晰和鲜明的方式，利用意向从若干个同时可能出现的物体或一系列思想中选取其中的一个……这意味着舍掉某些东西以便更有效地处理另外一些。"

在19世纪，我们还可以发现意识与记忆紧密联系的想法。詹姆斯曾引用法国人查尔斯·理迟特（Charles Richet）1884年发表的一段话："片刻的苦痛微不足道。对我而言，我宁愿忍受疼痛，哪怕它是剧烈的，只要它持续的时间很短，而且，在疼痛过去之后，永远不再出现并永远从记忆中消失。"

并非脑的全部操作都是有意识的。许多心理学家相信，存在某些下意识或潜意识的过程。例如，19世纪德国物理学家和生理学家赫尔曼·冯·亥姆霍兹（Hermann von Helmholtz）在谈到知觉时就经常使用"无意识推论"这种术语。他想借此说明，在逻辑结构上，知觉与通常推论所表达的含义类似，但基本上又是无意识的。

　　20世纪初期，潜意识和无意识的概念变得非常流行，特别是在文学界。这主要是因为弗洛伊德（Freud）、荣格（Jung）及其合作者给文学赋予了某种性的情趣。按现代的标准看，弗洛伊德不能算作科学家，而应该被视为既有许多新思想、又有许多优秀著作的医生。正因为如此，他成为精神分析学派的奠基人。

　　早在100年前，3个基本的观点就已经盛行：

　　1．并非大脑的全部操作都与意识有关；

　　2．意识涉及某种形式的记忆，可能是极短时的记忆；

　　3．意识与注意有密切的关系。

　　但不幸的是，心理学研究中兴起了一场运动，它否定意识的应用价值，把它看成一个纯心理学概念。产生这场运动的部分原因是由于涉及内省的实验不再是研究的主流，另一方面，人们希望通过研究行为，特别是动物的行为，使心理学研究更具科学性。因为，对实验者而言，行为实验具有确定的观察结果。这就是行为主义运动，它回避谈论精神事件。一切行为都必须用刺激和反应去解释。

　　约翰·沃森（John B. Watson）等人在第一次世界大战前发起的这场行为主义运动，在美国盛行一时。并且，由于以斯金纳（B. F. Skinner）为代表的许多著名鼓吹者的影响，该运动在20世纪三四十年代达到顶峰。尽管在欧洲还存在以格式塔（Gestalt）为代表的心理学派，但至少在美国，在20世纪50年代后期和20世纪60年代认知心理学成为受科学界尊重的学科之前，心理学家从不谈论精神事件。在此之后，才有可能去研究视觉意象[1]，并且在原来用于描述数字计算机行为的概念基础之上，提出各种精神过程的心理学模型。即便如此，意识还是很少被人提及，也很少有人去尝试区分脑内的有意识和无意识活动。

神经科学家在研究实验动物的大脑时也是如此。神经解剖学几乎都是研究死亡后的动物（包括人类），而神经生理学家大都只研究麻醉后丧失意识的动物。此时受试对象已不可能具有任何痛苦的感觉了。特别是20世纪50年代后期，戴维·休伯（David Hubel）和托斯滕·威塞尔（Torsten Wiesel）有了划时代的发现以后，情况更是如此。他们发现，麻醉后的猫大脑视皮质上的神经细胞，对入射到其眼内的光照模式呈现一系列有趣的反应特性。尽管脑电波显示，此时猫处于睡眠而非清醒的状态。由于这一发现及其后续的工作，他们获得了1981年诺贝尔奖。

要研究清醒状态下动物脑神经反应的特性，是一件更加困难的事情（此时不仅需要约束头部运动，还要禁止眼动或详细记录眼动）。因此，很少有人做比较同一个大脑细胞在清醒和睡眠两种状态下，对同一视觉信号的反应特性的实验。传统的神经科学家回避意识问题，这不仅仅是因为有实验上的困难，还因为他们认为这一问题太具哲学意味，很难通过实验加以观测。一个神经科学家要想专门去研究意识问题，很难获得资助。

生理学家们至今还不大关心意识问题，但在近几年，某些心理学家开始涉及这一问题。我将简述一下他们中的 3 个人的观点。他们的共同点，就是忽视神经细胞或者说对它们缺少兴趣。相反，他们主要想用标准的心理学方法对理解意识作出贡献。他们把大脑视为一个不透明的"黑箱"，我们只知道它的各种输入（如感觉输入）所产生的输出（它产生的行为）。他们根据对精神的常识性了解和某些一般性概念建立模型。该模型使用工程和计算术语表达精神。上述 3 个作者也许会标榜自己是认知科学家。

现任普林斯顿大学心理系教授的菲力普·约翰逊-莱尔德（Philip Johnson-Laind）是一位杰出的英国认知心理学家。他主要的兴趣是研究语言，特别是字、语句和段落的意义。这是人类才有的问题。莱尔德不大注意大脑，这是不足为奇的。因为我们有关灵长类大脑的主要信息是从猴子身上获得的，而它们并没有真正的语言。他的两部著作《心理模型》（*Mental Models*）和《计算机与思维》（*The Computer and the Mind*）着眼点放在怎样描述精神的问题（大脑的活动）以及现代计算机与这一描述的关系 [2][3]。他强调指出，大脑具有高度并行的机制（即数以万计的过程可以同时进行），但它做的多数工作我们是意识不到的。[1]

约翰逊-莱尔德确信，任何一台计算机，特别是高度并行的计算机，必须有一个操作系统用以控制（即使不是彻底地控制）其余部分的工作。他认为，操作系统的工作与位于脑的高级部位的意识存在着紧密的联系。

---

1.约翰逊-莱尔德尤其对自我反应和自我意识感兴趣。出于策略上的考虑，这些问题先放在一边。

布兰迪斯大学（Brandeis University）语言学和认知学教授雷·杰肯道夫（Ray Jackendoff）是一位著名的美国认知科学家。他对语言和音乐具有特殊的兴趣。与大多数认知科学家类似，他认为最好把脑视为一个信息加工系统。但与大多数科学家不同的是，他把"意识是怎样产生的"看作心理学的一个最基本的问题。

他的意识的中间层次理论（intermediate-level theory of consciousness）认为，意识既不是来自未经加工的知觉单元，也不是来自高层的思想，而是来自介于最低的周边（类似于感觉）和最高的中枢（类似于思想）之间的一种表达层次。他恰当地突出了这个十分新颖的观点[4]。

与约翰逊–莱尔德类似，杰肯道夫在很大程度上也受到脑和现代计算机之间类比的影响。他指出，这种类比可以带来某些直接的好处。比如，计算机中存储了大量信息，但在某一时刻，只有一小部分信息处于活动状态。大脑中亦是如此。

然而，并非大脑的全部活动都是有意识的。因此，他不仅在脑和思维之间，而且在脑（计算思维）与所谓的"现象学思维"（大体指我们所能意识到的）之间作了严格的区分。他同意莱尔德的观点——我们意识到的只是计算的结果，而非计算本身。[1]

他还认为，意识与短时记忆存在紧密的联系。他所说的"意识需要短时记忆的内容来支持"就表达了这样一种观点。但还应补充的是，

---

1. 杰肯道夫用自己的行话表达这一点。他把我称为"结果"的东西叫作"信息结构"。

短时记忆涉及快速过程，而慢变化过程没有直接的现象学效应。

谈到注意时他认为，注意的计算效果就是使被注意的材料经历更加深入和细致的加工。他认为这样就可以解释为何注意容量如此有限。

杰肯道夫与约翰逊－莱尔德都是功能主义者。正如在编写计算机程序时并不需要了解计算机的实际布线情况一样，功能主义者在研究大脑的信息加工和大脑对这些信息执行的计算过程时，并没有考虑到这些过程的神经生物学实现机制。他们认为，这种考虑是无关紧要的，至少目前考虑它们为时过早。[1]

然而，在试图揭示像大脑这样一个极端复杂的装置的工作方式时，这种态度并没有什么好处。为什么不打开黑箱去观察其中各单元的行为呢？处理一个复杂问题时，把一只手捆在背后是不明智的。一旦我们了解了大脑工作的某些细节，功能主义者关心的高层次描述就会成为考虑大脑整体行为的有用方法。这种想法的正确性可以用由低水平的细胞和分子所获得的详细资料精确地加以检验。高水平的尝试性描述应当被看作帮助我们阐明大脑的复杂操作的初步向导。

加利福尼亚州伯克利的赖特研究所的伯纳德·巴尔斯（Bemard J. Baars）教授写了《意识的认知理论》[5]一书。虽然巴尔斯也是一位认知科学家，但与杰肯道夫或约翰逊－莱尔德相比，他更关心人的大脑。

---

1. 遗传学也关心各代之间和个体内部的信息传递。但真正的突破是在DNA结构把该习语所表达的信息显示得一清二楚之后。

他把自己的基本思想称为全局工作空间（global workspace）。他认为，在任一时刻存在于这一工作空间内的信息都是意识的内容。作为中央信息交换的工作空间，它与许多无意识的接收处理器相联系。这些专门的处理器只在自己的领域之内具有高效率。此外，它们还可以通过协作和竞争获得工作空间。巴尔斯以若干种方式改进了这一模型。例如，接收处理器可以通过相互作用减小不确定性，直到它们符合一个唯一有效的解释。[1]

广义上讲，他认为意识是极为活跃的，而且注意到控制机制可进入意识。我们意识到的是短时记忆的某些项目而非全部。

这三位认知理论家对意识的属性大致达成了三点共识。他们都同意并非大脑的全部活动都直接与意识有关，而且意识是一个主动的过程；他们都认为意识过程有注意和某种形式的短时记忆参与；他们大概也同意，意识中的信息既能够进入长时情景记忆（long-term episodic memory）中，也能进入运动神经系统（motor system）的高层计划水平，以便控制随意运动。除此之外，他们的想法存在着这样或那样的分歧。

让我们把这三点想法铭记在心，并将它们与我们日益增长的脑内神经细胞的结构和活动的知识结合起来，看看这样的研究方法能够得到什么结果。

---

1. 我不想赘述巴尔斯模型的所有复杂性。为了解释意识问题的各个方面，如自我意识、自我监控以及其他一些心理活动，如无意识的断章取义、意志、催眠等，他的模型附加了许多复杂性。

　　我自己的大多数想法是在与我的年轻同事——加州理工学院计算与神经系统副教授克里斯托弗·科赫（Christof Koch）的合作研究中形成的。科赫与我相识于20世纪80年代初，当时他还是托马索·波吉奥（Tomaso Poggio）在蒂宾根（Tübingen，德国城市）的研究生。我们的探索在本质上是科学的[1]。我们认为，泛泛的哲学争论无助于解决意识问题。真正需要的是提出有希望解决这些问题的新的实验方法。为了做到这一点，我们还需要一个尝试性的思想体系，它随着我们工作的进展不断加以改进和扬弃。一个科学方法的特点应是不试图建立包罗万象的理论，从而一下子解释意识问题的所有方面。也不能把研究的重点放在语言上，因为只有人类才有语言。应选择在当时看来对研究意识最有利的系统，并从尽可能多的方面加以研究。正如在战争中，通常并不采取全面进攻，而是往往找出最薄弱的一点，集中力量加以突破。

　　我们作出了两条基本假设。第一条就是我们需要对某件事情作出科学解释。尽管对哪些过程能够意识到还可能有争议，但大家基本认同的是，人们不能意识到头脑中发生的全部过程。当你意识到许多知觉和记忆过程的结果时，你对产生该意识的过程可能了解很有限。（比如，"我如何想起了我祖父的名字呢？"）实际上，某些心理学家已经暗示，即使对较高级的认知过程的起源，你也只有很有限的内省能力。在任一时刻，可能都有某些活跃的神经过程与意识有关，而另一些过程与意识无关。它们之间的差别是什么呢？

---

1.下文我将广泛引述科赫和我在1990年在《神经科学研讨》（*Seminars in the Neurosciences,SIN*）杂志[6]上发表的一篇关于该问题的文章中的思想。

　　我们的第二条假设是尝试性的：意识的所有不同方面，如痛觉和视觉意识（visual awareness），都使用一个基本的共同机制或者也许几个这样的机制。如果我们能够了解其中某一方面的机制，我们就有希望借此了解其他所有方面的机制。自相矛盾的是，意识似乎如此古怪，初看起来又是如此费解，只有某种相当特殊的解释才有可能行得通。意识的一般本质也许比一些较常见的操作更容易被发现。像脑如何处理三维信息，在原则上可以用很多不同的方法去解释。这一点是否正确还有待于进一步观察。

　　克里斯托弗和我认为，某些问题可以暂且放在一边或者只是无保留地陈述一遍，根本无需进一步讨论。因为，经验告诉我们，如果不是这样的话，很多宝贵的时间就会耗费在无休止的争论上。

　　1. 关于什么是意识，每个人都有一个粗略的想法。因此，最好先不要给它下精确的定义，因为过早下定义是危险的。在对这一问题有较深入的了解之前，任何正式的定义都有可能引起误解或过分的限制[1]。

　　2. 详细争论什么是意识还为时过早，尽管这种探讨可能有助于理解意识的属性。当我们对某种事物的定义还含糊不清时，过多地考虑该事物的功能毕竟是令人奇怪的。众所周知，没有意识你就只能处理一些熟悉的日常情况，或者只能对新环境下非常有限的信息作出反应。

---

1.如果这看来像是唬人的话，你不妨给我定义一下基因（gene）这个词。尽管我们对基因已经了解很多，但任何一个简单的定义很可能都是不充分的。可想而知，当我们对某一问题知之甚少时，去定义一个生物学术语是多么困难。

3. 某些种类的动物，特别是高等哺乳动物可能具有意识的某些（而不需要全部）重要特征。因此，用这些动物进行的适当的实验有助于揭示意识的内在机制。因此，语言系统（人类具有的那种类型）对意识来说不是本质的东西，也就是说，没有语言仍然可以具有意识的关键特征。当然，这并不是说语言对丰富意识没有重要作用。

4. 在现阶段，争论某些低等动物如章鱼、果蝇或线虫等是否具有意识是无益的。因为意识可能与神经系统的复杂程度有关。当我们在原理上和细节上都清楚地了解了人类的意识时，这才是我们考虑非常低等动物的意识问题的时候。

出于同样原因，我们也不会提出，我们自身的神经系统的某些部分是否具有它们特殊的、孤立的意识这样的问题。如果你偏要说："我的脊髓当然有意识，只不过是它没有告诉我而已。"那么，在现阶段，我不会花时间与你争论这一问题。

5. 意识具有多种形式，比如与看、思考、情绪、疼痛等相联系的意识形式。自我意识，即与自身有关的意识，可能是意识的一种特殊情况。按照我们的观点，姑且先将它放在一边为好。某些相当异常的状态，如催眠、白日梦、梦游等，由于它们没有能给实验带来好处的特殊特征，我们在此也不予考虑。

我们怎样才能科学地研究意识呢？意识具有多种形式。正如我们已经解释过的，初始的科学探索通常把精力集中到看来最容易研究的形式。科赫和我之所以选择视觉意识而不是痛觉意识或自我感受等其他形式，就是因为人类很大程度上依赖于视觉。而且，视觉意识具有特别生动和丰富的信息。此外，它的输入高度结构化，也易于控制。正是由于这些原因，许多实验工作已围绕它展开。

视觉系统还有另外的优点。由于伦理学上的原因，很多实验不能在人身上进行，但是可以在动物身上进行（这将在第9章进行充分讨论）。幸运的是，高等灵长类动物的视觉系统似乎与人类有某些相似之处。许多视觉实验已经在诸如恒河猴等灵长类动物身上完成了。倘若我们选择语言系统去研究，我们就不会有合适的实验动物。

由于我们对灵长类大脑的视觉系统具有的详尽认知（这将在第10章、第11章进行充分讨论），因而我们知道大脑的各个视觉部分是如何分解视野的图像的。但我们还不清楚，大脑是怎样把它们整合在一起，以形成像我们看到的那样的高度组织化的外部世界的景观。看来，大脑就如同把某种整体的统一性叠加到了各视觉部分的神经活动之中。这样，某一物体的各个属性（形状、颜色、运动、位置等）就可以组装在一起，不至于与视野中的其他物体发生混淆。

这一全局过程所需要的机制，可以用"注意"很好地去描述，并且还涉及某种形式的短时记忆。有人已提出建议，这种全局的统一性，可以用有关神经元的相关发放进行表达。粗略地讲，这意味着对某个物体特性进行响应的神经元趋于同步发放，对其他物体响应的神经元的发放则与这一相关发放集并不同步（这将在第14章、第17章进行充分讨论）。为了探索这一问题，我们需要先对视觉心理学有一些了解。

# 第 3 章
# 看（Seeing）

"眼见为实。"

在餐桌上，有些并非从事科学研究的人常常问我目前在研究什么。当我回答说，我正在思考哺乳动物视觉系统的某些问题即我们如何看东西时，他们往往会表现出令人有些窘迫的沉默。提问者往往迷惑不解，为什么像看东西这么简单的事情还会有困难。当我们睁开眼睛时，不费吹灰之力就可以看到一个开阔清晰、充满五颜六色物体的世界。一切都显得轻松自如，因此还有什么问题可言呢？当然，如果我现在潜心钻研的是数学、化学甚至经济学这些需要花费脑力的问题，也许还有值得谈论的东西。然而，看……？

另外，很多人认为，既然他们的大脑工作得很好，干吗还要自寻麻烦呢？他们认为，与脑有关的主要问题是当它出了毛病的时候我们如何去治疗。只有少数有科学头脑的人才会进一步追问：当我们看某个物体时，大脑究竟是如何工作的呢？

我们现有的视觉系统知识，有两方面是相当令人吃惊的。第一方面，我们已经具备的知识量，无论用什么标准衡量都是庞大的。学校设有齐全的视觉心理学（如：在什么条件下电影屏幕上快速连续呈现的静止图像能够产生平滑的运动）、视觉生理学（眼睛及相关脑区的结构和行为）和视觉分子及细胞生物学（神经细胞及其组成分子）课程。这些知识是众多从事人类和动物研究的实践家和理论家经过多年艰辛努力积累的结果。

　　另一方面，尽管已经有了这些工作，但对如何看东西我们确实还没有清楚的想法。对那些进修这些课程的学生，往往隐瞒了这一事实。当然，如果经过所有这些认真的研究和详尽的讨论之后，我们对视觉过程仍然缺乏清晰、科学的了解，那可能就是不应该的了。按照严格的科学（如物理学、化学、分子生物学）标准，我们对于大脑如何产生生动的视觉意识甚至还缺乏大体的了解，我们只是把它看成理所当然的事情。我们知道该过程的某些零散的片段，但我们还缺乏详尽的资料和想法来回答某些最简单的问题，例如，我们怎样看颜色？当我回忆一张熟悉面孔的图像时，发生了什么事情？等等。

　　但是还有件令人奇怪的事情。你可能对自己如何看东西已经有了一个粗略的想法。你认为，每只眼睛就像一部微型电视摄像机，利用角膜透镜把外界景象聚焦到眼后一个特殊的视网膜屏幕上。每个视网膜有数以百万计的"光感受器"，对进入眼睛的光子进行响应。然后，你把由双眼进入大脑的图像整合到一起，这样，就可以看东西了。在没有考虑这些问题之前，你也许对可能的发生过程有了某些想法。但是，也许让你惊讶的是，即使科学家还不知道我们怎样看东西，但却容易说明，你把如何看东西想得太简单了，在很多情况下或者说是完全错了。

我们多数人想象的图景是，在我们大脑的某处有一个小矮人，他试图模仿大脑正在进行的活动。我们将其称为"小矮人谬误"（the fallacy of the homunculus。在拉丁文中，homunculus 的意思是小矮人）。很多人确实有这种感觉（在一定的时候，这个事实本身就需要解释）。但我们的"惊人的假说"并不认为如此。粗略地说，它认为"所有这些都是神经元完成的"。

有了这一假设，看的问题就被赋予了全新的特性。简而言之，大脑中必定存在某些结构或操作，它们的行为就好像以某种神秘的方式与"小矮人"的精神图像相对应。但它们会是些什么东西呢？为了研究这一难题，我们必须了解所涉及的任务及头脑内完成该任务的生物装置。

你为什么需要视觉系统呢？一种巧妙的回答就是它能使你或帮助你的亲属繁衍后代。但这一回答太笼统了，我们从这里得不到多少东西。实际上，动物需要利用视觉系统去寻觅食物、躲避天敌和其他危险，交配、抚养后代（对某些物种）等也离不开视觉系统。因此一个良好的视觉系统是无价之宝。

加利福尼亚州理工学院的神经生物学家约翰·奥尔曼（John Allman）认为，与爬行类相比，哺乳动物由于它们不停地活动和相对高而恒定的体温，需要保存更多的热量。对于小的哺乳动物而言更是如此，因为与体积相比，它们的表面积太大了，因而就有了软毛（这是哺乳类独一无二的属性）和高度发育的新皮质。他相信，这一脑区的发育使早期的哺乳动物更聪明，它们可以找到充足的食物用以保持体温。

尽管哺乳动物智力比较发达，但作为一类动物它们并没有特别的视觉系统。这可能是因为它们是从小型夜行动物进化而来的，而这些动物的视觉远不及嗅觉和听觉那么重要。灵长类（猴、猿和人）则是例外。它们中的大多数具有高度进化的视觉，但和人类相似，其嗅觉也许是较差的。

恐龙灭绝以后，这些早期的哺乳动物很快发展起来，并取代了恐龙留下的生态真空。哺乳动物较为聪明的大脑帮助它们有效地完成了这些任务，并最后导致在所有的哺乳动物中最为聪明的人类的出现。

哺乳动物的眼睛有什么用途呢？进入我们眼内的光子仅能告诉我们视野[1]中某个部分的亮度和某些波长信息。但是你想要知道的是那里有什么东西，它正在做什么和可能去做什么。换句话说，你需要看物体、物体的运动和它们的"含义"，即它们通常做什么，有何用处，在过去你在何种环境中见过它们或类似的东西等。

为了生存和繁衍后代，你需要的并不仅仅是这些信息。用计算机的术语来说，你必须做到"实时"，即在这些信息过时之前，足够迅速地采取行动。如果做明天的天气预报要花费一周的时间，就算其高度准确也是没有多大意义的。所以，尽快地提取生动的信息是再重要不过的了。当动物试图捕杀其他动物时，无论对于捕食者或被捕食者，这都是特别重要的。

---

1. 更加准确的术语应该是刺激野（stimulus field）。但对大多数读者来说，我认为视野（visual field）、视场（field of vision）、视景（visual scene）会更合适。当然，重要的是分清外部世界的物体和看这些物体时你头脑中的相应过程。

因此，眼和大脑必须分析进入眼睛的光信息，以便获得所有这些重要的信息。它怎样完成这一任务呢？在更详细地描述"看"所涉及的东西之前，首先让我给出如下3条基本的评论。

1.你很容易被你的视觉系统欺骗。

2.我们眼睛提供的视觉信息可能是模棱两可的。

3.看是一个建构过程。

尽管三者并不相关，我们还是依次叙述。

你很容易被你的视觉系统欺骗。比如，许多人相信，他们可以同样清楚地看任何东西。就像我通过窗户观察花园时，我的印象是面前的灌木和右边的树木一样清楚。如果我的眼睛在短时间保持不动，就很容易发现这种感觉是错误的。只有接近注视中心，我才能看到物体的细节，偏离注视中心视力就越来越模糊。而到了视野的最外围，我连辨别物体都有困难。在日常生活中，这一限制之所以不明显，就是因为我们很容易不断地移动眼睛，使我们产生了各处物体同样清晰的错觉。

拿起一个有颜色的物体，比如蓝色的笔或红色的扑克牌，并把它放在头的侧后完全不能看见的地方。然后，慢慢向前移动它，使它刚好进入视野的边缘。注意，你的眼睛千万不能动！这时，如果晃动该物体，在你看清楚它是什么之前，就已经感到那里有东西在动。在你能确定那笔是什么颜色之前，你就能区别它是水平的还是垂直的。一直到你把它移到非常接近注视中心之前，即便你可以看见它的形状和颜色，但仍不能看清物体的细节。我的笔上有一个"extra fine point"标志，它印得非常小，但我戴上眼镜并把它放在1英尺（1英尺约为0.30米）处，就可以很清楚地读出它。但是，如果将手指放在笔的旁边，且注视点不是在笔上而是在指尖处，我就读不出笔上写些什么东西，尽管它们离注视中心已经很近。我的视锐度随着离开注视中心的距离而迅速下降。

　　为了用简单和直接的方法演示视觉系统如何欺骗我们，让我们看一下图1。这时，你立刻就会看到一条由背景包围的水平纹理条带。背景的左侧是黑色，然后从左向右逐渐变白。水平条带本身，左侧看起来明显比右侧亮。但事实上，在整个水平条带的宽度范围，其纹理的亮度都是均匀的。如果你用手挡住背景，你就会很容易看到这一点。

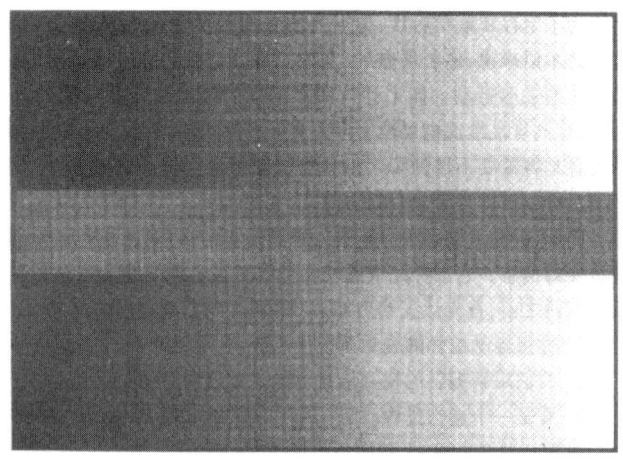

图1　这条水平带的阴影是均匀的吗

　　我们的视觉系统还可以以更加巧妙的方式欺骗我们。图2是著名的卡尼莎（Kanizsa）三角，其因工作于的里雅斯特（Trieste）的意大利心理学家盖塔诺·卡尼莎（Gaetano Kanizsa）得名[1]。你将会看到一个大的白色正三角形呈现在三个黑色圆盘[1]之前。而且这一白色三角形也许显得比图形的其余部分更亮一些。

图2　你看见白色三角形了吗

　　这种错觉导致的白色三角形的轮廓常被称为"错觉轮廓"，因为那里并不存在真实的轮廓线。当你用手挡住图形的大部分而只露出很短一段"轮廓"时，你就会发现，原来具有可见轮廓的纸面现在看来是均匀的亮度，没有任何轮廓。

　　我的第二个一般评论是，我们眼睛提供给我们的任何一种视觉信

1.图中单个黑色区域的实际形状——缺口圆盘，通常被称为"派克曼（pacmen）"。

息通常都是模棱两可的。它本身提供的信息不足以使我们对现实世界中的物体给出一个确定的解释。事实上，经常会有多种可信的不同解释。

一个明显的例子就是在三维空间看物体。如果你将头固定并闭上一只眼睛，你仍然可以得到某种程度的深度知觉。这时仅有的视觉信息来自你睁开的那只眼睛的视网膜上的二维图像。假如你的正前方的物体是位于一定距离、具有均匀白色背景的正方形框架（图3a），你当然会把它看成一个正方形。

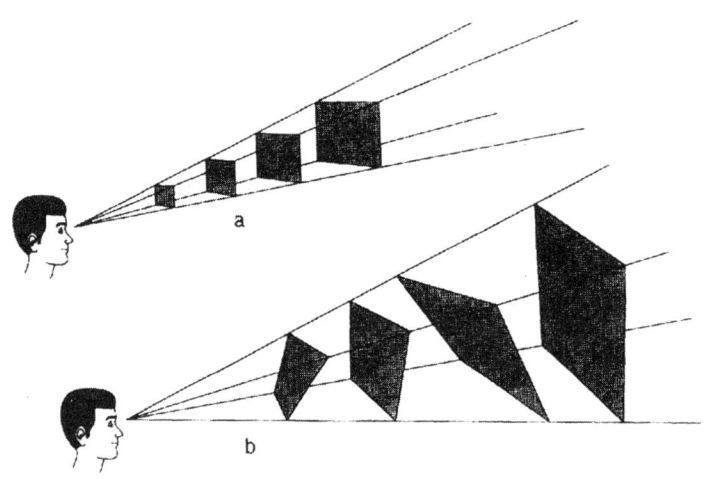

图3　上面两图中的所有这些四边形物体，在一个眼睛的视网膜上将产生同样的模式。图a中的物体具有同样形状，只是大小不同

图b中的各个物体形状差异很大，但这些物体的角全都落在如图所示的四条视线上。正如汇聚在观察者眼睛附近的长线所示

然而，这个线框图形也许实际上根本不是正方形，而是由一个倾斜的、具有某个特殊形状的四边形产生的（图3b），而它在视网膜上

的像刚好与正对着你的正方形完全相同。此外，还会有大量扭曲的其他线框图形可以形成相同的视网膜图像。

这个例子也许显得有些太特殊，因为一个人很少会闭上一只眼睛又固定头部来观察世界。假如你观察一幅照片或某个景物的写生画，此时，即使你转动头部和使用双眼，也只能看到一张平面的照片或图画。但在多数情况下，你仍可以看到图画中表达的三维信息。

某些简单的线画图形可能有几种同样可能的解释。请看图4：该图由画在纸的表面上的12条连续的黑直线组成。但几乎每个人都会将其看成三维立方体轮廓图。

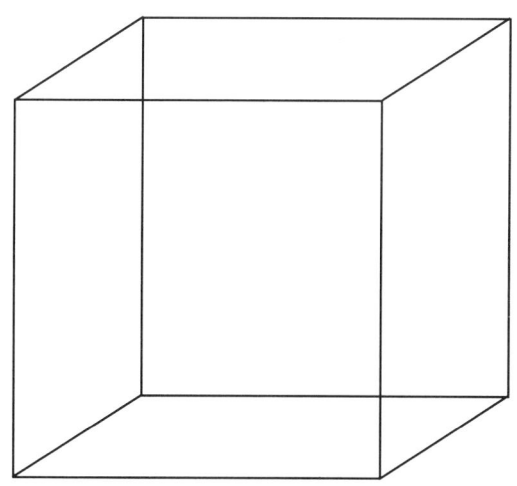

图4　请一直凝视该立方体。它的外貌改变吗

这个被称为内克（Necker）立方体的特殊图形有一个有趣的性质。如果较稳定地注视一会儿该图形，立方体就会发生翻转，仿佛观察角

度发生了变化一样。再过一会儿，知觉又会转换到原来的那样。在这种情况下，这幅图像有两种同样可能的三维解释，大脑无法确定哪一个更可取。但值得注意的是，某一时刻只能有一种解释，并不是两者奇特的混合。

对视觉图像的不同解释是数学上称为"不适定问题"的例证。对任何一个不适定问题都有多种可能的解。在不附加任何信息的条件下，它们都是合理的。为了得到真实的解，即与那里真正的东西最接近的解（有时用其他检验去测量，如走过去摸一摸它），我们需要使用数学上的所谓"约束条件"。换句话说，视觉系统必须得到如何最好地解释输入信息的固有假设。

我们通常看东西时之所以并不存在不确定性，是因为大脑把由视觉景象的形状、颜色、运动等许多显著的特征所提供的信息组合在了一起，并对所有这些不同视觉线索综合考虑后提出了最为合理的解释。

我的第三个一般性评论认为，看是一个建构过程，即大脑并非被动地记录进入眼睛的视觉信息。正如上面的例子所显示的那样，大脑主动地寻求对这些信息的解释。另一个突出的例子是"填充"过程。一种类型的填充现象与盲点有关。它的发生是由于联结眼和脑的视神经纤维需要从某点离开眼睛，因此，在视网膜的一个小区域内便没有光感受器。请你闭上或遮住一只眼睛并凝视正前方。垂直地举起一根手指，把它放在距鼻尖约一英尺处，使指尖和眼睛的中心差不多处于同一水平。在水平方向移动手指，使它偏离凝视中心约15°。稍加搜索你就会发现一个看不见你指尖的地方（一定要凝视正前方）。你视野内的这一个小区域是盲区。

尽管这里存在盲区，但在你的视野中似乎没有明显的洞。比如我前面讲过的，当我在家中从窗户看外面的草坪时，即使我闭上一只眼睛观看正前方，我也感觉不到在草坪中有洞。也许看起来令人吃惊的是，大脑试图用准确的推测填补上盲点处应该有的东西。大脑究竟如何作出这种推测，正是心理学家和神经科学家试图找到的东西。（我将在第4章较全面地讨论填充过程）

本章开头我给出了一个短语——眼见为实。按通常的说法，它的意思是，如果你看到某件东西，你就应当相信它确实存在。我将为这一神秘的成语提出一个完全不同的解释：你看见的东西并不一定真正存在，而是你的大脑认为它存在。在很多情况下，它确实与视觉世界的特性相符合。但在某些情况下，盲目的"相信"可能导致错误。看是一个主动的建构过程。你的大脑可根据先前的经验和眼睛提供的有限而又模糊的信息作出最好的解释。进化可以确保大脑在通常的情况下非常成功地完成这类任务，但情况并非总是如此。心理学家之所以热衷于研究视错觉，是因为视觉系统的部分功能缺陷恰恰能为揭示该系统的组织方式提供某些有用线索。

那么我们应当怎样看待视觉（vision）呢？让我们把那些并不重视视觉问题的人的朴素的观点作为出发点。很清楚，我的头脑中似乎有一幅面前世界的"图像"。但很少有人相信，在大脑的某处有一个真正的屏幕，也没有发现它产生与外部世界相对应的光模式。我们都知道，电视机之类的装置能够完成这种工作。然而，在打开的头颅中，我们并没有发现按规则阵列排列的脑细胞，也没有发现它们在发射各种颜色的光。当然，电视图像信息并不仅仅表现在其屏幕上。如果你使用一个特殊的计算机程序来进行艺术创作就会发现，形成画面所需的信息并不是以光的模式存储的。相反，它以记忆芯片中电荷的序列储存在计算机的记忆中。它可能是以规则的数字阵列形式存储在那里，每个数字代表该点的光强。这种记忆看来并不像图形，然而，计算机可以利用它产生屏幕上的图像。

在此我们举一个符号例子：计算机存储的信息并非图像，而是图像的符号化表示。一个符号就像一个单词，是以一个东西代表另一个东西。狗这个词代表一种动物，但没有人会把这个单词本身看成真正的动物。符号并不一定是词，例如红色交通信号灯代表"停车"。很清楚，我们期望在大脑中发现的正是视觉景象的某种符号化表象。

那么，你也许会问，我们大脑中为什么没有一个符号化屏幕呢？假使屏幕由一个有序排列的神经细胞阵列组成，每个细胞对图像中的特定"点"进行操作，其活动强度与该点光强成正比。若该点很亮，则该细胞活动剧烈；如果无光，则细胞停止活动。（每点有三个细胞的组合，还可同时处理颜色）这样，表象就会是符号化的。假想的屏幕上的细胞产生的并不是光，而是代表光的符号的某种电活动。难道这不就是我们想要的一切吗？

这种排列的毛病是除了每个小光斑之外不能"知觉"任何物体。它能看到的一点也不比你的电视机能看到的东西多。你能够对你的朋友说："当那个和蔼的女郎开始读新闻的时候，请你告诉我。"但是，试图让你的电视机做到这一点是徒劳的。我们无法使设计的电视机去识别一位妇女，更不用说去识别一位正在做某种动作的和蔼的女郎了。但是，你的大脑（或你的朋友的大脑）可不费吹灰之力就能做到这一点。

　　因此大脑不可能只是一群仅仅表示在什么地方具有什么光强类别的细胞集合。它必须产生一个较高层次上的符号描述，大概是一系列较高层次上的符号描述。正如我们所看到的那样，这不是一步到位的事情，因为它必须借助以往的经验找到视觉信号的最佳解释。因此，大脑需要建构的是外界视觉景象的多水平解释，通常按物体、事件及其含义进行解释。由于一个物体（比如面孔）通常是由各个部分（如眼、鼻、嘴等）组成的，而这些部分又是由其各个子部分组成，所以符号解释很可能发生在若干个层次上。

　　当然，这些较高层次的解释已经隐含（implicit）在视网膜上的光模式之中。但仅仅如此是不够的。大脑还必须使这些解释更明晰（explicit）。一个物体的明晰表象是符号化的，无须深入加工。隐含的表象已包含这些信息，但必须进行深入的加工使其明晰化。当屏幕上某处出现一个红点时，要使电视给出某种信号是一件很容易的事情，只要在电视机上加一个小装置就行了。但是，如果想要设计一种电视机，使它当看到屏幕上的任何地方出现女人面孔时就给出闪光，则需要更复杂的信息加工。这实在太难了，以至于我们今天还不能制造出完成这种任务的复杂装置。

　　一旦某个事物以明晰的形式符号化以后，该信息就很容易成为通用的信息。它既可以用于进一步加工，又可以用于某个动作。用神经术语来说，"明晰"大概就是指神经细胞的发放必须能较为直接地表征这种信息。因此，要"看"景物，我们就需要它的明晰的、层次的符号化[1]解释，这似乎是合理的。

　　对很多人而言，说我们看到的只是世界的一种符号化解释是难以接受的。因为所有的一切似乎都是"真实的东西"。其实，我们并不具备周围世界各种物体的直接知识。这只不过是高效率的视觉系统所产生的幻觉而已，因为正如我们已经看到的，我们的解释偶尔也会出错。然而，人们宁愿相信存在一个脱离肉体的灵魂，它借助大脑这一精巧的装置，并以某种神秘的方式产生实际的视觉。这些人被称为"二元论者"（dualists），他们认为，物质是一回事，而精神是完全不同的另一回事。与此相反，我们的惊人假说认为，情况并非如此。所有这些都是神经细胞完成的。我们正在考虑的，是如何通过实验在两者之间作出决断。

---

1. 使用符号一词并非意味真正存在小矮人（homunculus）。它仅仅表明，神经元的发放与视觉世界的某些方面密切相关。这种符号是否应考虑为一个矢量（而不仅仅是标量）是一个棘手的问题，在此我将不予考虑。换句话说，单个符号是如何分布的？

# 第 4 章
# 视觉心理学

当我们追溯心理学发展的历史时，我们就会陷入空想、矛盾和谬误与某些真理交织在一起的迷宫之中。

——托马斯·里德（Thomas Reid）

我希望我已经说服了你，看并非如你想象的那样简单。看是一个建构过程。在此过程中，大脑以并行的方式对景物的很多不同"特征"进行响应，并以以往的经验为指导，把这些特征组合成一个有意义的整体。看涉及大脑中的某些主动过程，它导致景物明晰的、多层次的符号化解释。

我们现在要考虑的是，当我们观看物体、它与我们及其他物体的相对位置以及它的形状、颜色、运动等某一属性时，大脑必须执行的某些基本操作。也许，我们应该认识到的最重要的一点，就是视野中的物体并不像你看到的那样。每个物体并非以清楚和确定的方式做了标记。你的大脑必须调用各种线索，使景物中对应同一物体的各个部分整合在一起。在现实世界中，这并不是一件容易的事情。物体可能部分被遮挡或是呈现在易于混淆的背景之中。

　　举个例子就会比较清楚了。请看图5中的这张照片。你会毫不费力地立刻看出，这是一张正在注视窗外的年轻女子的面孔。但仔细观看就会发现，窗户的木窗根将该女子的面孔分成了四部分。但是，你并没有把它看成四张不同人脸的四个分离的片断。你的大脑将它们组合在一起，解释为一个单一物体——被面前的木窗根部分遮挡的一张面孔。这一组合是怎样完成的呢？

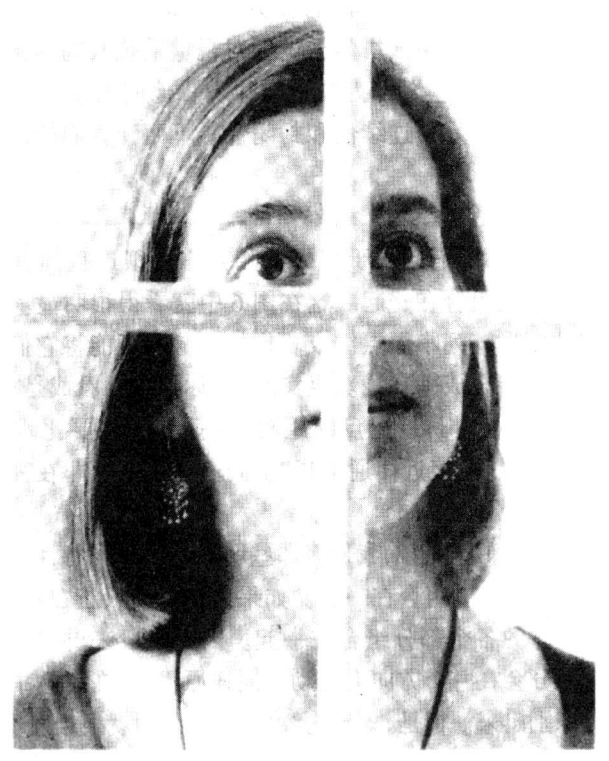

图5　是一张脸还是四张脸的某一部分

　　这便是格式塔心理学家马克思·沃特海默（Max Wertheimer）、沃尔夫冈·科勒尔（Wolfgang Könler）和库尔特·科福卡（Kurt Koffka）的主要研究兴趣之一。这场运动于1912年前后在德国兴起，并在美国结束。纳粹掌权后，他们三人全部离开德国。我的词典将"格式塔（gestalt）"定义为"一个各部分之间相互影响的有机整体，而整体大于各部分之和"。[1] 换句话说，你的大脑必须根据你以往的经验和你的基因中所体现的远古祖先的经验，通过发现各个部分的最优组合，主动地构造这些"整体"。这种组合最有可能对应于真实世界中某个物体的有关方面。很明显，重要的是各部分之间的相互作用。格式塔学派试图对视觉系统共同的相互作用类型进行分类，并把它们称为知觉定律 [1]。他们的组合定律包括接近性、相似性、良好的连续性和封闭性。下面让我们依次对它们进行讨论。

　　接近律说明，我们倾向于将那些相互靠得很近且离其他相似物体较远的东西组合在一起。这在图6中就很明显。该图由许多规则的矩形阵列小黑点组成。你的大脑既可能将它们组织成水平线也可能组合成垂直线。但实际上，你把它们看成垂直线。这是因为，一个点到其最近点的距离，在垂直方向要比水平方向短。其他实验显示，接近律通常指"空间上接近"，而非在视网膜上的接近性。

　　格式塔的相似律是说，我们将那些明显具有共同特性（如颜色、运动、方向等）的事物组合在一起。如果你看见一只正在跑的猫，你就会把它身体的各个部分组合在一起。因为一般来讲，当猫跑时，它

---

1. 正如我在第1章所解释过的，如果过于简单地理解"和"这个词，这当然是正确的。

的各个部分会在一个方向上运动。同样的原因，正在树丛中爬行的猫也会被识别出来。但是，如果它纹丝不动，我们就很难发现它。

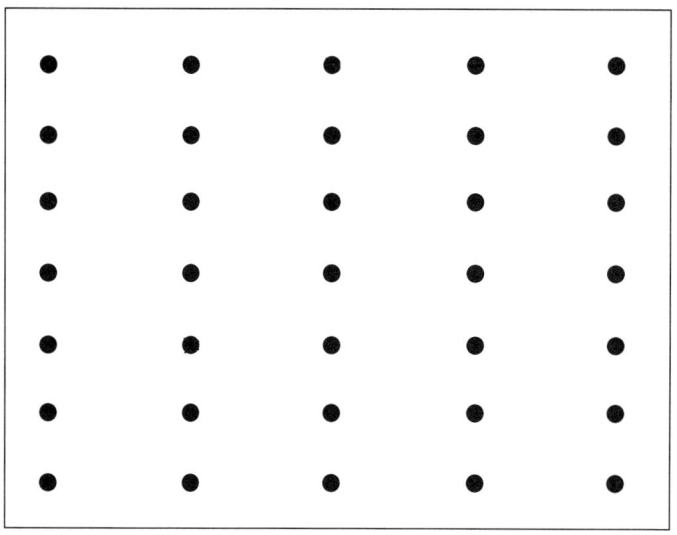

图6　你认为这些点是组成水平的线还是垂直的线

　　良好的连续性定律可以由图7加以说明。该图的上部分显示两条相互交叉的曲线。我们的确把它看成两条线，而不是像该图的下部分所显示的那种交汇于一点的四条线或是两个靠近的V形。我们同样倾向于把中断的线段看成被某个物体遮挡了一部分的连续直线。

　　请看图8a所表示的一组八个奇形怪状的物体。中间两个与字母Y类似，另外六个为扭曲的箭头。而在图8b，你大概会看到一个被三个斜条遮挡的三维立方体框架。现在，那些奇形怪状的物体已成为左右两图的组成部分。第二个图形中更容易被看成立方体，因为它似乎是一个被斜条遮挡的单一物体。而第一个图形，由于缺少任何遮挡线索，因而更容易被看成八个独立的物体。

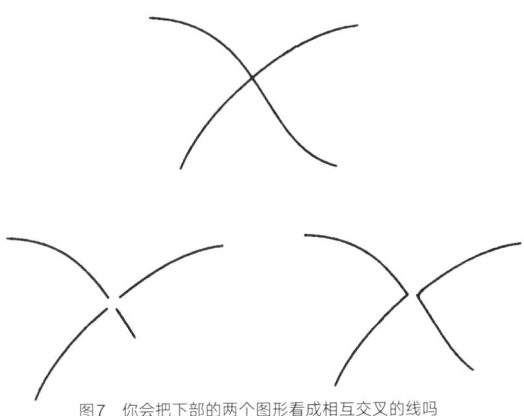

图7　你会把下部的两个图形看成相互交叉的线吗

　　封闭性在线画图形中表现得最为明显。如果一条线形成了封闭的
或几乎封闭的图形，那么我们就倾向于把它看成被一条线包围起来的
图形表面，而不仅仅是一条线。[1]

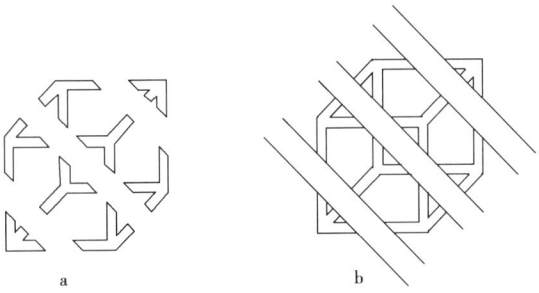

a　　　　　　　　　　　b

图8　你看到了什么物体

1. 加利福尼亚大学（伯克利）心理学家斯蒂芬·帕尔莫（Stephen Palmer）提出[1]另外两条定律：
共同区域（common region）和联结性（connectedness）。共同区域（或称包容性）意味着相同的
知觉区域组合在一起。联结性是指视觉系统把均匀的、联结在一起的区域知觉为单一单元的强烈
倾向。

格式塔学派还有一个被称为"简洁"（Prägnanz）的普遍原理，它可以近似地被译为"优良性"。它的基本思想就是视觉系统对输入的视觉信息作出最简单、最规则和具有对称性的解释。大脑如何判断哪个解释"最简单"呢？现代的观点认为，最好的解释往往只需要很少的信息（在技术意义上）进行描述，而坏的解释往往需要更多的信息。[1]

换句话说，大脑需要一个合理的解释而不是奇特的解释。这就意味着，这种解释不因观察点的微小变化而发生根本改变。这是由于，在过去当你看一个物体时，你常常在景物中运动，因此，你的大脑已经把该物体的各个不同方面记录了下来，并认为它们属于同一个事物[2]。

格式塔知觉定律不能被看作严格的定律，而只能算是一种实用的启发式研究。因此，它们可以作为视觉问题的合适的入门知识。真正哪些操作过程导致了这些"定律"的出现，这正是众多视觉心理学家试图发现的东西。

正如格式塔学派已经认识到的那样，视觉中的一个重要操作就是图形背景分离。要识别的物体称为"图形"，其周围环境称为"背景"。这种分离也许并不总是轻而易举的事。仔细观察图9你就会知道，如果你从来也没有看到过这幅图，你会很难看出有什么可识别的物体。但过了一会儿，你就有可能意识到，图画的一部分代表一只达尔马提

---

1.这可能或多或少地依赖于估计信息内容时采用的是哪些"基元"（primitives）。

图9　你能看到那条狗吗

亚（Dalmatia，南斯拉夫地名）狗。在这种情形下，图形背景的分离被有意复杂化了。

　　视觉还可能构造一幅模棱两可的图形背景分离图像。请看图10。第一眼看来，它像一个花瓶，但继续观察就可能发现是两张脸的侧视图。本来花瓶是图形，而现在人脸的轮廓线成了图形，原先的花瓶就成为背景了。但是，这两种解释很难在同一时刻看到。

　　大脑在决定哪些视觉特征属于某个物体时，要依赖于大体上符合格式塔知觉定律的明显的视觉线索。因此，倘若一个物体较坚实（接近性）、具有明确的轮廓（封闭性）、朝一个方向运动（共命运），而且整个为红色（相似性），那么，我们就很可能认为这是一个运动的红球。

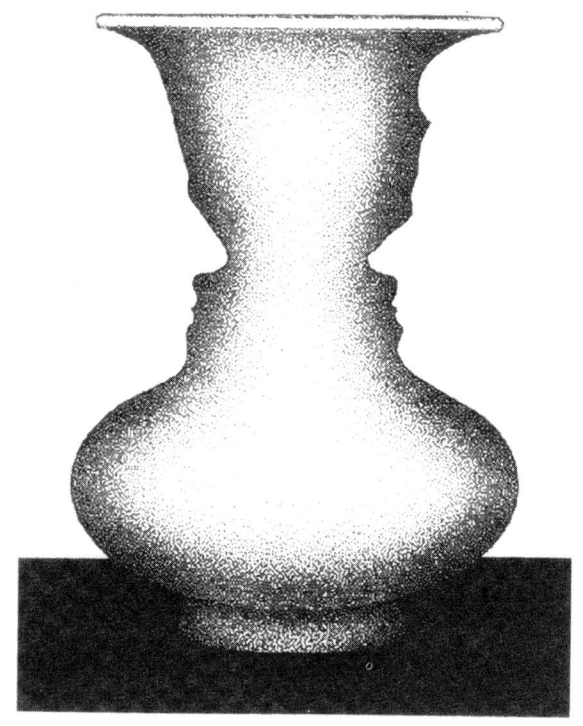

图10　是一个范瓶还是两个人脸的侧面轮廓图

对一个动物来说，出色地完成此类任务是至关重要的。否则，它就很难发现天敌或猎物以及苹果之类的其他食物。它必须能把图形和背景分离。所谓的伪装物就是试图混淆这一过程。伪装的作用是破坏表面的连续性（如战士穿的迷彩服），并产生一个易于混淆的轮廓，从而使真实的轮廓伪装起来。颜色也可能与背景混杂在一起。一只蹑手蹑脚移动的猫不时地停下来，就是为了避免给猎物提供任何运动线索。正如有人所认为的那样，我们由进化获得的良好的颜色视觉，使我们的灵长类祖先能够在纷乱的绿色背景中发现红色的果实。能给我们带来众多视觉乐趣的东西，可能就是最初发现食物和识破伪装的装置。

我们对最早阶段视觉加工知识的了解，部分来自对眼和脑的研究（参见第 10 章）。需要执行的最早操作差不多就是去除冗余信息。眼中的光感受器对落入眼睛的光强起反应：假如你观察一面完全均匀而光滑的白墙，那么你眼内的所有光感受器将会对光作出同样的反应。有什么理由将所有这些信息传递给大脑呢？对眼底视网膜来讲，最好是先对这些信息进行处理，使大脑知道哪里是空间上光强变化的地方 —— 墙的边缘。如果整个视网膜区域没有光强变化，那么就不会发送任何信号。大脑从"无信号"就可以得出"无变化"以及"墙的这一部分是均匀的"推论。

正如我们在后面章节会看到的，在某种程度上，大脑对不同类型信息的处理是在不同的平行通路中实现的。因此，对如何观看形状、运动、颜色等过程分别进行研究是有道理的，尽管这些过程具有某种程度的相互作用。

让我们先从形状开始。很明显，抽提轮廓对于大脑非常有用。这就是为什么我们对线条图能如此容易地产生反应。即使没有任何阴影、纹理、颜色等特征，你仍然可以对某景物的线条图形作出解释（图11）。这说明，大脑中某些元素对精细的细节有较好的反应，另外一些对细节较少的部分起反应，而其他元素则对空间上的粗略变化起反应。

你如果仅仅能看到后者,这世界就会模糊得像焦距没调准一般。心理学家常使用"空间频率"一词。高空间频率对应于细节,低空间频率对图像在空间上的缓慢变化起反应。

图11　这里只有线

请看图12。你很可能将它看成具有均匀灰度的一些小正方形的组合体。现在,如果把它弄模糊(摘掉眼镜、半闭着眼睛或将它放到房内的远处),你就可能认出是林肯的面孔。图的细节(小正方形的边缘)干扰了识别过程。当视觉变得模糊时,这些细节就不那么明显了。这时,尽管图像中只有较低的空间频率信息,图像仍然有些模糊,但是你能认出他的面孔了。当然,一般说来,不论低空间频率或高空间频率对解释图像都有帮助。

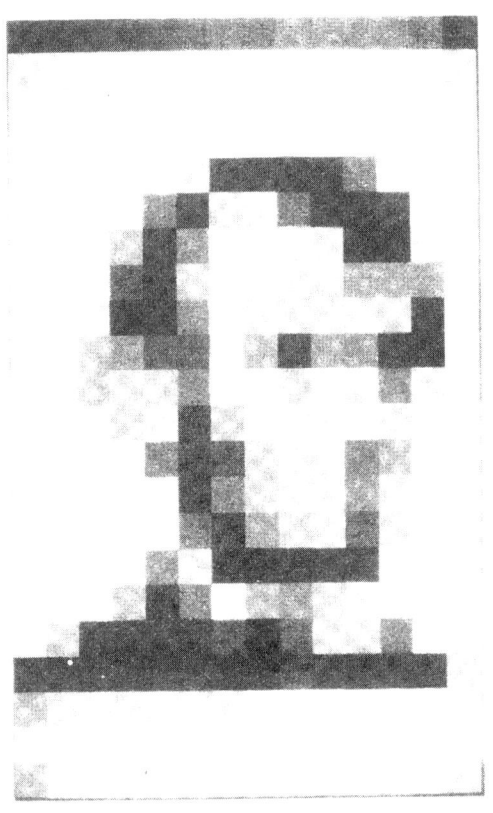

图12 不妨从远处去看这个图形

大脑面对的最为困难的问题之一，是从二维图像中抽提深度信息。我们需要深度信息，不仅是为了确定物体与观察者之间的距离，而且还要识别每个物体的三维形状。使用两只眼睛是有帮助的。但常可利用一只眼睛或看它的照片就能看出它的形状。大脑使用哪些线索从二维图像中获得三维信息呢？一个线索就是由入射光的角度产生的物体阴影。请看图13。你可能将其中的一排看成平面上的四个凹陷物，而将另外一排看成四个突起物。这样的深度印象就来自入射光的阴影。

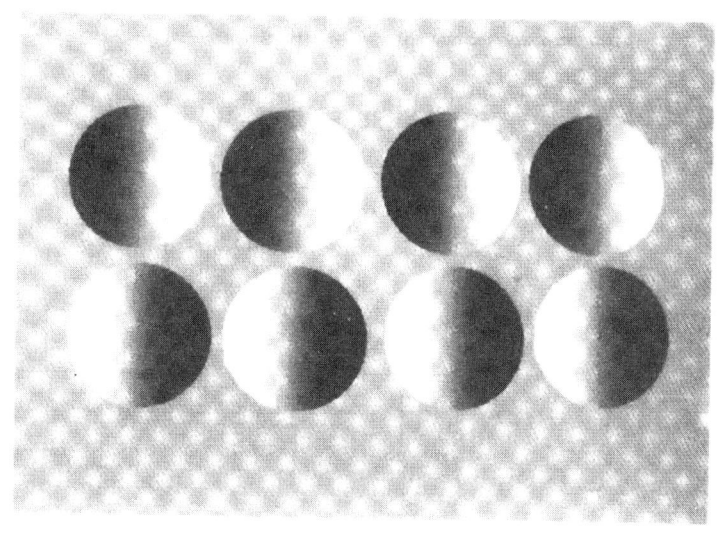

图13　是凹陷物还是突起物？请多看一会儿

偶尔，这种解释也可能是模棱两可的。凝视一会儿该图或者将页面倒置，你就会把凹陷看成突起，或把突起看成凹陷（注意，这种变化是同时发生的）。你的大脑最初认为，照明光来自某一侧，但倘若照明光实际来自另一侧，那么同样的阴影就会对应不同的形状，正如你所看到的那样。

另一个令人信服的线索是"从运动恢复结构"。这是说，如果一个静止物体的形状难以看清楚（经常是由于缺少某些三维形状线索），那么稍微转动一下该物体就容易识别了。在讲课时，如果把一个由小球和辐条制成的复杂分子的模型投影在屏幕上，就不易被理解。但如果播放它的转动模型的画面，其三维形状就会一目了然。在电视节目

《生命的故事》的片尾，你可能看到过这种情景。在那里，DNA分子的模型随空中的音乐旋转。

要进行三维观察，只看三维空间中的每个物体是不够的。你还必须观看三维空间的整个场景，以便弄清楚哪些物体离你近，哪些物体离你远。即便二维图像也存在两种很强的深度线索。

第一个线索是透视，它可以用埃姆斯变形房间［因发明者是阿德尔伯特·埃姆斯（Adelbert Ames）而得名］进行生动的演示（图14）。这种房间只能用单眼从外部通过小孔去观察。这样，就可以排除任何立体视觉线索。这个房间看起来像个长方体，但在实际上它的一边很长。与正方形房间相比，它的一个墙角要高得多，也离我们远得多。当我在旧金山"探索者博物馆"（Exploratorium）通过小孔观看这样的房间时，我看见一些在房间内跑来跑去的小孩。在房子的一侧他们显得很高（因为这时他们离我很近），而在另一侧他们则显得很矮（这时他们离得很远）。当他们从一边跑到另一边时（实际上是从近处

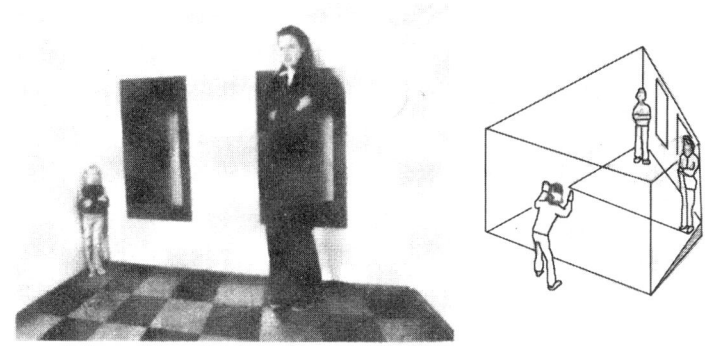

图14　左边为通过小孔观看埃姆斯变形房间时的样子，右边为屋子和观察者的图示

墙角跑到远处墙角，再跑回来），他们的大小会发生惊人的变化。我当然明白，孩子们是不可能通过这种方式改变身高的。但这一错觉是如此逼真，使我无法立刻摆脱它。每个孩子的表现大小是由墙的虚假透视作用产生的。与其他错觉类似，这一错觉很难通过"自上而下"（即大脑的最高水平对这一错觉形成基础的理解）的作用进行校正。

另一个有力的线索就是遮挡。即一个靠近你的物体部分地遮挡远处的物体。我们在图5中就看到过这种情景。一个女孩的面孔位于窗玻璃的框架之后，利用这一线索，大脑就能推断出，被遮挡物的各个不同部分应当属于同一物体，就像本章开头我们讨论过的那样。

线条能产生两种与遮挡有关的神奇效果。图2所示的卡尼莎三角

图15　你是否看到了一个不熟悉的白色形体

属于第一种。白色三角形的虚幻边界是由黑色缺损圆盘的直线边界的
延伸形成的。另一种效应如图 15 所示。

　　这种情况的幻觉边界主要由于一组线段的端点排成了一条线。视
场中的"线"出现的原因有多种，如物体（如衬衫）的图案或斑马的
条纹以及阴影等。一个遮挡背景的物体经常会截断背景中的线。在
这种情况下，线段端点产生的虚幻轮廓将会勾画出这一物体的轮
廓，就像图 15 那种故意设计的图形那样。正如心理学家拉马参准（V.
S. Ramachandran）所说："虚幻轮廓的感觉可能比真正的轮廓还真实
（对我们更重要）。"

　　另外一个距离线索是纹理的梯度变化，如图 16 所示。你只要看
到这种草地的图，就会立刻产生草地逐渐离你而去的印象。这是由于，

图16　你把它看成逐渐远离的草坪吗

画面上的草叶自下而上逐渐变小。你的大脑不会将它看成一面平坦而垂直的墙，在它的下面草长得比较高，而上面草长得比较矮，而是把它看成一个伸向远方的具有均匀高度的草坪。

还有一些深度线索。一个是物体的表观大小。一个熟悉的物体，当它离我们较远时，它在视网膜上的像就会变小。因此，如果该物体的表观尺寸较小，大脑就认为它离我们较远。另一个深度线索是远处的风景通常看起来比较蓝。所有这些线索都被艺术家们利用，特别是文艺复兴时期透视现象被发现以后。卡那来特（Canaletto）的威尼斯风景画便是很好的例子。

让我们转向讨论深度信息的主要来源[1]。它通常被称作"体视"，依赖于双眼观察同一物体时景物图像的微小差异。19世纪中叶，物理学家查尔斯·惠特斯通爵士（Sir Charles Wheatstone）最早向人们清楚地演示，恰当呈现的双眼图像可以给人生动的深度印象。（惠特斯通还有一件趣事使人记忆犹新。有一次他在伦敦皇家学会等待发表星期五晚上的演说时，因高度紧张而逃跑。从此以后，每个演讲者都要按惯例在演讲前被锁在一间小房子内等一刻钟）惠特斯通还发明了体视镜（因其设计简单而普及）。它使每只眼睛分别观察拍摄角度略有不同的照片成为可能。拍摄位置的差异就会产生并非严格相同的景观。大脑检测两个景观之间的差异（这在技术上称为"视差"），结果使照片上的场景显现出明显的深度感，似乎就出现在你的面前。

当你观察眼前较近的真实景物时，你可以通过闭上一只眼睛亲自

---

1.一小部分人似乎缺少真正的立体视觉。

体验一下什么是体视。对大多数人而言，此时的深度感并不像同时使用双眼时那么强。（当然，由于上面提到的其他深度线索的存在，即使闭上一只眼睛，你仍可具有较好的深度感。）另一个明显的例子就是建筑、城市、风景等的写生或摄影。在这种情况下，两只眼睛就能使大脑推断出画面是平面的。实际上，用单眼仍然可以获得较生动的深度感觉 —— 只要你站在一个没有玻璃反光的位置，并用手挡住图画的框架。这些动作去除了图画表面的某些平面线索，使得艺术家在图画中用于表达深度信息的线索产生较强的效果。

离你较近的物体的体视最显著，因为此时双眼视差最大。显然，要使双眼看到同一物体的景象，物体差不多就要在你的正前方。它不能向一侧偏离太远，而使鼻子遮住一只眼的视线。靠捕食为生的动物如猫、狗等，通常双眼都在前方。这样它们就可以利用体视抓捕猎物。而对于其他动物，如兔子，双眼长在头的两侧更有好处。这样，它们就可以在宽广的视野内发现天敌。但与人类相比，它们的体视能力很有限，因为它们双眼的视野重叠很少。[1]

运动情况又怎样呢？视觉系统对运动感兴趣的原因是明显的。当你看电影时，尽管银幕上看到的是一系列快速呈现的静止画面，而你却具有运动物体生动的印象。这种现象称为"表观运动"。在这种相当人为的情况下，视觉系统可能会出现失误 —— 汽车或马车轮子的辐条有时看起来会向相反方向转动。一般说来，产生这一现象的原因

---

1. 大脑如何利用视差是个值得重视的理论问题。比如，需要弄清楚，一只眼睛的图像中的哪个特征与另外一只眼睛的哪个特征相对应。这称为"对应问题"。最初认为，要解决这个问题，大脑首先要识别物体。在贝尔实验室工作的匈牙利心理学家贝拉·朱尔兹（Bela Julesz），用随机点立体图进行的精彩的实验清楚地显示，两图之间的"对应"可以在先于物体识别的、低水平的信息处理阶段实现。

已很清楚。这大体上是由于大脑把一幅图像中的一根辐条与下一幅图像中离它最近的那根辐条联系起来引起的。由于轮子在不停地转动，被联系在一起的可能并不是同一根辐条，而是其他邻近的一根。由于所有的辐条看起来完全一样，大脑很可能把相邻两幅图像中两根不同的辐条联系在了一起。如果联系在一起的两根辐条所在的位置完全相同（相对于汽车），则轮子看起来就会是静止不动的。如果转速稍微放慢一点儿，则轮子的辐条看起来就会向后转动。特别是旧式电影中，这种现象时有发生。当汽车减速时，辐条看起来就改变方向（相对于汽车的运动）。心理学家已经做了大量实验，试图确定获得好的表观运动所需的条件。

另外一种运动效应是理发店标志牌错觉（barber's pole illusion）。因为圆柱上有螺旋条纹，当它绕长轴旋转时，条纹看起来不是在转动而是在顺其长轴方向运动，通常是向上运动（这将在第11章中作充分讨论）。因此，我们的运动知觉并不总是直接的。在这种情况下，你看到的并不是每个条纹的局域运动，而是大脑错误地把它想象为整个模式的全局运动。

大脑的运动知觉由两种主要过程进行处理。它们可以粗略地被称为"短程系统"和"长程系统"。前者发生在比后者较早的加工阶段。短程系统并不能识别物体，而仅能识别由视网膜接收并传递到大脑的光模式的变化。它可以抽提运动的"基元"，但并不知道是什么物体在运动。换句话说，作为初级的感觉，这种简单的运动信息是有用的。它是自动操作的，即不受注意的影响。

　　人们猜测，短程运动可以利用运动信息从背景中分离出图形[1]并与运动后效应（有时称为"瀑布效应"）有关（如果你注视瀑布一段时间，然后把注视点很快移到邻近的岩石，在很短的一段时间内，你就会看到岩石向上运动）。现在对此现象还有不同的看法。因为最近的实验显示[3]，运动后效应可以受注意的影响。

　　长程运动系统似乎与物体运动的登记（register）有关。它不仅登记运动本身，而且登记是什么物体从一个地方运动到另一个地方。长程运动系统受注意的影响。

　　让我们举一个（过分简单的）例子。一个红色方块在屏幕上闪烁很短的时间，再隔一段时间后，在离红方块不远的地方紧接着出现一个闪烁的蓝色三角形。如果时间、距离等参数选取得使长程系统占优势，那么观察者就会看到红方块变成蓝三角形并从一个位置移到另一个位置的表观运动。另外，如果选择的参数主要激发短程系统（时间间隔和距离都很小），那么观察者将只看见运动而看不见运动的物体。他感受到运动但不知道是什么在运动。在大多数情况下，两种系统在某种程度上可能同时起作用。只有精心设计的刺激才会仅仅激活一个系统。

　　大脑利用运动线索获得变化中的视环境的附加信息。我已经描述过，在某些情况下如何从运动恢复结构。还可以通过其他方式利用运动信息。一个正朝你眼睛跑过来的物体会令你产生一个逐渐膨胀的视

---

1.这种从背景分离图形的任务提出了一个困难的理论问题，因为大脑必须在不知道什么是图形的情况下进行图形背景分离。

网膜图像。如果一个屏幕上的物体突然增大，你就会感到该物体正向你冲过来（尽管屏幕与你还在同一距离）。这种视觉图像运动被称为"膨胀"。它产生的效果是如此鲜明，以至于人们怀疑大脑中有一个特殊的部位对图像的膨胀加以响应。事实上这个部位已经被发现（见第11章）。

　　视觉运动系统的另一个作用是指导你在环境中运动的方式。当你向前行走时，你的眼睛看着前方，你上下左右的视觉场景就会从你身边掠过。这种视网膜图像的运动被称作"视觉流"（visual flow），在飞机着陆时它对飞行员帮助极大。一个没有体视的单眼飞行员可以借助视觉流信息使飞机安全着陆。没有视觉流的地方是你正朝它运动的那一点。所有围绕该点的物体似乎都向远离这一点的方向运动，尽管它们的速度有所不同（图17）。这种视觉信息能帮助飞行员找到跑道上正确的着陆点。

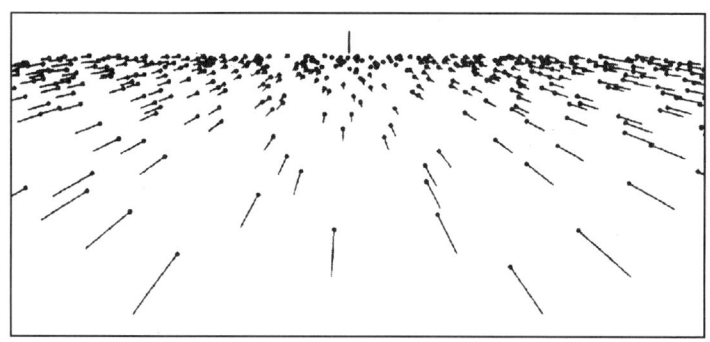

图17　用单眼看着陆飞机的情景。假设观察者正朝着垂直线标记的地平线运动，一系列黑点在视野中散射开，与每个黑点联结的直线表示向前运动的观察者应看到的点的运动方向，每条线的长度与点的运动速度成正比

　　颜色知觉也并非看起来那样直截了当。基本的观点认为它与眼内

不同类型的光感受器有关。每种光感受器只对有限波长范围内的光起反应。重要的是我们应当意识到，单个光感受器的反应怎么会不依赖于输入光子的波长。 一个光感受器可能捕获一个光子，也可能捕获不到。如果确实捕获到，则不管光子的波长如何，其效果会完全相同。但它响应的概率却依赖波长。某些波长激活它的概率很大，某些波长则很小。比如，它可以经常对"红"光子起反应，却很少对"绿"光子有响应。

对输入光子流的平均响应可能对应于敏感波段的少数几个光子，也可能对应于非敏感波段的许多光子；感受器无法分辨它们。初读这些内容时，这一切似乎相当复杂，但已有的经验告诉我们，如果眼睛只有一种类型的光感受器，你的大脑就会失去光的波长信息，因而只能看见黑白的世界。这种情况出现在特别昏暗的时候，这时，被称作"视锥"的一类光感受器不活动，只有"视杆"感受器起作用。这些类型相同的光感受器，对所有波长反应相同。这就是在夜晚很暗的情况下，你在花园内看不到花的颜色的原因。

要获得颜色信息，就需要不只一种具有不同波长响应曲线的光感受器。它们的响应曲线是部分重叠的。但是，一个具有同一波长的光子流，对不同的光感受器引起不同程度的兴奋。大脑利用这些不同兴奋的比例，确定落在视网膜上某点光的"颜色"。

大家知道，大多数人具有三种视锥细胞（大致是短波、中波和长波锥细胞，它们常被称为蓝、绿、红视锥细胞）。但也有少数人缺少

"红"视锥细胞，因此导致部分色盲。[1] 他们在分辨红绿交通信号时可能会遇到困难。

这就是对为什么我们能看到颜色所作的基本解释。但它还需要进行某些修正。在此，我仅想提一下兰德效应 [ 因偏振片的发明者埃德温·兰德（Edwin Land）而得名 ]。兰德以戏剧性的方式向我们演示，视野内某斑块的颜色并不仅仅依赖于从该斑块进入眼睛的光的波长，它还与从视场其他部分进入眼睛的光的波长有关。

为什么会这样呢？进入眼内的信息不仅取决于表面的反射特性（颜色），还与落到该表面的光的波长有关。因此，在阳光下和在烛光下，妇女们色彩缤纷的服装会有很大区别。因此，大脑主要感兴趣的不是反射率和照明光的组合，而是物体表面的颜色特性。大脑试图通过比较眼睛对视野中若干不同区域的响应来抽提出这种信息。要做到这一点，大脑利用了如下约束（假设），即在某一时刻，在该景物的各处，照明光的颜色是相同的。尽管在其他场合，它们可能是明显不同的。如果照明光是粉红色，它就使所有的东西程度不同地变为粉红色。因此，大脑就力图校正它。这就是阳光下的红色纤维在人工照明下看起来依然是红色的原因。但是，正如我们知道的，它看上去并不完全相同，因为校正机制并非工作得尽善尽美。

---

1. 严格地讲，我们都是色盲。因为除了像紫外线这一类我们不能看见的波长外，可以构造出任何数目的、在我们看来是完全相同的波长分布；而它们如果用一个合适的物理仪器去测量，实际上并不完全相同。除了少数情况有保留外，我们对任一波长分布的响应可以与仅仅三种波长的合适组合相匹配。这是早在19世纪就已确认的事实。按数学术语，颜色是三维的。

　　下面我们稍微提一下另外一些视觉恒常性。一个物体看上去总是大致相同的，即便我们没有直视它，使得它落在了视网膜上的不同部位也是如此。如果我们在不同的距离观察一个物体，物体的视网膜图像可能变大或变小或产生一定的旋转。然而，我们同样将它看作同一物体。我们将这些恒常性视为理所当然的事情。但简单的视觉机器无法做到这一点，除非它具备发育成熟的大脑所具有的完成该任务的固有装置。对于大脑到底如何完成这些任务，我们仍然不十分清楚。

　　运动和颜色之间具有奇怪的相互关系。大脑的短程运动系统有些色盲，它主要观看黑白图像。利用演示很容易说明这一点。将仅有两种均匀亮度的颜色（比如红和绿）构成的运动模式投射到屏幕上，然后调节两种颜色的相对亮度，使它们对于观察者来说看起来具有相同的亮度。这一过程必须对每个人分别进行，因为你和我的色平衡点不会完全相同。[1] 这一平衡条件被称为"等亮度"。

　　现在，如果你在屏幕上观看一个绿色背景上的红色运动物体，而且两种颜色调整为等亮度，那么其运动速度就显得比实际情况慢得多，甚至可能停止运动（特别是当你注视屏幕的一侧时，情况更是如此）。这是因为你大脑中的黑白系统将屏幕看成均匀灰色（因为两种颜色是等亮度的），所以短程运动系统几乎得不到运动信息。

　　所有这些例子都说明，大脑可以从视觉场景的多个不同方面抽取有用的视觉信息。那么，如果外界提供的信息不完整，大脑如何处

---

1. 即使对于同一观察者，位于注视线上的物体与位于视场外围的物体，它们的平衡点也可能稍有不同。

理呢？眼睛的盲点就是一个很好的例子。如我们在第3章中讲过的那样，你的每只眼睛中都有一个盲点，你的大脑会对它进行"填充"。因此，即使你闭上一只眼睛，也看不到视场中盲点处有一个洞。哲学家丹·丹尼特（Dan Dennett）不相信存在填充过程。在他的《意识的阐释》（Consciousness Explained）一书中，他争辩说"信息的缺失不等于缺失的信息"。他还说："你要看见洞，大脑的某个地方就必须对反差作出响应：或是内外边缘之间的反差（但在这个位置，你的大脑没有完成该任务的装置），或是前后之间的反差。"因此，他认为不存在什么填充，只是缺少"那里有洞"的信息。

但是，这一论证是不充分的。因为他没能证明，盲点处的信息无法推论出来。他只是说明大脑可能没有进行这一推论。说大脑肯定没有完成这件事情的必需机制也是不正确的。对大脑的细致研究表明，确实具有某些神经细胞有可能完成这一任务（见第11章）。

加利福尼亚州大学圣迭戈分校心理系的视觉心理学家拉马参准做了一个巧妙的实验[4]来反驳丹尼特（每个人都喜欢证明哲学家是错的）。他向被试呈现一个类似油炸面包圈似的黄色环形图案（图18b）。被试必须使眼睛静止不动，并用单眼进行观察。拉马参准将黄色圆环放在被试的视野内，使它的外沿落在盲斑之外（睁开的眼），而内侧则落在盲点之内（图18b）。此时被试报告说，他看到的不是一个黄色圆环而是一个完全均匀的黄色圆盘（图18c）。他的大脑填充了盲区，使一个粗的圆环变成一个均匀的圆盘。

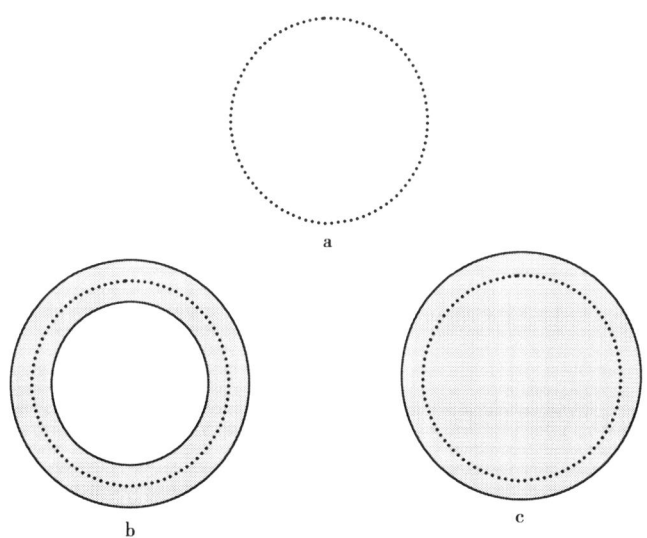

图18　图a：用虚线表示的盲点边界的示意图
　　　图b：炸面包圈表示对睁开的眼睛呈现的（黄色）圆环。它落在超过盲点边限的
位置
　　　图c：表示被试看到的图形不是一个黄色圆环，而是一个由填充过程补全的完整
的黄色圆盘。需要注意的是，观察者从来没有看到过这里用虚线圆圈标示的盲点的
轮廓线

　　为了强调这一结果，拉马参准又将其他几个类似的圆环放入被试
的视野中。当这些图形呈现之后（其中一个圆环围绕盲点，其他圆环
放在别处），被试报告说，他不仅看到盲点区域的完整圆盘，而且看
到圆盘立刻"跳出"（pop out）。这表明，被试的注意立刻被圆盘吸引。
这和你睁开双眼观看黄色圆环组成的随机阵列中有一个实心圆盘时
的情况完全一样。明显与圆环不同的圆盘会立刻跳出在你前面。正如
拉马参准所说，你确实对盲斑进行了填充，而不是仅仅忽略了那里存
在的东西。因为，被忽略的东西怎么能真正跳出来呢？

　　在盲点处看到的东西是不容易研究的，因为它偏离了凝视中心
15°。正如我前面说过的，那里的东西我们不能看得很清楚。拉马参
准和英国心理学家理查德·格里高理（Richard Gregory）已经完成了
一个称为"人造盲点"的实验[5]。该盲点离凝视中心较近（丹尼特
曾在脚注中提到这一工作，但其对结果不甚满意）。更引人注目的是，
拉马参准及其合作者[6]对一个病人进行了检验。他的问题不是出在
眼睛，而是在大脑的视区内有一小部分损伤。这样的病人不能如实看
到视场中相应位置的东西。这一块区域是盲区。但毋庸置疑，只要给
予足够的时间，他的大脑就会利用从周围得出的合理推测来填充它。

　　他们的实验结果可用图19说明。在阴极射线屏幕上有两条竖直
的线段处于同一直线上。一条在盲斑之上，一条在下。几秒钟后，病
人就会看到一条直线完全跨过间隙。一个病人还报告说，当屏幕上的
线条去掉后，他"在线的填充部分看见一个非常生动的幻象"，其持
续时间有好几秒。更令人惊奇的是，如果呈现给两个病人的是两条错

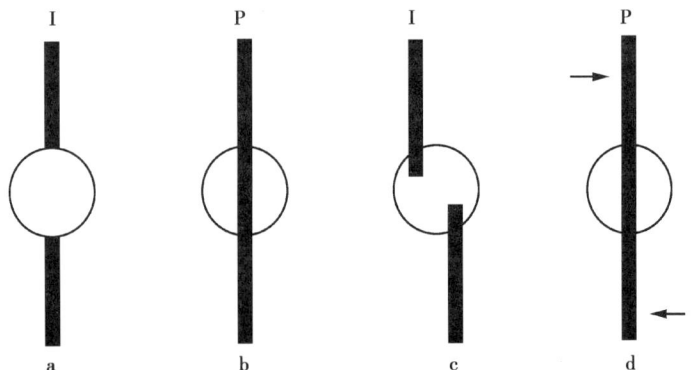

图19　标有I（Image）的图形表示呈现给被试的图形；用P（Percept）标明的图
形是被试实际看到的图形。图中的圆圈是图示化的盲斑。它是视野中的一个小区域，
对应于被试位于大脑的一侧、初级视皮质中一个未被激活的区域

开的竖直线（图19c），开始，他们看到的是两条错开的直线，但后来两条线就会相互"漂移"靠近，最后两条直线完全对齐。然后，大脑填充上它们的间隙，形成一条连续的直线（图19d）。报告称，这些线的水平移动（记住，它们实际上是静止不动的）栩栩如生。两位病人对此现象深感惊讶，并表现出极大的兴趣。

其他的一些实验表明，并非视觉每个方面的填充都是同时进行的。形状、运动、纹理和颜色的填充可以在不同时间完成。例如，当视场由许多运动的随机红点组成时，一个病人将颜色"渗入"到盲区几乎是立刻完成的，而在5秒钟以后才会形成运动圆点的动态模式。

需要注意的是，大脑中因伤害形成的盲斑与眼睛真正的盲斑两者所引起的结果具有重要的区别。对于后者，填充差不多是立刻完成的。在大脑损伤的情况，这个过程则需要若干秒。这大概是由于失去了大脑中快速填充的部件。

填充可能并非盲点所特有的过程。更可能的情况是，它以某种形式发生在正常大脑的多种水平。它使大脑能从仅有的部分信息中猜测出完整的图画。这是一种非常有用的能力。

现在，我们对视觉心理学的复杂性已有了大体的了解。显然，观看并非一件简单的事情。这与我们仅凭日常经验作出的猜测有很大的差别。它的工作方式还没有被我们完全理解。它涉及许多我们不得不略去的实验和概念。下一章我们将涉足看的两个其他方面 —— 注意和短时记忆，以拓宽我们的研究领域。它们都与视觉意识有紧密的联系，而且还会引入不同视觉加工所需时间这样一个十分棘手的课题。

# 第5章
## 注意和记忆

"你没有注意，"海特说，"要知道，若非心神专注，你将一无所获。"

——据刘易斯·卡罗尔（Lewis Carroll）的话改写

每个人都懂得"你没有注意"这句话的一般意义。这可能是你的注意力不集中，也可能是你昏昏欲睡或是由于某些其他原因。心理学把"唤醒"（或警觉）与"注意"（attention）区分开来。唤醒是影响一个人整个行为的一般条件，当你早上醒来的时候，就会注意到这种情况。正如威廉·詹姆斯所说，对心理学家说来，注意就意味着"摆脱某些事物以便更有效地处理其他事物"。

我们主要关心的是视觉注意，而不是在听音乐或从事某种活动时的注意。我们知道，注意被认为起码对某些形式的意识有所帮助。视觉注意的一种形式就是眼动（经常伴随着头部运动）。由于在靠近凝视中心的地方我们看得较清楚，所以当我们双眼的视线正对着某个物体时，就会获得更多的信息。如果不是直视物体，我们只能获得粗略的信息（至少有关形状的信息是如此）。

是什么机制控制眼动呢？这种眼动包括由反射性响应所引发的眼动（比如眼睛突然跳到凝视中心之外的某处）到由意志控制的眼动（"我想了解他正在那儿干什么"）。所有形式的注意可能都具有反射性和意志性两种成分。

听觉选择性注意的一个例子，是让某个被试集中注意从耳机进入一只耳朵的声音，而试图忽略进入另一只耳朵的不同声音。很多来自非注意耳的声音没能达到意识水平，但可以在头脑中留下某些痕迹，并对注意耳听到的东西产生影响。它们被记录于大脑的某一加工层次。

因此，注意就是滤除未被注意的事件。被注意事件的响应具有较快的速度、较低的阈值和较高的精度。注意还可以使该事件容易被记忆。过去，心理学家并不关心我们头脑内部发生的事情，他们大多通过测量反应速度和误差水平等去研究注意。换句话说，他们研究的是注意某事件时所引起的结果（与未注意该事件时相比较），并试图从实验结果的模式中推论出注意的可能机制。

令人吃惊的是，当你的眼睛保持静止不动时，有些事情就无法完成。比如一个随机点模式在屏幕上快速闪烁，它的呈现时间很短，因而不可能产生眼动。在这种条件下，你能够说出随机点的个数吗？如果它们只有三四个，你可以正确地报告出它们的数目；如果有六七个或更多，你就会出现错误。这并不能仅仅归因于刺激的亮度。如果闪烁光点非常亮，它们就会在视网膜上留下后像（这时如果你移动眼睛，固定在视网膜上的光点模式将随你的眼睛一起运动）。在数秒钟以内，你可以一直看到它们，但你仍然无法精确地数出它们的个数 —— 这是一种非常奇怪的感觉。当你开始计数时，你就会忘记哪个圆点你已经数过了。

有没有某种形式的注意不依赖于眼动呢？注意能在两个大幅度的眼动之间转移吗？美国奥尔良大学的临床心理学家迈克尔·波斯纳（Michael Posner）对此进行了大量实验[1]。他和其他研究者的研究表明，确实存在这样一种视觉注意形式。在一个典型的实验中，被试通过注视某个特殊点而使眼睛保持不动。一个瞬时出现的信号提示被试，在某个地点（比如说在注视点的右边）可能会出现一个物体。当看到物体出现时，要求被试尽快地按动开关，其反应时间就会被记录下来。如果在某次实验中，物体没有出现在所期望的地方（如出现在注视点的左边），反应速度就会变慢。反应时间的延迟被解释为被试不得不将视觉注意从期望的一侧转向非期望的一侧。

波斯纳认为，注意的这种变化可能涉及以下三个连续的过程：

解除原有注意→移动注意点→实施注意

首先，系统需要从视野中正在注意的地方解除注意，然后必须把"注意"点转向新的位置，最后在新地点实施注意。另一个重要的问题就是，一个人能否同时注意视野中两个分离的位置或物体？有证据表明，这是办不到的[1]，尽管也许可以跟踪若干个[2]运动的点[3]。但有确凿证据表明，注意可以在空间上进行精细聚焦或者在较大范围

---

1. 这里有一个可供参考的证据，如果切除胼胝体，每半大脑就可以注意不同的物体[2]。
2. 然而，大脑有可能把这些运动的点看成一个正在改变形状的单一物体的边角。

内扩展。比如，当你读一本书时，你主要注意的是单词而不是一个个分开的字母。在校对时情况则不然，你必须仔细检查每一个字母和标点，否则小的差错就会被遗漏。对我个人来讲，校对是一件困难的事情。因为通常我的阅读速度很快，除非我集中注意，否则很难发现一些细小的印刷错误。

很清楚，注意改变了我们看物体的方式。理论家如何解释这一现象呢？我可以直截了当地说，目前还没有一个被普遍接受的注意理论。因此，我能做的，充其量是描述某些当前流行的观点，并提及一些主要的争论点。

粗略地讲，大家普遍认同的观点是，注意涉及一个瓶颈问题。其基本思想就是初级加工过程大体上是一个平行的过程，即许多不同的活动同时进行。然后，似乎有一个或多个阶段存在信息处理的瓶颈。一个时间只能处理一个（或少数几个）"对象"。它通过临时滤除来自非注意对象的信息而实现。然后，注意系统迅速转向下一个对象。因此，注意大体上是串行的（即，注意一个之后再注意另一个）而非高度并行的（正如系统同时注意很多事情时的情况。）[1] 稍后，我们将详细讨论并行和串行加工的重要区别。

通常把视觉注意比喻为"探照灯"。在"探照灯"内部，信息以一种特殊的方式被处理。这样，我们就可以快速、精确地观察被注意物体，并使我们更容易记住它。在"探照灯"以外的信息，或者被处理得较少，或者处理方式有所不同，还可能根本不予处理。大脑的注

1.经过练习，大脑可以把某组特殊的物体（比如一组字母）作为一个"组块"去跟踪。

意系统将假想的"探照灯"从视野的一个地方快速转移到另一个地方，就像我们移动眼睛一样，只不过这时移动的速度慢得多罢了。

　　探照灯比喻以最简单的方式向我们暗示，视觉系统注意的是视野中某个地方。许多间接证据表明，情况确实如此。另外一种观点认为，我们注意的并不是某个特别的地方而是特别的物体。在某些情况下，如果物体运动（眼睛仍保持不动），注意可以追踪该物体，而不是停留在一个地方不动[4]。在目前看来，在一定程度上两种形式的注意（对视觉物体的注意或对视觉位置的注意）可能同时出现。

　　心理学家一般都严格区分前注意（preattentive）加工和注意（attentive）加工。在美国工作多年的匈牙利心理学家贝拉·朱尔兹已经给出了某些前注意加工的显著例证[5]。请看图20。左边两种"纹理"之间的边界可立刻看出来。现在让我们看看该图的右半部：初看

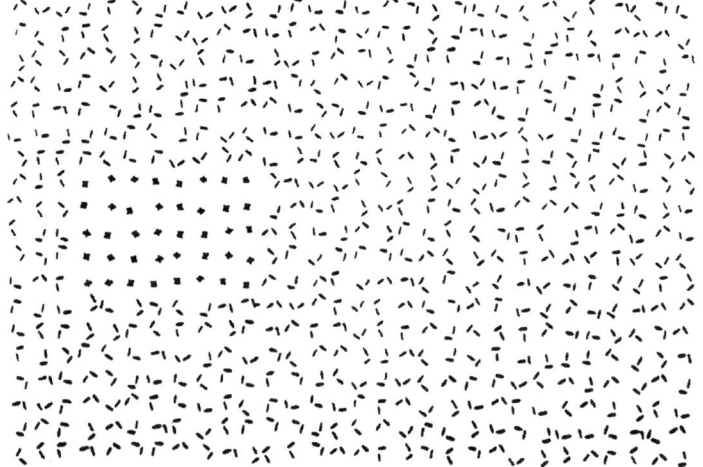

图20　这张图的纹理的均匀程度怎么样

时没有明显的纹理边界，但仔细观察就会发现，其中一个区域由不同朝向的字母L组成，另一个区域则由字母T组成。但这种差别并不能立刻跳出（pop‐out）。要看到它，就需要集中注意（focal attention）。

还有另一种研究跳出（或缺少跳出）的方法。在屏幕上呈现一个视觉图像并保持一段短暂的时间。在此情况下，刺激图像常由要求被试检测的"目标"和其他稍微不同的物体（被称为"干扰项"）组成。比如，可能是大量的字母散布在图像上，除了一个字母是红色之外，其他的全部都是绿的。被试的任务是一看到红色字母便立刻按下按钮。我们发现，被试可以非常迅速地完成这一任务。更为重要的是，反应时间与只有少数几个绿色字母或者很多绿色字母无关。换句话说，不管那里有多少个干扰项，反应时间都一样。红色字母立刻跳出在眼前。

安妮·特丽斯曼（Anne Treisman）是研究注意有影响的心理学家之一。1977年，她和两个同事合作，完成了一个著名的实验[6]。实验的要点是这样的。她首先证实了红色字母可以在绿色字母的背景上跳出。如果所有字母的颜色都相同，则单个字母T可以在字母S的背景中跳出。这意味着，对于颜色和形状两方面，跳出都可以发生。然后，他们给被试一个更为复杂的任务。一半是绿色字母T，另一半是红色字母S，此外，还有一个红色字母T。被试的任务是找出红色字母T。这时，被试既不能单找一个红色字母，也不能单找一个字母T；因为符合这两个条件的字母太多了。被试必须寻找颜色（红）和形状（T）两者结合在一起的字母。而这种结合不能立刻跳出。要发现红色字母T需要一段时间，而且干扰项数目越多，所需时间越长。如果图案中有25个字母，发现单个红色字母T的时间要比仅有5个字母时长得多。[1]

　　这种情况被看作串行搜索机制的证据，即为了判断一个字母既为红色又是T形，注意系统在一个时刻只能看一个字母。

　　注意从一处移到另一处需要多少时间呢？这是一件较为复杂的事情。似乎物体越"突出"（对注意系统有更大的影响），花费的时间也越短。这种情形是可能出现的。例如，若红色字母非常鲜艳，视觉系统就可以通过把"探照灯"扩展到较大范围，一次检测几个字母。这意味着只需较少的步数便能搜索完全部字母。因此，每个字母的处理时间就减少了。有人认为，一个时刻处理一个物体所需要的时间为60毫秒左右是有可能的。如果一个时刻处理两个物体，每步所需的时间仍为60毫秒，那么每个字母（一个时刻本来只能观察一个字母）现在的处理时间就只有30毫秒。而如果能够同时处理三个物体，那么每个字母的处理时间就是20毫秒。

　　但还有更复杂的情况。也许被试的大脑经过训练而变得较为聪明，从而只注意红色字母（并忽略绿色的字母）。这样就会有一半的字母被忽略。这就意味着，他可以在注意步速相同的情况下更快地完成搜索任务。在这种情况下，120毫秒的步速就可以得到同样的观察结果。

　　我们也会遇到令人遗憾的情况。在某些情况下，每步时间看起来可能少于20毫秒，而真实的步速可能长达120毫秒。这是由于在发现

----

1. 一个实验和另一个实验的响应时间差别很大。因此，要重复实验结果，就要让被试作出多次响应，并对响应时间进行平均。在某些情况下，需要应用若干个被试，并计算出他们的平均响应时间。

红色 T 字母之前，被试不但只注意红色物体，而且其一批处理了三个字母，因而"欺骗"了我们。在这种情况，探照灯移动一步的正确时间就难以确定了。

特丽斯曼同时说明，跳出也可以是非对称的[8]。一个有缺口的圆圈可以在一群完整的圆圈的背景中跳出（图21a）；然而要在有缺口的圆圈背景中发现一个完整的圆圈就需要串行搜索（图21b）。

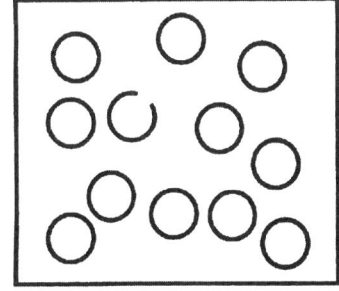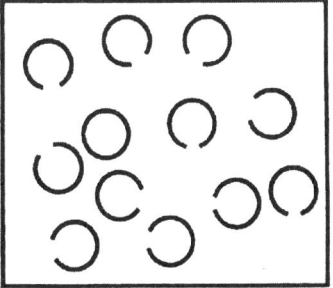

a                 b

图21　找出与众不同的那一个

心理学家是怎样描述前注意加工和注意加工之间的差别呢？最初特丽斯曼认为，前注意加工是以平行的方式把视野内物体的朝向、运动、颜色等简单特征登记在某些特有的子系统中。然后，集中注意以某种方式将这些特征整合到一起。更仔细的实验使她发现，如果特征整合所允许的时间非常短，大脑就会出现差错。有时它会张冠李戴，错误地将特征整合到一起，从而给出一个虚假的组合。在授课时，特丽斯曼用一张快速呈现的幻灯片来演示这种现象。该幻灯片呈现的是一位黑发的红衣女郎。可是，观众中总有几位非常自信地称，他们看到的是一位红发女郎。女郎的毛衣的颜色被错误地"移植"到了头发上，因而产生了幻觉组合。

这种事情在日常生活中可能发生，只不过为数较少罢了。特丽斯曼[9] 举了一个例子："一个穿行在繁忙街道上的朋友'看到'一个同事，正要打招呼。但他突然意识到那个人的黑胡子长到了一个过路人的脸上，而他的秃头和眼镜属于另外一个人。"

"简单特征"究竟是什么，目前我们还不清楚。¹ 但遗憾的是，大量的研究说明，跳出并非直截了当的事。在这里，我并不打算描述众多此类实验的细节。

通常，特丽斯曼的很多注意模型都认为，跳出与较长过程的顺序搜索截然不同。但是，凯尔·凯夫（Kyle Cave）和杰里米·沃尔夫（Jeremy Wolfe）等其他的一些心理学家则认为，跳出只不过是注意过程的第一步[10]。他们假设，注意系统有某种程度的"噪声"，因而容易出现错误。如果物体足够"突出"，则把注意的"探照灯"移到该物体所在的地方或移到该物体作为注意的第一步。如果物体并不突出，系统在选择目标时就可能遇到困难。在最终发现目标之前，也许经过了多次尝试，这样就会花费较多时间。这种机制可以产生与简单的顺序搜索机制相类似的结果。

邓肯（J. Duncan）和汉弗莱斯（G. Humphreys）[11] 甚至否认"探照灯"的存在。他们认为，视野中的不同物体都试图达到短时记忆。

---

1. 有实验证据说明，这是可以发生的[7]。

如果成功，在某些情况下它们就会成为活动的焦点。他们的层次模型
还考虑到不同干扰项之间的关系。比如，这些干扰项是相同的还是具
有多种不同类型。

　　进一步的研究也许会使心理学家获得一个能被普遍接受的注意
模型，不过，它可能不会很简单。我猜想，正确的模型将不大可能仅
仅从心理学实验中得出，因为这一系统看起来太复杂了。[1] 大脑中某
些相关神经元的行为的知识，对于获得正确答案也许是必需的。

　　因此，我们只是部分地了解了视觉注意。我们还没有一个被普遍
接受的心理学注意模型。

　　短时记忆情况如何呢？我们对它知道多少呢？记忆也许定义为
由经验引起的系统内部的变化，这种变化导致以后的思想或行为发
生改变。但是，这种泛泛的说法并没有多大价值。它应该适用于疲倦、
受伤和中毒等情况，又不应严格区分学习和发育（早期生长）。以色
列神经生物学家雅丁·杜戴（Yadin Dudai）提出了一个更为有用和更
为精确的定义[12]。他首先描述了什么是"世界"（包括内部和外部环
境）的"内部表达"。他将世界的内部表达定义为"能够有效地指导行
为的结构化神经编码方式"。它强调的是，从根本上说，我们主要关
心的是神经细胞（神经元）如何影响行为。"学习"则是由经历引起
的内部表达的创新或修改。这一变化可以保持相当一段时间（甚至可
以保持很多年）。不过，我们更关心的还是短时记忆。

---

1. 有人提出过一个研究项目，用来探讨什么视觉特性可以跳出（它们应对简单特征，视觉"基元"
进行响应）；而复合特征需要进行顺序搜索。

我感兴趣的不是像习惯化或敏感化（sensitization）之类的极简单的记忆形式（如果你连续十次向小孩呈现一幅图画，开始他会表现出兴趣，但很快就会产生厌倦。这就是"习惯化"）。这些过程被归类为"非联想"过程。它们甚至在海胆等一些非常低等的动物身上也能表现出来。我们更关心的则是"联想学习"，即有机体对刺激和动作的关系作出反应。[1]

将记忆分成几种不同的类型是有益的，尽管对它们的确切描述还存在争议。一种方便的分类是把记忆划分为情景记忆、类别记忆和程序记忆。情景记忆是对一个事件的记忆，它经常与某些与此有联系的无关细节交织在一起。[2]一个很好的例子就是，你会记得当你听说肯尼迪总统遇刺时你在什么地方。类别记忆的一个例子是对于单词的含义，如"行刺"或"狗"。而回忆如何游泳或驾驶汽车便属于程序记忆。

另外一种分类方法与时间有关：获得记忆需要多长时间，它一般能保持多久。某些记忆，特别是情景记忆被称为"一次性"或"闪光快门式"学习。仅仅用一个事例就可记得很清楚（当然，这种记忆也可以通过复述被强化，即把这件事再讲一遍，并不要求次次正确）。另一种类型的记忆可通过事件的重复增强。人们从重复中抽提出某件事物的普遍性质，如，未经明确定义的单词的含义。

开汽车之类的过程性知识常常很难从一次经历中获得，往往需要

---

1. 还有其他一些这里没有提到的简单记忆形式，其中有经典的条件反射，操作性条件反射和启动（priming）。
2. 有证据显示，在最初的一段时间内，很多人清楚地记得当他们第一次听到林肯遇刺时的情景。

重复练习。学会后，它可以保持相当长的一段时间。一旦你学会游泳，即使多年没有游过你也会游得很好。当谈及一首熟悉的乐曲时，一位著名的钢琴家曾经对我说："肌肉的记忆是最久的。"这意味着乐曲的演奏是自动的，无须思索的。

不同的记忆持续的时间也不同。它们经常被分为长时记忆和短时记忆。尽管这一术语对于不同人可能具有不同的含义。"长时"通常指几小时、几天、几个月乃至几年；"短时"则从几分之一秒到几分钟或更长。短时记忆通常是不稳定的，而且容量有限。

想一想你在梦中的一些事情。当你做梦时，你不能使梦中的任何情景进入长时记忆（或至少清晰地回忆起）。你的大脑把梦中的情景以某种形式的短时记忆保存起来。当你醒来后（这可能会比你意识到的频繁得多），你的长时记忆系统才被接通。然后，仍然保存在短时记忆中的东西便进入长时记忆。所以，你回忆起来的并非你梦到的所有事情，而只是梦的最后几分钟。如果你在刚醒来时受到电话铃或是什么别的干扰，梦的短时记忆就会衰减或完全丧失，以致电话之后你可能连梦的最后几分钟都回忆不起来了。

我们知道，记忆的回忆不是一个直接的过程。要回忆一件事情往往需要某个线索，尽管这时记忆有可能是扑朔迷离的。有些记忆很弱，需要更强的线索才能被唤起。另外的一些甚至在完全丧失前就淡化了。一个相关的记忆可能会干扰和阻碍你所需要的记忆内容的获取。

很明显，意识特别是视觉意识把很多存储在长时情景记忆和类别记忆中的内容结合起来。我们较为关心的是极短时的记忆。这是由于，如果我们丧失了对所有最近事件的记忆形式，我们很可能会失去意识。然而，这种最重要的记忆形式仅能持续几分之一秒或至多是几秒钟。让我们集中讨论这些极短时间的记忆形式。

请你看一看面前的景物，然后突然闭上双眼。你看到的外部世界的生动图面很快就会消失，留给你的只是一个模糊的回忆。它通常在几秒内就会消失。早在18世纪就有人试图测量它消失的时间。一个黑暗中运动的光点（比如说一个发光的烟头）将在后面留下一个光尾。对光尾长度进行的现代研究表明，光的知觉大约可持续100毫秒，尽管有些是视网膜后像造成的。

心理学家如何研究各种各样的短时记忆呢？美国心理学家乔治·斯帕林（George Sperling）[13] 在1960年进行过一个经典的实验。他以极短的时间（约50毫秒）在屏幕上显示一个由12个字母组成的字母集。字母排成3行，每行4个。由于时间太短，被试每次只能回忆出四五个字母。然后在下一个实验中，他要求被试仅报告其中的一行。他使用一个声音信号提示被试应该报告哪一行。但这一线索仅在呈现的图形刚刚关闭之后才给出。在此情况下，被试可以报告出该线索指示行的4个字母中的大约3个字母。

人们也许仅仅根据第二个实验就得出结论，既然被试能够报告出3行中任意一行的4个字母中的3个，那么他就能报告出3行字母中的9个（3×3）。但正如我们看到的，实际上他只能回忆出这12个字母中的4～5个。这有力地说明，字母是由大脑从迅速衰减的视觉痕迹中读出的。这种极短时的视觉记忆被称为"图标记忆"，它来自单词 icon（图标）。

　　对此问题，还有许多其他的研究。在刺激呈现前后，视场是亮或暗对衰减时间是有影响的。在暗视野中，衰减时间大约是秒的量级，在较明亮的视野中则少得多，或许只有零点几秒。这种亮背景效应被称为"掩蔽"。还可以用某些模式作为掩蔽，但这两种掩蔽类型截然不同。简而言之，明亮背景的掩蔽可能发生在双眼的信息结合之前、视觉系统的初级阶段，可能是在视网膜阶段；而模式掩蔽在很大程度上依赖于字母呈现与掩蔽之间的时间间隔。数据说明，这大概发生在双眼信息结合之后视觉系统的若干个水平。

　　图标记忆似乎依赖于瞬时视觉信号的存留时间。它主要不是从信号的后沿算起而是从前沿算起。这表明其生物学功能是提供足够的时间（100～200毫秒）来处理这种非常短暂的信号。这就意味着，要实现充分的视觉加工，至少需要某个最短的时间。

　　还有更长一些的短时记忆。英国心理学家艾伦·巴德利（Alan Baddeley）对这种记忆进行了深入的研究[14]，把它称为"工作记忆"。一个典型的例子就是回忆一个新的7位数的电话号码。你能回忆出来的数字的个数称为你的"数字广度"。对大多数人来说，它通常只有六七个。换句话说，工作记忆的能力是有限的。这种记忆似乎具有几种不同的形式，它与感觉输入有关。对于视觉，他将其称为"视空间便笺簿"。典型情况所涉及的时间为若干秒。它似乎还与回忆面孔或熟悉的物体时的视觉想象有关。它的特性与较短的图标记忆有很大差别。图标记忆可能涉及大脑中不同的过程。

工作记忆对意识是必要的吗？某些证据表明，情况并非如此。某些脑损伤的病人只有极小的数字记忆广度，除了他们听到的最后一个字母外，别的一概回忆不起来。但他们的意识正常。事实上，他们的长时记忆可能并未受到损害[15]。迄今为止，还没有发现一例丧失了所有形式的工作记忆（视觉和听觉）的病人。这是由于引起这种欠缺（而没有任何其他缺陷）的脑损伤，只能局限于某个非常准确的部位（而且还要在不同的地方）。因此，实际上这种情况可能永远不会发生。

长时记忆看来不同于图标记忆或工作记忆。一个看过约2500张不同彩色幻灯片（每个看10秒）的被试，10天以后还能辨别出其中的90％。因为，如果只是要求被试确认从前是否看过某幅图画（并不是无线索地回忆，无线索地回忆图画会更困难），那么他只需要回忆每幅图画的很少一部分信息就可以了。

我们不会花费很大精力去考虑长时情景记忆，因为一个不能形成新的长时情景记忆的脑损伤病人，仍然是清醒的和有意识的（见第12章）。只有短时记忆特别是图标记忆才可能与意识的机制密切相关。

# 第 6 章
# 知觉瞬间：视觉理论

心理学是一门很不能令人满意的学科。

——沃尔夫冈·科勒尔（Wolfgong Köhler）

图标记忆和工作记忆的衰减时间可能是相当短暂的。我们对引起意识的各种处理过程所需的时间了解多少呢？回忆一下第 2 章的内容就知道，某些认知学家喜欢把大脑的活动看成执行计算的过程。他们认为，引起意识的不是计算本身而是计算的结果。

有些人声称，某些脑的活动并不能达到意识水平，除非它们持续的时间超过某个最短的时间[1]。如果这种活动较弱，这一时间可能要长达半秒。单是为了指导我们探索意识的神经相关物，就需要我们了解与单个"知觉瞬间"（moment of perception）对应的脑活动的持续时间类型。那么，单个处理周期涉及怎样的时间类型呢？

让我们考虑如下情况。首先，给被试呈现一个 20 毫秒的瞬时红光刺激。之后，在原来的地方马上呈现一个 20 毫秒的绿光刺激。被试报告看到了什么呢？他看到的不是一个红色闪光紧接着一个绿色闪光，而是一个黄色[1]闪光，就如同这两种颜色同时闪烁时所看到的情形一样。然而，如果绿色闪光不是紧跟在红光之后，被试就会报告看到了红色闪光。这说明，直到来自绿光的信息被加工完之前，[2]被试不可能意识到黄颜色的存在。

因此，你不能感受到一个刺激的真正开始时刻，你也无法估计出一个短暂刺激的真正持续时间。早在1887年，法国科学家查蓬特尔（A. Charpentier）就发现，长达66毫秒的闪光刺激，看起来并不比7毫秒的闪光刺激持续了更长的时间。

1967年美国心理学家罗伯特·埃弗龙（Robert Efron）就此问题写了一篇颇具洞察力的好文章[2]。他通过用不同方法进行估算得出结论：处理周期的持续时间为60~70毫秒。这个数字是对较容易观察的突出刺激而言的。对于不清楚或较为复杂的刺激，其处理周期会更长，这是不足为奇的。

那么，对于更为复杂的加工又需要多少时间呢？在这种情况下，通常是先呈现一个视觉刺激，然后紧接着一个快速的掩蔽（mask），即在视野中的同一位置呈现一个视觉模式，用以干扰观看原刺激所必需的某些处理过程。详细解释这一结果是困难的。如果系统是简单的、按顺序进行的，信号从一个阶段稳定地进展到另一个阶段中间没有停顿，而且步入意识不花费时间，那么来自掩蔽的信号根本不可能赶上

---

1. 红色颜料和绿色颜料的混合会形成褐色颜料，红光和绿光的混合则产生黄光。
2. 哲学家诡辩称，被试或许短时间意识到红色闪光，只是很快又全部忘记了。很显然，这不是"意识"（awareness）的通常用法。此类问题最好放到我们较清楚地懂得了在该条件下大脑内部发生的过程之后再讨论。

来自刺激的信号。既然掩蔽能够干扰刺激的知觉，这就意味着至少某些处理步骤是要花费时间的。这无论如何都是可能的。尽管在解释上还存在困难，但掩蔽效应仍可以向我们提供某些该过程的有用信息。

美国心理学家罗伯特·雷诺兹（Robert Reynolds）通过若干个实验[3]研究了这个问题。他希望说明，知觉的不同方面可以在不同时刻看到。换句话说，他试图研究从刺激呈现到形成相对稳定的知觉的时间历程。

作为一个例子，让我们看一看第4章描述过的虚幻轮廓的知觉所形成的时间。为了避免被试猜测或撒谎，雷诺兹向被试呈现了图22中两个图样中的一个。每个图案都是由如图所示的三个缺口圆盘组成的。其中第一个幻觉边框是直线，而第二个为曲线。刺激呈现时间为50毫秒，经过某个延迟[1]时间之后，紧接着呈现的是如图22c所示的一个掩蔽。刺激模式大而明亮，即使呈现时间很短，被试也能够清楚地看见三个缺口圆盘。由于存在图标记忆，在没有掩蔽的情况下，我们有理由认为，来自显示图形的信号对大脑的作用时间将会超过图形闪烁的时间50毫秒（作用时间大概有几百毫秒）。

雷诺兹发现，如果掩蔽紧随刺激出现，则绝大多数被试就看不到幻觉三角形。少数报告看到幻觉三角形的人也常常发生错误，将直线三角和曲线三角混淆。然而，如果延迟时间为50～75毫秒，即

---

1. 雷诺兹报告他的结果时使用的术语是"刺激前沿非对称"（stimulus onset asynchrony，SOA）。由于刺激的持续时间为50毫秒，因此，50毫秒的SOA意味着刺激结束后掩蔽立刻开始。我把它称为零延迟。

SOA

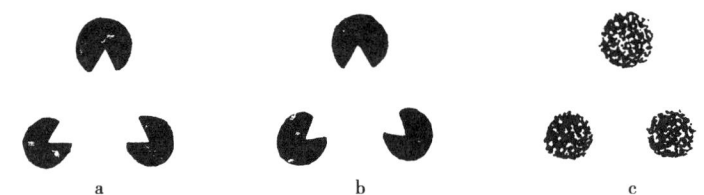

图22　白色的直三角、白色的曲三角和掩蔽

为100~125毫秒，则所有的观察者都报告说看到了三角形，尽管他们还不能完全准确地说出三角形的边是直线的还是曲线的。

这清楚地表明，总的加工时间完全取决于他看到的是什么。在幻觉三角形出现前的一段时间内，三个缺口圆盘（pacmen）可以看得很清楚。

需要注意的是，这些实验并不能精确地说明，在何时大脑产生知觉的"神经相关物"。它只能说明，对于知觉的某些方面其处理时间很可能比其他方面要长。

雷诺兹又进行了另一个更为复杂的类似实验。同样的幻觉三角形被画成好像放置在透明的砖墙后面。对这样一种视觉图样的解释是不确定的。被试先看见三个缺口圆盘，之后看见一个亮三角形，接着这个三角形又被拒绝，然后三角形知觉重新出现[1]。这后三个阶段，每个的持续时间约为150毫秒。

---

1. 请注意，被试并非在一个实验中报告所有这些阶段。本结果是通过比较不同的掩蔽延迟之后的知觉做出的推论。

显然，"计算"的时间（timing）依赖于它们的复杂度。尽管详细的解释仍然有赖于确切了解不同脑区之间信号的传递方式及它们之间的相互作用（这不大可能是简单的），但目前起码我们对视觉处理所需的各种时间类型已有了一个粗略的想法。直到我们对参与看（seeing）的不同大脑过程以及它们的相互作用[1] 方式有了更清楚的了解之前，我们不大可能得到更为精确的时间。

我已经简要地阐述了视觉加工的诸多方面，但还没有系统地说明我们应如何认识所有这些加工。这是一个困难的问题。如果这是一本专门讨论视知觉的书，我将不得不用一定篇幅来描述一些有关视觉的最新思想，即大脑如何通过执行复杂的活动而使我们看见外部世界。除了第 2 章中提到的那些认知科学家以外，大多数理论家对意识没有表现出多大兴趣。由于这个原因，再加上还没有一个被普遍接受的视觉理论，因此，对于很多不同的探讨我都没有给出详细的描述。下面简短的综述将会给读者一个大体的印象。[2]

人们对视觉感兴趣有多种原因。某些人希望制造一种视觉机器，它能像我们一样或比我们更好地看东西，以便把它应用于家庭、工业或者军事目的。除了把大脑看作思想的源泉外，他们不太关心大脑如何完成这一工作。一个视觉机器并不需要严格模拟人脑，就像飞机并不需要扇动翅膀一样。

---

1. 我把里贝特（Libet）的某些研究工作放到第 15 章去考虑。
2. 当然，对于那些进行视觉意识实验的人，最重要的是要具备视觉心理学和各种知觉理论的详尽知识。这样，起码可以避免出现不应有的错误。

　　另外一些人的主要兴趣则是人类如何看物体。某些功能主义者持有一种极端的观点。他们认为，了解脑的细节永远得不到任何有用的东西[1]。这一观点是如此古怪，以致大多数科学家都惊讶它为什么能够存在。而另一种极端的观点来自某些神经科学家，他们主要关心动物脑神经细胞对视觉图像的响应，却极少关心这一活动如何产生视觉。幸运的是，现在有少数研究视觉的学生，他们的观点介于这两个极端之间。他们既对视觉心理学感兴趣也对神经细胞的行为感兴趣。

　　人们对这些问题的想法也是千差万别的。某些人认为重要的是研究视觉环境，即我们脚下的大地、头顶的蓝天以及其间的万物。他们并不关心大脑，因为他们认为，所有需要去做的就是对环境的各方面产生"共鸣"，不管它意味着什么。他们将自己称为吉布森主义者。吉布森主义者因其已故宗师吉布森（J. J. Gibson）而得名。另外的一些人则试图分析基本的、但是相当有限的视觉操作，如由阴影恢复形状、理发店标志错觉等，并且编制能解决这些问题的计算机程序。在人工智能领域，这种传统仍然很强。还有一些人则将大脑中的过程比作日常生活中的物体或事件。他们经常谈论"探照灯"或"为某一物体打开一个文件"之类的东西。在过去的二三十年间，所使用的解释常常建立在计算机如何工作这一基础之上。他们使用一系列明确的规则以获得所需的结论，并且涉及某些计算机概念，包括中央处理、随机存储等。新近的进展便是神经网络（由相互作用的神经元集合组成），它们的相互作用大致是并行的，而且没有明确的规则（在第13章中将作较全面的讨论）。

---

1. "关于大脑，你需要知道的一切就是如何模拟它。"哲学家、人工智能专家和语言学家常常采纳这种观点。在逃避严格的科学方法的人中间，这种观点并不陌生。

正如我们在第 4 章看到的那样，格式塔心理学家希望揭示视觉活动的基本原理。他们争辩说，正如理解空气动力学定律对于理解鸟和飞机的飞行非常重要一样，理解视觉也必须寻找它所涉及的普遍原理。这一研究方法的现代形式是常使用信息学术语表达理论。毫不奇怪，数学家们则倾向于发现某种普遍的数学原理。对普通读者来讲，要描述所有这些思想也许需要一大本书的篇幅。

所有这些观点都有一定的价值，但它们尚未被融合在一起，未形成一个详细的、被广泛接受的视觉理论。只要回避视觉意识问题，任何现有的视觉理论都是不充分的。无论如何，研究视觉是一个复杂和困难的过程，直到 21 世纪以前，我们都不大可能提出一个综合的视觉理论。如果现在我们就想研究视觉意识问题，我们就不得不竭尽全力。为此，我们需要某种尝试性的观点，否则我们就只能错失良机。

我认为，已故的戴维·马尔（David Marr）提出的研究方法是非常有用的。马尔是一位英国人，为了给脑研究做准备，他在剑桥大学获得了一个数学学位。其博士论文提出了一个详细而新颖的小脑理论。后来，悉尼·布伦纳（Sydney Brenner）和我在我们英国剑桥的实验室内为他提供了一间办公室。在那里，他提出了有关视皮质与海马的一般性操作理论。他的兴趣部分转向了视觉人工智能，并到麻省理工学院（MIT）与意大利理论家托马索·波吉奥（Tomaso Poggio）合作。1979 年 4 月，他们两人一块到索尔克研究所（Salk Institute）对我进行了为期一个月的访问。马尔曾经写了一本名为《视觉》的著作（他死后才出版）。在书中，他以简洁的方式解释了许多有关视觉的创新思想（他的科学论文不易读懂）。虽然并非所有这些思想都能经得起时间的考验，但在当时，这本书对这些问题的阐述仍然是巧妙精辟的。最后一章中有一段马尔与一个勉强的信奉者（我本人）之间的假想对话。它大体上模仿了他和波吉奥在索尔克的时候，我们三人之间的多次谈话。

马尔设想出了一个普遍的框架，用以描述视觉过程的粗略轮廓。他认为视觉的主要任务是获得形状的表象；明度、颜色、纹理等都不如形状重要。他自然而然地采纳了这样的观点，即大脑在其内部构建外部世界的符号表象，使隐含在视网膜图像中的很多方面显现出来。马尔认为（当然，这基本上是正确的），所有这些不可能一步完成。相反，他假设存在一个表象序列。他把它们称为"原始要素图"、"2.5维要素图"和"3D模型"表象。

原始要素图（primal sketch）使二维图像中的光强变化、几何分布和组织等重要信息显现出来。它处理的特征包括边界线段、斑点、端点、间断点和边界等。2.5维要素图使以观察者为中心的坐标系中的可见表面的朝向（和大概深度）以及它们的轮廓显现出来。3D模型表象则描述以物体为中心的各种形状及其空间组织。

这样视觉任务至少可分成三个独立的阶段。这是非常有益的，因为它至少使我们意识到，看东西还需要做那么多事情。但在细节上不可能都是正确的。三个阶段可能只是一级近似，比如，颜色、纹理、运动理应加到"形状"之上。也许比三个阶段还要多，这些处理阶段也可能并不像他描述的那样具有严格的区别，它们可能存在双向相互作用。然而，他的框架毕竟说明了当我们看物体时所发生的处理类型

（我将在第 17 章中讨论它和神经科学的关系）。

　　马尔 35 岁时因患白血病英年早逝，这是理论神经生物学研究的一个重大损失。我坚信，如果他还在世，他绝不会故步自封，而会随着研究的进展进一步发展其脑理论。他的聪明才智和富于想象的创造力一定会帮助我们冲破今天所面临的一切困难。因为他不仅具有非凡的智力，还具有对不同领域内的大量实验证据极强的消化吸收能力。

　　为了理解大脑，我们需要怎样的解释风格呢？我本人所持的观点与拉马参准的知觉功利主义理论最为接近。他认为，视知觉既不涉及我们争论时所使用的那种严格的、理智的推论，也不涉及大脑对视觉输入的"共振"那种含糊不清的想法。视知觉也不像人工智能研究者经常暗示的那样，需要求解复杂的方程才能解决。与此相反，他认为知觉"使用的是粗略的拇指规则、捷径以及某些手法熟练的小窍门。这些都是经过亿万年的自然选择，由实验和错误获得的。这是生物中熟悉的策略，但由于某种原因没有引起心理学家的注意。他们似乎忘记了大脑本身就是一个生物器官……"我也同意拉马参准的如下表述："直接打开黑箱去研究神经细胞的响应是解决这一问题的最好方法。但是心理学家和计算机科学家常常对此心存疑虑。"[4]

　　按照拉马参准的观点，现阶段视觉心理学家的主要任务不是构建复杂的数学理论来解释他们的结果，而是去勾画出所谓的视觉"自然历史"，特别是视觉的初级阶段。当视觉任务被分解成许多组成部分，特别是当显示出某些相互作用较弱或缺少时，我们就会知道到底哪些东西需要用神经元术语去解释。这些解释未必包括复杂的数学理论，但必定涉及相互作用的神经元的特性以及它们相互联结的细节。因此，由于视觉世界的复杂性，人们期望找到具有多种动态相互作用方式、粗糙但有效的快速加工过程。[1]

　　下一步我们就要了解人脑（和猴脑）以及组成它们的众多神经细胞和分子。这将是第二部分的主题。

---

1. 构成所有这种复杂活动基础的基本学习机制可能只有几种。最终的解释很可能要根据正常发育形成的基本联结模式和修改这些联结及其他神经参数所需的关键学习算法。这样，根据固有的结构并以丰富的经验为指导，新皮质可能就具备了基本的简单性。它不是处于成熟大脑行为的层次，而是位于达到这种复杂行为所经过的路段。

# 惊人的假说

# 第 7 章
## 人脑的概述

他们越看越惊讶，他知道得那么多，那小小的脑瓜怎能容得下。

—— 奥利佛·戈德史密斯的田园诗《荒芜的村庄》
(Oliver Goldsmith，*The Deserted Village*)

从老鼠到人类，所有的哺乳动物的神经系统犹如按照同样的设计图构建的一样，尽管它们在尺寸上有极大的差别，比如，老鼠和大象，它们脑的大小不同，各个部分的比例也不尽相同。爬行动物、鸟类、两栖类和鱼类的脑与哺乳动物的脑存在着极为明显的差别，但它们毕竟还有亲缘关系。在此我将不过多讨论。我也不打算描述在胎儿期及幼年期脑的发育过程。当然，这些都是有助于我们了解成熟脑的重要课题。一般说来，基因（以及正在发育中由基因控制的后天过程）似乎规定着神经系统主要的结构，但是还需要靠经验不断调整、精炼该结构的许多部件，这是要贯穿整个生命过程的。

身体的其他部分怎样附属于脑，又如何与之通信的，这是一个极为明显的事实问题，却很少有人问津。神经系统接收来自身体上各种不同的传感器的信息。所谓传感器就是把化学或物理的影响，如光、声或压力,转换为电信号。

有些传感器对大量来自体外的信息有响应,像眼睛作为光感受器就是对光产生响应。它们对外界的环境起着监视作用。还有一些传感器对体内的活动有响应,比如对你患有胃痛或是血液的酸性改变都很敏感。因此,它们也对体内变化起着监视作用。神经系统的运动输出就对身体的肌肉产生控制。脑还影响着机体各种化学物质的释放,比如调节某些激素。直接同所有的输入和输出有关的外周细胞仅仅占神经细胞总数的很少部分。因此,大量的神经细胞只参与系统内部的信息处理。

中枢神经系统有各种不同的分区方法,一种简单的方法是把它分为三部分:脊髓、脑干(在脊髓的顶端)以及在其上面的前脑。脊髓接受来自身体的感觉信息,并且把指令传输到肌肉。由于我们关心的是视觉,所以就不进一步讨论脊髓及脑干以下的部分。我们主要的兴趣在前脑,特别是新皮质,它是大脑皮质最大的那一部分。

大脑皮质(通常简称为皮质)分为两片分离的细胞层,分别位于脑的两侧。对人脑来说,这两片神经细胞层总的面积比手帕稍大一点儿,因此需要充分地折叠后才能容纳在头骨内。神经细胞层的厚度略有变化,一般有 2 ~ 5 毫米厚,它就构成了皮质的灰质。灰质主要由神经元[1]、细胞体和分枝构成,也包括许多称为"神经胶质细胞"的辅助性细胞。皮质中每平方毫米约有 100 000 个神

---

1. 在第1章中已提到,"神经元"是神经细胞的科学术语。

经元。[1] 因此，人脑的新皮质中约有几百亿个神经元，它堪比银河系中星星的数目。

神经元之间有些连接是局域的，一般延伸不到一毫米，最多也只有几毫米；但有些连接可以离开皮质的某个区域，延伸一段距离，到达皮质的另一些区域或者皮质外的地方。这些长距离的连接表面覆盖着脂肪鞘，它由一种称为髓鞘质的物质构成。脂肪鞘能够加快信号的传递速度，同时它还呈现出白色烁光的表面，因此被称为白质。脑中大约有40%是白质，也就是这些长程的连接，这生动而又简明地说明了脑中的相互连接与通信是如此之多。

新皮质是皮质中最复杂的部分。旧皮质（paleocortex）为一个薄片，主要与嗅觉功能有关。海马（有时也称为古皮质）是一个令人感兴趣的高层次结构（这意味着它与感觉系统的输入相距较远）。在信息被传送到新皮质之前，对于一些新的、长程的、系列事件中一个事件的记忆编码要在海马中储存几个星期。

在脑前部还有几个亚皮质结构与皮质有联系，如图23所示。这里面最重要的一部分叫丘脑，[2] 有时也称之为皮质的入口。因为通向皮质的主要输入必须经过此处，[3] 如图24所示。丘脑通常被分为24个区域，每个区域与新皮质的一些特定子区域相联系。丘脑的每个区域与皮质区域有大量连接，并且接受由那里传来的信息。这种反馈连接的真正目的还没有弄清楚。来自新皮质的许多其他连接并不都经过丘

---

1. 灵长类动物的第一视区是例外，它有大于两倍这个数目的神经元。
2. 丘脑这个词来自希腊语，它的意思是内房，即洞房的意思。视觉丘脑的一大部分被称为枕叶，这个词的原意是枕头。
3. 对脑干和其他一些稍有些扩散的系统不是这样的。

脑，这些连接还可以直接通往脑的其他部分。丘脑跨在皮质的重要入口，但不在主要出口上。

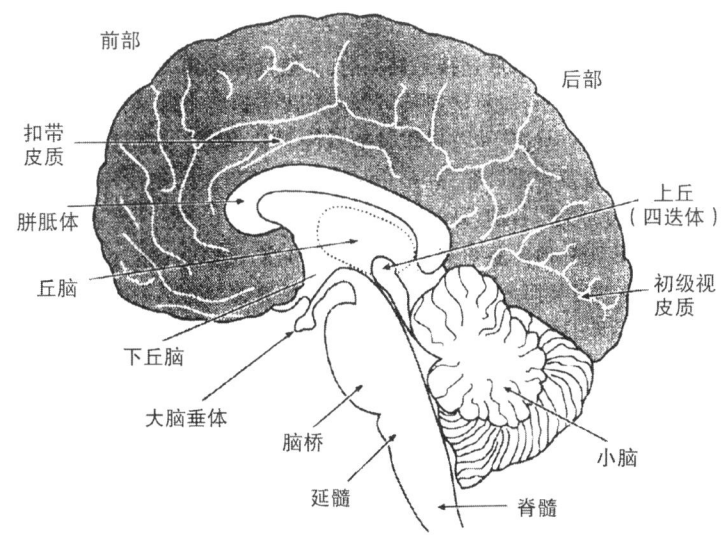

图23　人脑各个主要脑区的侧向解剖图

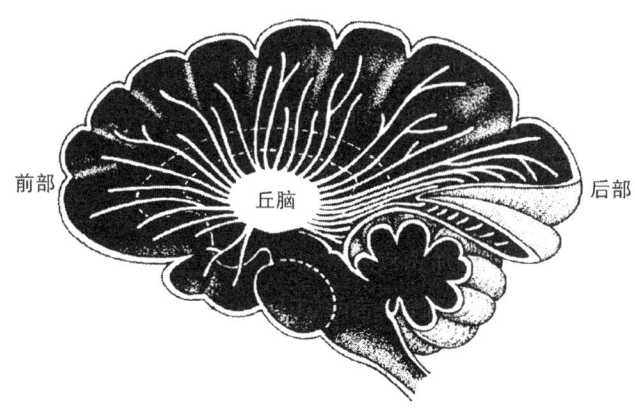

图24　丘脑的主要位置及与大脑皮质的连接

丘脑不远处有一个发育完善的结构，通常统称为纹状体，如图25所示。尽管它们确切的功能尚不清楚，但这些区域在运动控制中起着重要作用。丘脑的一些特殊区域（统称为层内核）主要投射到纹状体，并且更广泛地投射到新皮质。

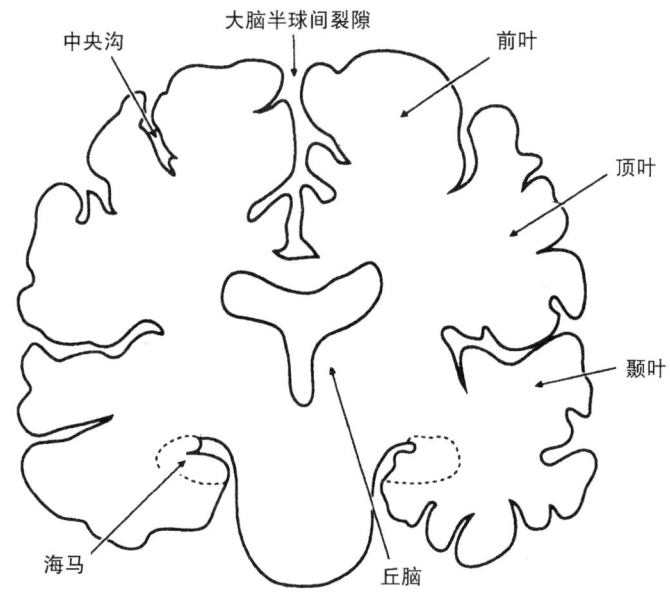

图25　人脑主要部位的切向图

一百多年来，有关不同精神功能在新皮质上的定位一直存在着争论。一种极端的观点是整体论，认为皮质所有区域的功能大致是一样的，另一种相反的观点则认为皮质每一小块区域执行着相当不同的任务。

19世纪的早期，维也纳的解剖学家弗朗兹·约瑟夫·加尔（Franz Joseph Gall）相信脑功能的定位，他用各种富于奇异的属性来标记头骨的各部分（例如崇尚、仁爱、尊敬等），而这些属性在皮质均被认为是定位的，如图26所示。带有这些标记的像陶器的人脑模型现在依然存在。加尔认为通过研究头骨的隆起，就能推导出一个人的许多特性。当我还是一个小孩时，当地的一个算命先生为骗取我母亲的钱而要相我头骨的隆起。他宣称我的头骨隆起非常有意思，付额外的钱，他便可以更详细地研究它们。但我从未发现他推演出的有关特性。

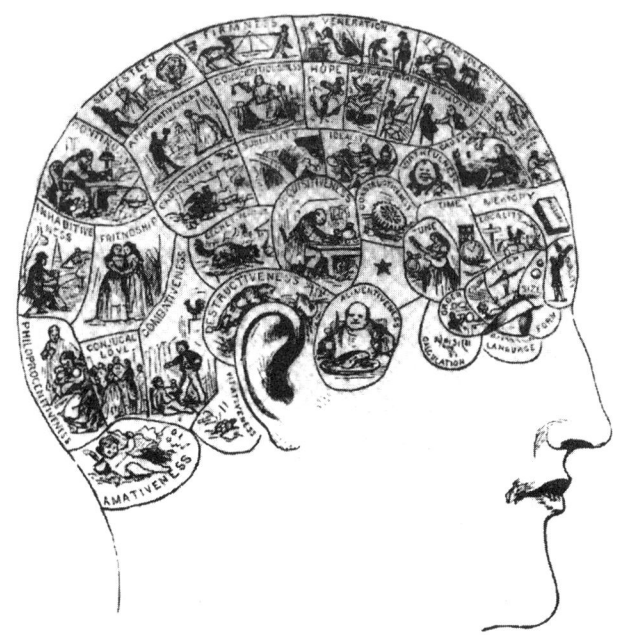

图26　基于加尔的思想，19世纪完全虚构出的脑功能的定位图

虽然加尔是第一位重要的脑功能定位的鼓吹者，但其具体的思想是完全错误的，结果使皮质定位在医学界留下了很坏的名声。现在，通过对猕猴皮质详细的研究，同时也通过人脑资料的支持，我们认为

皮质存在着某种程度上的功能定位，但具有明显不同性质的皮质区域共同参与着大多数精神活动。因此，不能把定位的思想极端化。

用一个小的有机分子的特性，比如糖或维生素C，作个可能有用的类比。每个原子的定位都与其他原子有关，每个不同的原子都有其本身的特性——例如，氧原子就极不同于氢原子。尽管有些原子通常比另一些原子更重要，而分子的整体特性又依赖于构成该分子的那些原子之间的相互作用。有时链接原子的那些电子是完全地被定位的。有些情况下，例如苯之类的芳香族化合物，其一些电子分布在许许多多原子上。

因此我们可以绘制一幅新皮质的略图，并根据它们主要的功能标记在不同的区域上，如图27所示。视觉区域定位在头的后部，如图23所示，听觉区域定位在头的两侧，而触觉区域位于头的顶部。体感区域的前面是控制随意运动输出的区域，也就是说这些区域的意欲性指令控制着肌肉的运动。前脑区的确切功能还没有定论，或许它是负责作计划的，特别是作长时间的计划以及完成一些高层次的认知任务。前脑区中的一个小区域可能参与眼睛的自主运动。

广为人知但也非常奇怪的是皮质的左边大部分与身体的右侧直接相关。[1] 一束称为"胼胝体"的神经纤维，将皮质的两个区域连接在一起。在人脑中，胼胝体约有5亿条神经纤维，它们是双向传输的。

---

1. 嗅觉是个例外：鼻子的右侧连接到大脑的右侧。

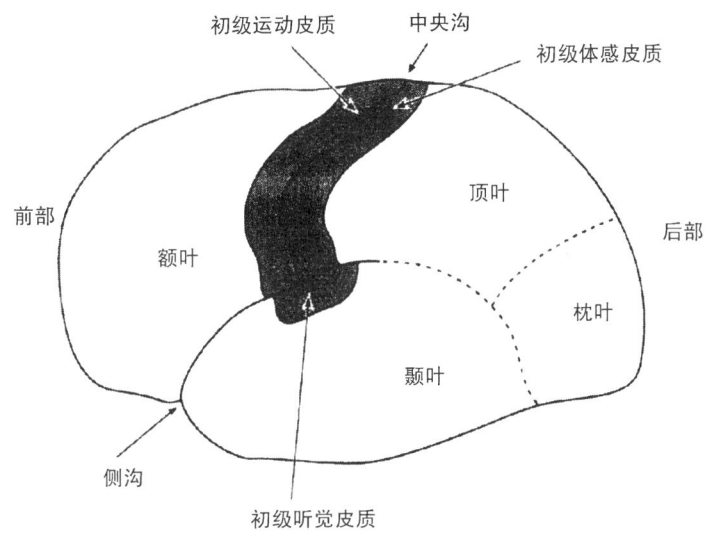

图27　人脑的四个主要的脑叶区及主要的运动区和初级感觉区的位置

　　人类具有独一无二的语言功能。对所有惯用右手与大多数惯用左手的人，语言区主要位于脑的左侧。至少有两个主要区域与语言有关。一个区域位于脑后侧，称为"威尼科（Wernicke）区"；另一个区域在刚刚被发现时，称为"布洛克（Broca）区"，它近于脑前方侧边，离主要运动区不远。至今，它们当中没有一个区域已得到详尽的了解，主要原因是没有动物具有如此高度发达的语言，而动物正是我们了解大脑的主要实验材料。在这两个区域附近还存在着一些其他区域，尤其是皮质的额叶区，它也参与了语言的处理（见第9章）。我确信一定能够证实，包括布洛克区与威尼科区在内每个这样的大区域都是由许多独特的小的皮质区域构成的，并以复杂的方式连接在一起。

当头的左侧受到猛击，则会导致身体右侧部分瘫痪，还会干扰言语的表达能力，然而未受损伤的右脑也许仍能发言，甚至能演唱。此外，这样的一个人也许仍然能够分辨男性与女性的声音。如果右脑受损伤，后一个功能也许会丧失。尽管演唱的能力已丧失，但讲话的能力或许依然完好无损。

这些例子说明了两点：在脑中确实存在着某种程度上的功能分区；但究竟哪些功能分区被真正解读了，或许并不如人们所猜测的那样。

在皮质外部有一个称为下丘脑的区域，如图23所示。其对身体的许多运作是至关重要的，它具有许多小的亚区，而这些小的亚区的主要功能是对饥饿、口渴、温度、性行为及类似的身体运作起调节作用。下丘脑与垂体有密切的连接。垂体是一个将各种激素分泌到血液中的微小器官。

小脑是一个较大，也很引人注意，但并不算重要的脑区，它位于头的后部。在某些鱼类中，比如电鱼、鲨鱼等，小脑高度发育。它可能参与了运动的控制，特别是一些技巧的运动。然而，天生没有小脑的人也可能正常地活着。另一个位于脑干的重要区域是网状结构。它们具有许多紧密相互作用的区域，它们的功能仅仅部分得到了了解。这个区域的神经元控制着苏醒与睡眠的各个阶段。一团团这样的神经细胞可发送信号到前脑的各个部分，也包括新皮质，例如，一小团被称为蓝斑的神经元发送信号到包括皮质在内的各个地方。这些神经纤维可以从皮质的前区延伸到后区。在这个通路上，这些神经纤维与其他神经细胞形成千千万万个连接。蓝斑确切的功能还不清楚。在睡眠

的快速眼动期（REM）（我们大多数的梦发生在这期间），蓝斑的神经
细胞基本上变得不活动。这种不活动有可能把一个记忆放入一个长期
存储器中，也可能有助于解释为什么我们不能回忆起做过的大多数梦。

　　在脑干的顶端有一对结构对视觉系统是重要的。在蛙这样低等的
脊椎动物中，这对结构叫作视顶盖，而在哺乳动物中称之为上丘。它
们或许构成了青蛙视觉系统的主要部分。但在哺乳动物中（特别是灵
长类动物中），这个角色就由新皮质担任了。在哺乳动物中，上丘主
要与眼睛的运动有关，特别是与眼睛的自发运动有关。

　　与我们身体其他器官相比，人脑不是个单一的结构。像心脏、肝、
肾、胰具有极不相同的功能一样，大脑的各个区域也具有特定的功能。
然而，身体中不同的器官有非常密切的相互作用，肝是造血器官，而
心脏是泵送血液的。在大脑中也存在着许多的相互作用，参与运动控
制的不仅有脊髓，还有在它上面的许多区域，例如运动皮质、纹状皮
质与小脑。参与视觉的有上丘、丘脑的视觉部分与视皮质，它们必须
各司其职。

　　从广义上说，我们对身体的绝大多数器官的主要功能以及每个器
官究竟是怎样实现其功能的已有相当的了解。举一两个例子就可以说
明这些知识还是相当新的。当我在20世纪40年代末开始研究生物学
时，胸腺的功能还不清楚，甚至没有人会猜测出它在我们的免疫系统
中起着关键作用。我最初了解它是由于从小牛的胸腺中很容易获取
DNA。遗憾的是我们对大脑的不同部分了解仍处在相当初级的阶段。
丘脑、纹状皮质、小脑的确切功能是什么？我们只能对它们的行为作

一般的概述。而获取详细的了解有待于进一步的研究。我们对海马的功能也只有一个粗略的了解，对其确切的功能没有统一的认识。这一切都有待进一步的发现。

从最高层次的角度描述了什么是大脑后，让我们进入低层次的结构，看一看视觉系统中的主要构成及单个神经细胞。

# 第 8 章
# 神经元

> *脑的功能不可能与它的基本单元 —— 神经细胞 —— 的功能完全*
> *没有联系。*
>
> 　　　　　　　　　　　　　　—— 伊丹·赛杰夫（ldan Segev）

由于"惊人的假说"强调了"你"就是大量神经元行为的体现，因此，你应该对神经元以及它究竟做些什么有个粗略的了解。尽管神经元的种类繁多，但其大多数都好像按照同一幅蓝图构建的一样[1]。

一个典型的脊椎动物的神经元对于施加在它的胞体、枝体 —— 它的树突（图28）—— 上的电脉冲刺激具有三种响应模式：有些输入使它兴奋，有些使之抑制，还有的可以对它的行为进行调制。当神经元变得相当兴奋时，它就会将一个峰形的电脉冲下行传至它的输出电缆，即轴突。这样一根轴突通常也有许多分枝。电信号将沿着各个分枝及小分枝传输直至与其他神经元相联系的轴突，它也会对其他神经元的行为产生影响。

---

1. 我将会集中讨论在脊椎动物（如人类）中发现的"典型"的神经元，这些神经元在无脊椎动物（如昆虫）中几乎没有什么区别。

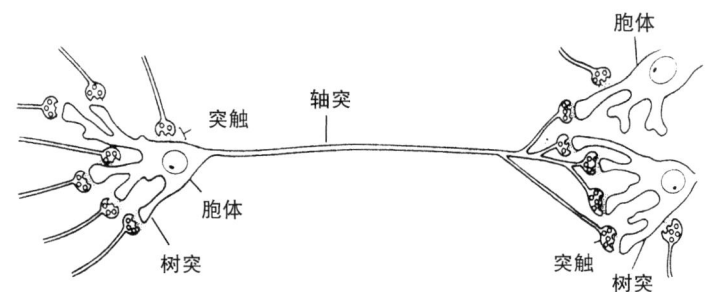

图28 脊椎动物神经元的示意图，电信号从树突进入，然后从轴突输出。因此，在这幅图中，信息从左侧流向右侧

　　这就是神经元的主要工作。它通常是以电脉冲形式接收来自许许多多其他神经元的信息。实际上，它就是对这些输入进行复杂的动态加和，然后把处理后的信息以电脉冲流的形式沿着它的轴突传输到许多其他的神经元。虽然神经元为了维持这些活动及合成分子需要能量，但它的主要功能就是接收和发送信号，简而言之，就是处理信息。一个类似的情况是：一个政治家会不断地收到来自那些想让他投票赞成或反对某一项措施的人士们的信息，当他在表决时就必须考虑所有这些信息。

　　在没有任何信号时，神经元通常也会沿着轴突较慢、无规则地传送背景脉冲。这种发放率一般是1～5赫兹（1赫兹表示一秒中有一个脉冲或一个周期）。这种连续的"易激动"活动状态，可以使神经元处于警觉点，并随时对新的刺激做出更强烈发放的准备。由于神经元接收许许多多兴奋的信号，使它处于兴奋状态，则它的发放率就会增至一个很大的值，典型的为5～100赫兹或更高。在短时间间隔内，发放率可达到500赫兹，如图29所示。1秒钟内有500个脉冲，乍听起来觉得很快，但把它与家用电脑的处理速度一比较，它便是极慢的。

如果一个神经元接收一个抑制性的信号，它的电脉冲输出就可能比正常的背景发放率更少些。但这种减少是那么小，以至于它只能传送相当少的信息。神经元只能沿着轴突下行传送一类信号，当然，没有"负"的峰电位。而且，这些电信号一般从胞体沿着轴突单向下行传输，直至这些轴突的终端。[1]

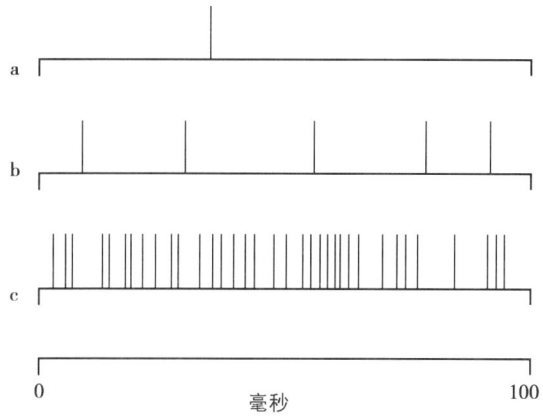

图29　单个神经元的发放模式。每条短的竖线表示单个发放脉冲。在图a中，表示神经元的背景发放；在图b中，神经元对相关刺激的平均发放率；在图c中，神经元尽可能快地发放。请注意时间尺度

神经元是什么样子的？它是由什么构成的？在许多方面，神经元类似于人或动物体内的其他细胞。它的许多基因由DNA构成，而DNA位于细胞内一个被称为"细胞核"的特殊结构中的染色体上。细胞体内还有其他一些特殊结构，它们（例如细胞的能源基地——线粒体）具有自己的DNA。体内几乎所有细胞都有两套基因信息的复制品，[2]分别来自每个母体。每一套都约有100 000个

---

1. 对人工神经网络来说，信号可以沿着反方向传输，称为逆向。
2. 红细胞是例外。

不同的基因。[1] 并不是所有的基因都在所有的细胞中活动。有些在肝脏的细胞中更活跃，有些在肌肉细胞中更活跃，等等。一般认为，在脑中各个部位的基因比任何其他器官中所具有的基因都更加活跃。

这些基因的大多数对某种或另一种蛋白质合成的指令进行译码。如果把每个细胞看作一个工厂，那么蛋白质就是使这个工厂进行运转的快速而又精巧的机械工具。蛋白质一般的体积通常是细胞体积的十亿分之一，它是如此的小，以至于用光学显微镜都无法看到。但它的形状（不是其近乎原子结构的精确细节）有时还能够用电子显微镜观察到。每一种蛋白质都具有它自己极为精细的特定分子结构，它们是由成千上万个原子按照各自独特的方式连接在一起的。生命中起关键作用的分子正是以原子的精确性构筑起来的。

细胞中的所有东西被包容在有点儿流动的类脂膜内，这层膜能阻止蛋白质和它们的产物离开细胞。膜上的一些蛋白质好比灵敏的门或泵，控制各种分子进出细胞。整个细胞结构是由那些有机的分子构成的，且具有灵敏的控制部件，以便使细胞可以进行自复制，并且与体内其他细胞有效地进行相互作用。简而言之，在如此小的空间内，竟发生着如此奇迹般的化学反应，这是经历了几十亿年自然选择进化的结果。

神经元与体内的其他细胞迥然不同：成熟的神经元既不会移动，也不会聚在一起和发生正常的分裂。一个成熟的神经元死后（除极少数外），它不会由新的神经元代替。与许许多多其他细胞相比，神

---

1. 目前还不清楚它更精确的数目。

经元的外形更具刺突状。神经元树突的分枝随其不同的类型各异，但它通常有几个主要的分枝，而每个分枝又可分成几倍之多的小分枝。细胞体（常称为胞体）可长成各种不同大小，一般其直径约为 20 微米。[1]

在新皮质中最常见的一类神经元叫作锥体细胞，它的胞体稍像角锥，在顶部有大量的树突，如图 30 所示。其他神经元，例如星状细胞，在各个方向上都有分枝，如图 31 所示。

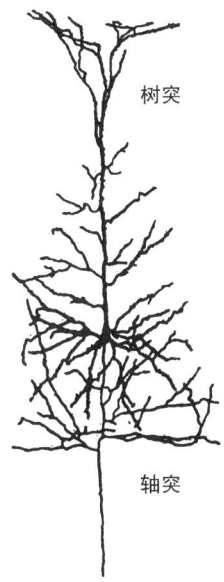

图 30　一类重要的神经元 —— 锥体细胞。这幅图由西班牙神经解剖学家卡哈尔在 100 年前绘制

---

1. 它的体积比一个细菌的细胞如大肠杆菌约大 1000 倍。

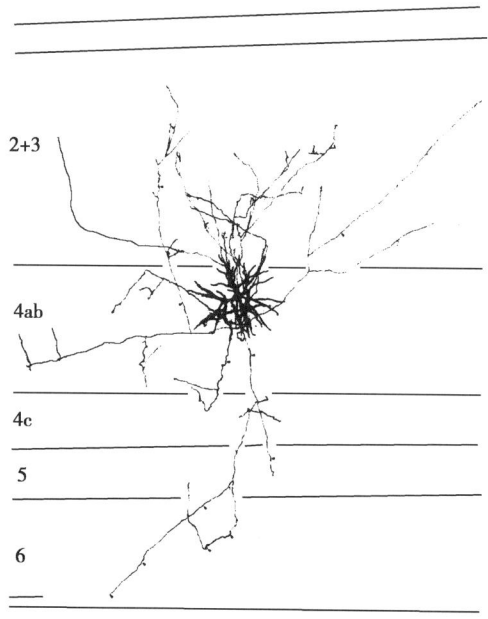

图31 另一类神经元 —— 星状细胞。细的线表示轴突的许多分枝，而粗的线表示树突。左边的数字表示皮质的不同层次，当我们横切皮质时，可以看到这些分层

神经元的轴突（输出电缆）可以非常长，例如，你的脊椎柱得有几英尺长，否则你就无法摆动你的脚趾（一个神经元胞体的半径很少有大于四百分之一厘米的）。没有脂肪髓鞘包着的轴突的直径通常很小，一般为0.1~1微米。轴突外面包着脂肪髓鞘，它的电脉冲传输速度要快于不带髓鞘的。

轴突中的峰电位并不像导线中的电流。在金属导线中，电流是由一团电子携带的。在神经元中，细胞绝缘膜上有蛋白质构成的分子门，电效应依赖于通过分子门进出轴突的那些带电离子。离子来来回回的运动使跨膜的局域电位发生着变化。电位的这种变化要下行传输到

轴突。这个信号要不断地更新，需要补充能量。因此，沿着轴突下行传输的脉冲不会衰减，而且它的形状和幅度在终点与起始点大体相同。这样的一个特性就使得峰电位在被传送很长的距离后，还能对与轴突末端相联的神经元产生明显的作用。

在19世纪，人们错误地认为峰信号的传导速度很快，以至于无法测量，并认为或许是以光速传播。在19世纪中叶，由亥姆霍兹（Helmholtz）最终测出这个速度，才发现它很少有超过每秒30英尺的（这个速度约为声音在空气中传播速度的1/3）。当时包括亥姆霍兹父亲在内的许多人对这个结果感到非常惊讶。对没有脂肪鞘的轴突，它的速度一般为每秒5英尺，这个速度看上去相当低（实际上，它比自行车的速度还低），它等价于每毫秒行走1.5毫米。

轴突的远端需要得到来自胞体分子的给养，因为几乎所有的基因与大多数用于蛋白质合成的生物化学物质都在胞体内，而不在轴突内。沿着轴突存在着双向的系统的分子流动。观察用高倍放大的光学显微镜拍摄的这种分子的流动是极不寻常的，它展示出小的粒子彼此缓缓地行进着，有些下行到轴突，有些上行至胞体；有些行进速度稍快，有些则不然。但是，所有这些流动的速度都远远低于轴突中峰信号的传播速度。很自然，为指挥和控制这种运输，就需要有特殊的分子部件参与工作。

神经元经典的观点认为树突（输入电缆）是被动的，这意味着当电位从树突的某个位置传到另一个位置时，它是衰减的。其原因是一些离子漏过了细胞膜，就像莫尔斯电码信号沿着横穿大西洋的电缆行进了相当长的距离后，常常也会衰减一样。正是这个原因，树突一般比轴突短，通常它的长度仅有几百微米。现在有种猜测，认为有些神经元在树突中也存在着主动的过程，但是它们或许并不与轴突中发现的完全一样。

电脉冲沿着轴突向下一直传输到神经元之间的特殊的连接处 —— 突触。每个神经元在它的树突与胞体上有许许多多突触。一个小的神经元有500多个突触，一个大的锥体细胞可多达2万个。新皮质中每个神经元平均约有6000个突触。由于峰信号是电信号，对下一个神经元的作用主要也是电的，因此，可能会认为突触也是某种电接触。其实，有些突触是电接触，但更普遍的情况是神经元之间的信号传递要比电传导复杂得多。

实际上，两个神经元不是直接连接在一起的。从电子显微镜拍摄的照片中容易看到，如图32所示，在两个神经元之间有一条明显分界的裂隙，约为四十分之一微米宽，这条裂隙被称为突触裂隙。当电脉冲到达突触前侧时，它能使一小包的化学物质（称为囊泡）释放到突触裂隙中。这些小的化学分子在裂隙中迅速扩散，其中的一些与突触后细胞膜上的分子门结合，使这些特殊的门打开，且允许带电的粒子流入或流出突触后膜，以使跨膜的局域电位发生变化。整个过程如下所示：

电→化学→电

一般说来，离子的流入或流出依赖于离子在神经元内外浓度的高低。通常，钠离子（$Na^+$）在神经元内保持低浓度，而钾离子（$K^+$）在神经元内保持高浓度。这是由细胞膜上特殊的分子泵来完成的。如果一个门开启，两种离子都能通过，那么钠离子将会流入，而钾离子将会流出。[1]

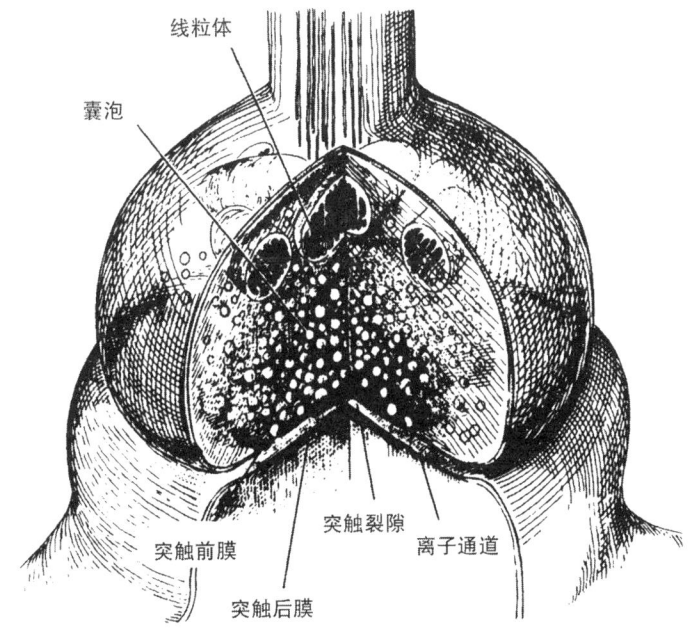

线粒体

囊泡

突触前膜    突触裂隙    离子通道

突触后膜

图32  突触的理想化的示意图。请注意小的突触裂隙

当没有峰电位时，神经元有一个跨膜的静息电位。这个电位一般是 -70 毫伏（指里面相对于外面）。在胞体上一个正的电位变化（例如电位到达了 -50 毫伏）有可能使细胞发放；而一个负的电位变化完全阻止其发放。一个神经元是否能兴奋起来，以使它在轴突上产生一个峰电位，主要依赖于这些膜电位的变化（由位于树突和胞体上的兴奋性突触产生）能否引起轴突始端附近区域电位的变化。

1. 这种解释过于简化了 —— 离子的流动还依赖于跨膜的电位差。

让我们更仔细地看一看突触的结构，如图33所示。在皮质中它主要有两种类型，称之为1型或2型。在电子显微镜下可以清楚地将它们区分开。[1]一般来说，1型突触使接受神经元兴奋，而2型使其抑制。

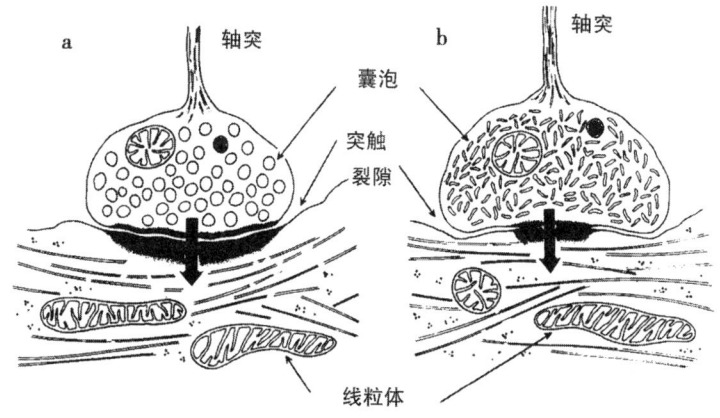

图33　皮质中主要两类突触。图a：第一类（兴奋性），图b：第二类（抑制性）。在每幅图中，轴突在上面，树突在下面，中间是突触裂隙。箭头表示信息流动的方向，从轴突（突触前）到树突（突触后）

在大脑中，大部分兴奋性突触不是直接位于树突的主干上，而是位于一些短小的侧枝上，如图34所示，这些侧枝称为棘（spine）。尽管有些棘上也有单个2型（抑制性）突触，但单个棘上从不会多于一个1型（兴奋性）突触。从图34中可以看到，一个棘有点儿像小烧瓶，它的颈被黏在树突上。棘有一个球形的头（通常稍有畸变）和细圆柱形的颈。突触本身位于其头部，并且在一定程度上与这个细胞在其他位置发生的活动相分离。突触有许多受体，其中也包括了离子门。如果神经递质的分子（来自突触末端与棘头之间的突触裂隙）处于这种

---

1. 1型突触具有圆形的囊泡，而2型的囊泡通常呈椭圆型或扁平状，2型比1型更具对称性，且它的突触裂隙要小些。

受体分子的某一特殊位置，就能打开离子门。

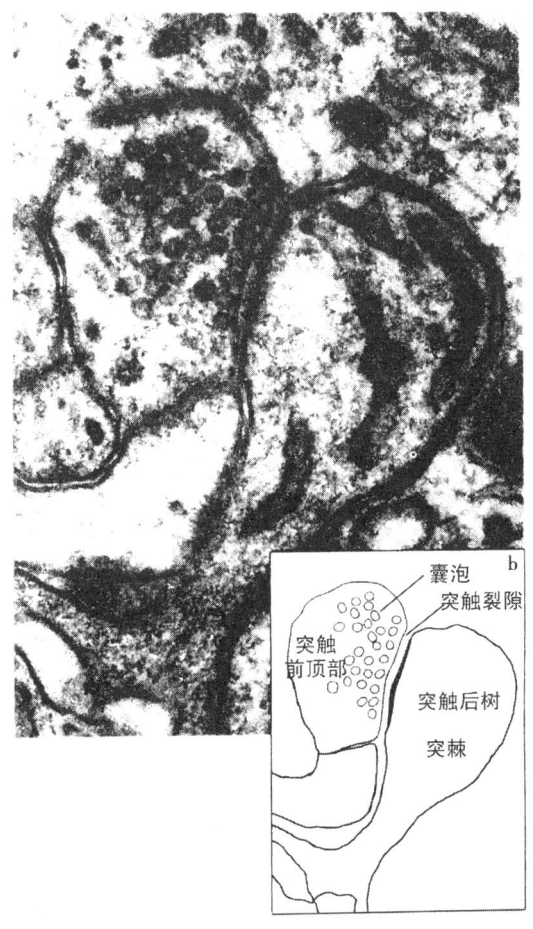

图34　这是在电子显微镜下观察到一个突触附在一个棘上的超薄切片图，其中的插入图粗略显示了大图中的主要元素

棘是一个相当精巧的结构，它的功能远未被完全了解。我猜测棘是进化的关键产物，有了它，就可以对输入信号进行更为复杂的处理。

我不想去描述神经元的脂肪膜上各种类型的蛋白质分子。其中一些分子能被递质分子激活,[1] 它们被称为"受体"。在大脑的新皮质中,主要的兴奋性递质是一种相当普遍的被称为谷氨酸的小有机分子。[2]虽然离子通道仅有两种主要类型(一类仅对电压敏感,另一类仅对神经递质敏感),但最令人感兴趣的是第三类被称为"NMDA通道"的离子通道。[3]它对电压与谷氨酸都敏感,更精确地说,即便存在着谷氨酸,当局部的膜电位处于静息值,该离子通道是很少打开的。如果膜电位升高(例如由于附近其他兴奋性突触的活动),那么谷氨酸可以打开这个通道。因此它仅对突触前的活动(由于轴突末端释放谷氨酸)与突触后的活动(由于其他的输入产生了跨膜电位的变化)的联合作用起反应。我们将会看到,这是脑功能的一个关键特性。

当NMDA谷氨酸通道打开时,不仅允许钠、钾离子通过,而且也有适量的钙离子($Ca^{2+}$)通过。这些流入的钙离子像是一种信息的出现,即它能引发复杂的化学连锁反应,目前对这类反应仅获得部分的了解。它最终的结果是改变了突触的连接强度,这种改变可能维持几天,几个星期,几个月,甚至更长的时间(这可能就构成了一种特殊记忆形式的基础 —— 见第13章描述的赫布学习率)。我们现在可以从分子的水平来解释认知过程,例如记忆。一个实验的例子:用化学的方法阻断小鼠海马中的NMDA通道,小鼠就不能记住它到过的地方。

---

1. 有些仅对跨膜电压的变化有响应,有些仅当某些特殊的小分子 —— 神经递质 —— 与膜外的蛋白质相结合时有响应。有些蛋白质具有离子通道,它能迅速地打开,让离子通过去,有些不具有这些功能。它们在细胞内通过间接的方式产生慢效应,是具有神秘色彩的第二信使。
2. 谷氨酸是构成蛋白质的20种氨基酸中的一种,它有时被用来放在食物中以增加香味。
3. 这类受体的基因已被分离出来。

　　抑制性突触的性质如何？是否存在这样的神经元，它的轴突的一些末梢产生兴奋性的作用，而另一些产生抑制性的作用？令人惊奇的是，在新皮质中从未或很少存在这种现象。更确切地讲，一个特定神经元轴突的所有末梢或都兴奋或都抑制，从未有两者并存的情况。上面提到，兴奋性突触的神经递质是谷氨酸，而抑制性突触的递质是相对较小的 GABA 分子[1]。在新皮质中，约有 1/5 的神经元释放 GABA 递质[2]。

　　大多数突触传递是化学的而不是电的，这样一个事实就产生了重要的后果，即一些特殊的小分子在浓度非常低的情况下也阻断它。这就是为什么剂量只有 150 微克的 LSD 能引起幻觉的效果。这也能解释为什么一些药在一定条件下能缓减精神状态，例如沮丧 —— 沮丧看上去是由于某些神经传递机制的功能衰退而引起的。例如，安眠药中的化学物质结合了 GABA 受体，增强了 GABA 的抑制作用功能。这种突触抑制的增强有利于促进睡眠。镇静药利眠灵与安定也是苯二氮（benzodiazepine），有类似的功效。

　　在新皮质中，兴奋性与抑制性不是对称分布的，但一些理论模型假设它们是对称的。从皮质的一个区到另一个区的长距离连接只能通过锥体细胞来实现。这些细胞都是兴奋型的。大多数抑制性神经元的轴突较短，仅影响它附近的神经元。[3] 没有任何两个形态结构类似的

---

1. 主要有两类 GABA 受体，A 型是一个快速的离子通道，它允许氯离子通过，B 型受体速度较慢，是第二信使系统的通路。
2. 当成熟后，这种神经元在树突上很少或没有棘，它们的突触直接位于树突或胞体上。它们一般比具有棘的兴奋性神经元发放更快。有几种相当不同类型的抑制性神经元，但详细地描述它们已超出了本书的范围。
3. 有一种"篮状细胞"，能在某个皮质区内有相当长的抑制性连接。

神经元（可能有极少数的例外），会产生一个是兴奋的，而另一个是抑制的现象。整个分布的非对称性至少表现在两方面：一方面是神经元不能发放负的峰电位，另一方面是产生兴奋或抑制的神经元属于不同的类。然而，所有的神经元都接受兴奋性或抑制性的输入，这可能为了防止神经元总处在静息状态或永不停息的发放状态。

在新皮质中主要有两类神经递质：兴奋性的谷氨酸递质（或相近的物质）和抑制性的GABA递质。遗憾的是，事情并不那么简单，存在着许多其他的神经递质。脑干中那些投射到皮质的神经元用5-羟色胺、去甲肾上腺素、多巴胺等作为递质。脑中其他神经元用乙酰胆碱作为递质，约有1/5的抑制性神经元在释放GABA的同时，也释放一种更大的有机分子——肽。这些递质大多数产生的效应要比两类主要的快速递质（谷氨酸和GABA）慢。它们通常用于调制细胞的发放强度，而不是直接使它发放。这些递质主要可能参与更一般的过程：例如保持皮质清醒，或者要记住什么，而不是参与大量复杂的信息快速处理过程。

不仅存在有多种神经递质（尽管只有两种神经递质完成了大部分工作），而且还有多种离子通道。至少有7种不同类型的钾离子通道，且大多数还是相当普遍的。[1] 有些通道能迅速打开，有些能缓慢打开；有些通道一旦打开就迅速失去活性，有些则较缓慢关闭；有些通道主要传递轴突上的电脉冲，有些则在胞体与树突上产生更精细的效应。为了计算神经元对输入信号所产生确切的行为变化，我们需要知道这

---

1. 例如，一个称为Ic的钾离子通道，能被钙离子的内部浓度激活。

个神经元所有的离子通道分布与特性。

　　不同的神经元有不同的发放模式。有些神经元的发放非常快，有些则很慢；有些神经元发放单个脉冲，有些则倾向于发放一簇脉冲。在有些情况下，同一个神经元可以用以上两种方式中的任意一种发放，主要依赖于它的活动状态和当前的行为。动物在慢波睡眠（无梦的深度睡眠状态）与清醒状态时，神经元发放的模式是不一样的，主要的原因是脑干中的神经元对丘脑与新皮质产生了不同的影响。我们最终是要更加深入地和更全面地了解各种类型神经元的信息处理过程。

　　从表面上看，神经元显得异常简单，它对众多的输入信号的响应是通过沿着它的轴突发送出一串电脉冲。只有当我们试图准确地刻画它是怎样反应的，这种反应是怎样随时间变化的，以及它又如何随着脑中其他部分的状态而变化的，这才真正会遇到神经元内在的复杂性。显而易见，我们又需要理解这些化学及电过程是怎样进行相互作用的，然后需要去掉这些过程的具体细节，用一种近似的、可操作的方式来处理它们。简而言之，我们需要建立各类神经元的简化模型，它们既不能太复杂而难以操作，也不能太简单而忽略了它的重要的特性。这可谓说起来容易做起来难。单个神经元有点儿像个哑巴，它能用很巧妙的方式表达它的意思。

　　神经元有一个相当明显的特性，这就是单个神经元具有不同的发放率，从某种角度来说，它具有不同的发放模式。尽管如此，在任何一段时间内，神经元只能发送出有限的信息。然而，神经元在这段时间内通过许许多多的突触而得到的潜在的信息是很大的。当我们孤立地看一个神经元时，这种输入与输出之间的转化过程必定要丢失信息。然而这种信息的丢失可以用下面的方式得到补偿，即每个神经元对输入的特定组合的反应和传送出这新的信息形式，恰恰不是传送到一个地方，而是传送到许多地方。因此，由于单根轴突上有许多的分枝，沿着轴突下行传导的电脉冲以相同的模式被分布在不同的突触上。一个神经元在它的某个突触上接收到的信息与其他许多神经元接收到的是一样的。所有这一切表明：在某一时刻，我们不能仅仅考虑单个神经元，而必须考虑许多神经元综合的效果。

认识到这样一个事实是很重要的：一个神经元仅能简单地告知另一个神经元它的兴奋程度。[1] 这些信号不给接收神经元其他的信息，例如第一个神经元的位置等。[2] 该信号中的信息通常与外部世界的某些活动相联系，例如由眼睛光感受器接收的信号。

从感觉上讲，大脑所获得的通常是与外部世界或身体其他部分有关的信息。这就是为什么我们所看到的那些东西都位于我们的外部，尽管负责担任"看"的神经元位于脑中。对许多人来说，有一个根深蒂固的观念："世界"位于他们的身体外，然而从另一种角度来看（他们所知道的），世界又完全位于他们的脑中。这个观念对你的身体来说也是正确的，你对它所了解的不是附于你的头上，而是位于你的脑中。

当然，如果我们打开头骨把某个神经元发放的信号取出来，一般

---

1. 除了编码平均发放率外，发放模式中也可能包含另一些信息。
2. 神经元能够沿着轴突发送化学信号。在一些情况下，它们能传递额外的一些信息，但这种传送速度太慢，以致不能携带快速的信息。

能判断该神经元的位置。但是我们所研究的大脑并不知道这种信息。这就解释了在正常情况下，为什么我们不能获取感知与思考发生在脑中的确切位置 —— 不存在这样的神经元来编码这种信息。

回忆一下，亚里士多德认为这些过程都发生在心脏中，因为他既可以知道心脏的位置，又可观察到一些精神活动过程 —— 例如恋爱中在行为上发生的变化。如果不借助特殊的仪器，我们就不能对人脑中的神经元做类似的实验。这些及其他的有关内容将在下一章中介绍。

# 第 9 章
# 几类实验

*研究是一门艺术，即如何设计一些方案去解决那些难题的艺术。*

*——彼得·梅达沃爵士（Sir Peter Medawar）*[1]

　　严格地说，每个人所能确信的只是他自己是有意识的。比如说，我知道我是有意识的。在我看来你的行为举止与我很相似，特别是你使我相信你是有意识的，故而我很有把握地推断你也是有意识的。倘若我对自己的意识的本质感兴趣的话，我就不必仅仅把研究局限在自己身上，而完全可以在别人身上做实验，只要他们不是处于昏迷状态。

　　要揭示意识的神经机制，仅仅靠对清醒的被试进行的心理学实验是不够的。我们还必须研究人脑中的神经细胞、分子以及它们之间的相互作用。我们可以从死者的脑中获得关于脑结构的大部分信息。但要研究神经细胞的复杂行为，则必须在活体上做实验。实验本身并不存在什么难以克服的技术问题 —— 更多的是基于伦理道德方面的考虑，使得许多这类实验变得不可能，或是十分困难。

---

1. 彼得·梅达沃爵士，英国动物学家。因为他和伯内特（F. M. Burnet）在免疫耐药性方面的杰出贡献，两人分享了1960年诺贝尔生理学或医学奖。—— 译者注

　　大多数人并不反对在他们的头皮上放置电极来测量脑电波。但是，为了直接把电极插入活体脑组织而要移去部分头骨，即便这只是暂时的，也是众人所不能接受的。即便有人甘愿为了科学发现而接受开颅实验，也不会有医生同意实施这种手术。他会说这是违背希波克拉底誓言[1]的，或者更有可能说会有人为此而控告他。在我们这个社会里，人们会自愿参军并不惜受伤甚至牺牲，却未必会愿意仅仅为了获取科学知识而接受那些有危险性的实验。

　　有少数勇敢的研究者在他们自己身上做实验。英国生物化学和遗传学家霍尔丹（J. B. S. Haldane）就是一个著名的例子。他甚至写了一篇关于这方面的文章，名为《当自己的实验兔子》（*On Being One's Own Rabbit*）。此外还有一些医药史上令人传颂的故事，如罗纳德·罗斯爵士（Sir Ronald Ross）在自己身上证明了蚊子传播疟疾。但除此以外，为那些可能有助于满足科学好奇心的实验去充当被试，这是不被鼓励的，甚至是被禁止的。

　　在某些情况下，必须对一些病人在清醒状态下做脑部手术。这样，如果病人同意，便可在裸露的脑做一些很有限的实验。由于脑中没有痛觉感受器，病人不会因为裸露的脑的表面受到轻微电刺激而感到不适。遗憾的是，在手术中可供做实验的时间通常很短，而且也很少有神经外科医生出于对脑的细微工作感兴趣而进行这种尝试。这种研究是在20世纪中期由加拿大神经外科医生怀尔德·彭菲尔德（Wildel Penfield）开创的。近一个时期西雅图的华盛顿大学医学院的乔治·奥

---

1. 希波克拉底誓言（Hippocratic oath），世界各国医学院毕业生行医前宣读的誓言，表示遵守医学和职业道德等。希波克拉底（Hippocratec），公元前460 — 前370，古希腊名医，史称医学之父。——译者注

杰曼（George Ojemann）领导进行了该领域的研究。他用短暂的刺激电流抑制电极附近的一小块区域内神经元的活动。如果电流足够微弱，去掉电流后并不会造成永久的影响。他将精力集中在与语言有关的皮质区域，这是因为当他切去患者的部分大脑皮质以降低他们癫痫病发作的可能性时，他希望尽可能少地使邻近的语言区受到损伤。

奥杰曼有一个实验结果[1] 很出名：患者自幼会讲英语和希腊语，当大脑左侧新皮质表面的一些区域受到电刺激时，她暂时无法使用某些英语词汇，但这并不影响她使用相应的希腊语；刺激其他部位则会出现相反的情况。这表明两种语言的某些特征在脑中的定位有显著的差异。

在大多数情况下，我们只能从头骨外研究人脑的行为活动。¹ 现在已有多种不同的扫描方法可以获得活体脑的影像，但它们在空间或时间分辨率上都有很大的局限性。大多数方法过于昂贵，并且出于医学上的考虑被限制使用。

因此，神经科学家们优先选择在动物身上做实验便不足为奇了。虽然我并不确信一只猴子也像你一样有意识（consciousness），但我有理由认为它并非完全是一个自动机，即那种行为复杂但完全缺乏觉知（awareness）的机器。这并不是说猴子与人一样具有自我觉知（self-awareness）。一些实验，如镜中识别的实验等，表明某些类人猿（如黑猩猩）可能具有一定程度的自我觉知。而对猴子而言，即便

---

1. 在极少数情况下，出于医学原因必须在脑组织中很深地植入永久性电极。但植入的电极数量很少，故能得到的信息也十分有限。

有自我觉知，那也很少。但仍有理由大胆断言猴子具有一种与人类相似的视觉意识，只不过它无法用语言来表达而已。例如，可以训练猕猴让它鉴别两种非常相近的颜色。这些实验表明，猕猴的表现与我们人类是可以相比的，差距大约在2倍以内。对于主要在夜间活动的猫则远非如此，大老鼠则相差更大。黑猩猩和大猩猩过于昂贵，因而很少用它们做伤害性实验。如果我们主要关心的是哺乳动物脑中的分子特征，那么作为实验动物大老鼠和小白鼠是最好且最便宜的。虽然它们的脑的特征在许多方面比人类要简单，但是脑的分子可能与我们非常类似。

　　用猴子和其他哺乳动物而不用人做实验还有个优越之处，即目前它们更适于用来进行神经解剖学研究。原因很简单：几乎所有现代的关于脑中长程连接的研究方法都利用了神经元中分子的上行和下行的主动运输。为此需要把某种化学物质注射到动物活体脑中的某个部位。该物质在脑中沿着神经元之间的连接被运送到与注射点直接相连的脑的其他部位。这一过程通常需要几天时间。此后，实验动物将被无痛苦地杀死，而后检测注射物质所到达的部位。用人做这种实验显然是不可能的。由于这种局限使得我们对猕猴脑的长程连接的了解远比对我们自己的了解丰富得多。

　　人们或许认为，这种知识上的明显的空白会使神经解剖学家忧心忡忡；由于人脑与猕猴的脑并不完全相同，他们会特别要求研究人体神经解剖学的新方法。事实并非如此[2]。其实，现在是改变我们在人体神经解剖学上的缺陷的时候了，那些有远见的基金会应当立即着手从事有关的新技术的发明。

即使我们设计出可以在人身上进行神经解剖学研究的新方法，仍有许多关键性实验只能在动物身上进行。这些实验有时会持续几个月。尽管大多数实验没有什么痛苦，或只有很少的痛苦，但实验结束后常常需要把实验动物杀死（仍旧是无痛苦的）。动物保护组织坚持要求善待实验动物，这无疑是对的。由于他们的努力，实验室中的动物现在得到的照顾比以前要好一些。但是，倘若把动物理想化，那就太多愁善感了。与被捕捉的动物的生活相比，野生的食肉和食草动物通常过着严酷的生活，寿命也较短。有一种观点宣称由于动物和人都是"自然的一部分"，因而应当完全平等地对待它们。这是没有道理的。难道一只大猩猩真的应当享受大学教育吗？一味坚持完全像对待人类那样对待动物，会贬低我们人类所独有的能力。动物应当受到人道的待遇，但若将它们置于同人平等的地位，则是一种扭曲的价值观。

作为神经解剖学和神经生理学的实验对象，猴子有什么局限性呢？训练机灵的猴子完成一些简单的心理学测试是可能的，但这很费力。有个实验要求猕猴保持凝视（即注视同一点）。当它看到水平线段时按动某一控制杆，而看到垂直线段时按动另一控制杆。这样的训练通常需要几周甚至更长的时间。让大学毕业生来做这个实验则多么简单！此外，人作为被试可以用语言来描述他们所看见的一切。他们还能告诉我们他们所想象到的或是梦见的情景。要从猴子身上得到这种信息则几乎是不可能的。

看来只有一种策略是可行的。这就是分别在人和动物上做某些不同类型的实验。这需要假设猴子的脑与人脑的相似程度（以及差异性），但这尚有一定的风险。没有风险就不能取得大的进展。因此，我们既要大胆地按此方法进行研究，又应足够谨慎，尽可能地经常检查我们的假设是否合理。

研究脑波的一种最古老的方法是脑电图（EEG）。它将一个或多个粗电极直接放在头皮上。脑中有大量的电活动信号，但是头骨的电学特性干扰了对电信号的提取。单个电极将提取多至上千万个神经元产生的电场信号，因而单个神经元对电极贡献的信号湮没在它临近的大量神经元的活动中。这就好像试图从1000英尺高度（约300米，译者注）上研究城市中人们的谈话一样。你能听到足球赛场中人们的叫喊声，却无法判断那里人们在用何种语言交谈。

脑电图最大的优越性在于其时间分辨率相当高，大致在1毫秒。这样便可相当好地记录到脑波的上升和下降。人们尚不太清楚这些波意味着什么。处于清醒状态与处于慢波睡眠状态的脑波有非常显著的差异。快速眼动睡眠时的脑波与清醒很相似，因而它又有个别称——反常睡眠，即人处于睡眠状态，但他的脑看上去却是清醒的。我们的梦幻大多出现在睡眠的这一阶段。

有一种常用的记录脑波的技术是在某种感觉输入（如耳听到的一声尖锐的咔哒声）之后立刻记录。与背景的电噪声相比，由刺激引起的反应通常很小（即信噪比很低）。因此，从单独一次反应中几乎看不出什么，实验必须重复多次，并以每次事件的开始作为基准对所有信号进行平均。因为噪声总是被平均掉，所以这样可以提高信噪比，并通常可得到一条可完全重复的典型的脑电波曲线，它是与脑的活动

相关联的。例如，反应中常存在着一个被称为P300的尖峰，其中P
表示正电位，300代表给刺激信号与尖峰之间有300毫秒的时间间隔
（图35）。它通常与某些令人吃惊并需要注意的事件有关。我猜测它
大致是从脑干传向记忆该（刺激）事件的高层脑区的一种信号。

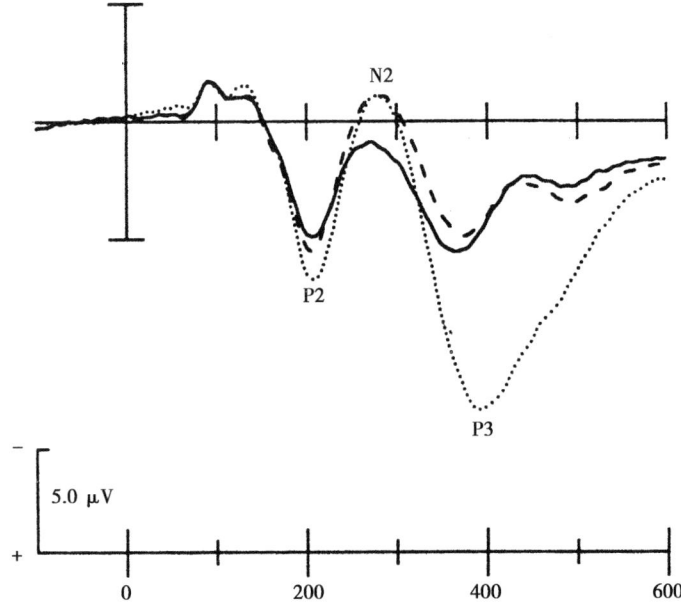

图35　平均诱发电位体现出的不同组分。P300组分被标志为P3。图中给出了
三种类型的刺激事件得到的结果：不跳出（实线），非目标跳出（虚线）和目标跳出
（点线）。注意后者有大的P300组分

　　遗憾的是，要确定产生这种事件相关电位的神经活动的位置是件
困难的事。问题在于，如果我们知道每个神经元的电活动，从数学上
讲就能计算出放置在头皮上任意位置的电极上的效果。反之，从电极
上得到的电活动却无法计算出脑中所有部位的电活动。从理论上讲，
可以在头皮上产生同样的信号的脑活动分布几乎有无穷多种。尽管如
此，即便我们不可能恢复出神经活动的全部细节，但仍希望对大部分

这些活动发生的部位有所了解。通过在整个头皮上放置一定数目的电极，我们可以对大部分神经活动的定位有较好的了解。如果一个电极记录到较大的信号而其他电极的信号都较小，那么大部分神经活动可能发生在记录到大信号的电极附近。遗憾的是，实验中情况要复杂得多[1]。

从这些事件相关电位中能获得一些很有限但非常有用的信息。举例子说，皮质的听觉部分主要位于脑的颞叶附近。如果一个人生来就双耳失聪的话，那里的情形会是怎样的呢？有一项研究选择了那些双亲也耳聋的聋人。这样几乎可以肯定他们的天生的缺陷是遗传引起的，该缺陷可能是在于耳的构造上而不是在脑中。心理学家海伦·内维尔（Helen Neville）和她的同事们通过观察事件相关电位发现[3]，这些患者对视野外周信号的某些反应与听觉正常者相比有一个大得多的尖峰（延迟时间大约150毫秒）。这些增强现象出现在通常与听觉有关的前颞叶及额叶的一部分。

人们对这种由视野外周的信号引起的增强反应并不感到惊奇，因为当聋人相互打手势时，他们的目光主要固定在打手势者的眼睛和脸上。因此，大部分手势信息来自凝视中心的边缘区域。作为对照，内维尔还研究了那些双亲耳聋但本身听觉正常且学习过美国手语的被试。他们并没有像天生耳聋的被试表现出神经活动的增强现象。这表明学习美国手语并不能引起上述的增强效果。

---

1. 目前常用的一种近似方法是假设脑中存在四个中心产生大部分电活动。这样，通过数学手段有可能求出这些中心的大致位置。有一种方法用来检验这种假设的有效性，即假设存在五个中心并重复上述计算。如果得到的四个中心很强而另一个非常弱，那么四个中心的近似就可能是相当有效的。即便如此，这也仅仅是一个有根据的猜测罢了。

内维尔推测，因为完全耳聋者缺乏正常的与声音有关的神经活动，在脑的发育过程中部分视觉系统通过某种方式取代了部分听觉系统。对于具有听觉的人，可能是正常的听觉输入阻止了任何视觉区域取代皮质的听觉区域。目前的动物实验表明这种想法是有道理的[4]。

一种近代技术研究了脑产生的变化的磁场。这种磁场极为微弱，仅为地球磁场的极小一部分。因此，使用了一种称为squids（超导量子相干装置，superconducting quantum interference devices的缩写）的特殊检测器，并小心地把环境中变化的磁场屏蔽，使得整套装置不受干扰。最初仅使用了一个squids，但现在使用一组共37个这种探头。它通常比脑电图具有更好的空间定域性。此外，它的优越性和局限性都与电场相似，只是头骨对磁信号的干扰要小得多。磁探头所响应的偶极子源垂直于产生脑电图的电偶极子，因而能检测到脑电图所丢掉的信号，反之亦然。

虽然squids探头并不便宜，但进行研究脑波的实验并不十分昂贵。而其他主要扫描方法不仅需要昂贵的仪器，运行的开销也很大。这些扫描设备数目极少，并几乎归医学机构所有。它们每次只能产生脑的一个片层的活动影像。因而要覆盖某个人们感兴趣的区域，通常需要好几个片层的成像。

大致来说，扫描技术有两种，分别探测脑的静态结构和动态活动。最早的一种技术称为CAT扫描，即计算机辅助X射线断层照相，它利用了X射线。另外一种较现代的技术——磁共振成像（MRI）技术，能产生极好的高分辨率图像。就目前所知，它对实验者的脑不产生伤害。通常的使用中，它记录质子（即氢原子核）的密度，因而对水特别敏感。它得到的图像具有很好的对比度，但该图像是静态的，并不记录脑的活动（图36）。除此之外，两种方法都清晰地呈现出不同的大脑之间的大致结构的差异。在各自适合的环境下，两种方法均能探测到脑受到打击、枪伤等伤害引起的结构损伤。只不过不同的技术所容易探测到的伤害的种类各不相同。采用一种特殊技术之后，MRI扫描可以产生活体人脑的三维重建，包括外观。图37是神经哲学家帕特丽夏·丘奇兰德的脑的一个侧面。

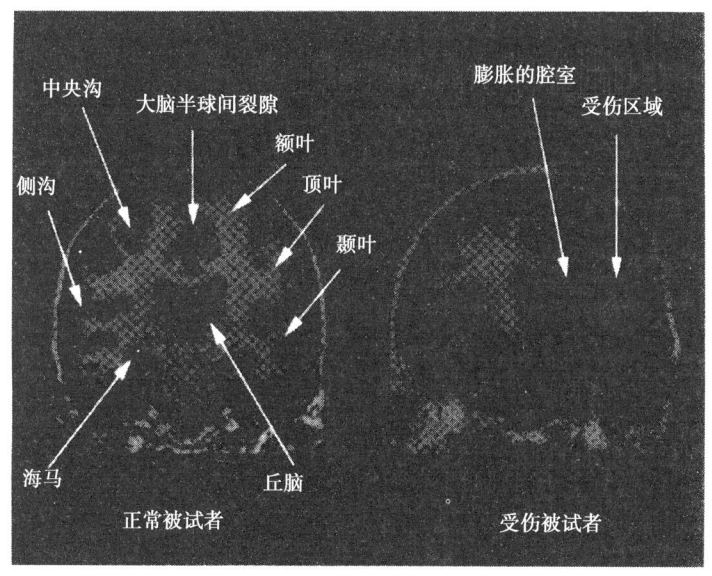

图36　一个典型的磁共振成像（MRI）扫描显示了头部被打击的结果

　　正电子发射X射线断层照相术（PET）是一种不同的方法。它可以记录脑的局部活动，但记录的是这些活动在一分钟左右时间内的平均值。实验者被注射一种无害的放射性原子（如 $^{15}O$）标记过的化学物质，通常是水。该放射性原子在衰变时会发射一个正电子。[1] 被标记过的水进入血液。$^{15}O$ 的半衰期很短，这意味着它从回旋加速器产生到注射入体内必须在很短的时间内完成。但它有两个优点：氧衰变非常快，因而大约十分钟以后就可做第二次实验；放射性物质寿命很短，这意味着为了取得所需信号而使实验者所受的辐射总剂量非常少，造成的伤害是可以忽略的。因而该方法可以用于健康的志愿者，而不必仅限于体弱的病人。

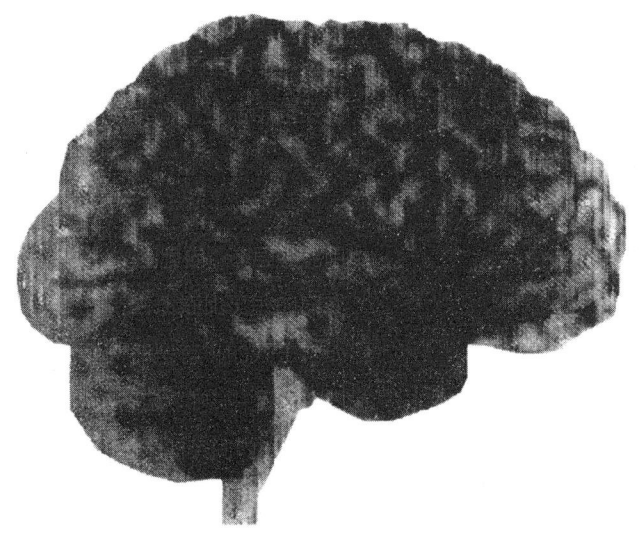

图37　汉娜·达马西欧（Hanna Damasio）通过MRI扫描合成的神经哲学家帕特丽夏·丘奇兰德的活体脑图

1. 正电子在与电子结合以前会漫游一小段距离。结合后，两个粒子都湮灭，它们的质量转变成辐射，成为按几乎相反方向运动的两束 γ 射线。记录这些 γ 粒子的是一个环状的相干计数器。有一台计算机综合处理所有衰变的痕迹，并分析出最可能产生这些 γ 射线的区域。

　　当脑中一部分的神经活动比平时加强时，供给它的血液也增加。实际上，计算机生成的图像对应于扫描得到的各个部分脑区的血流水平。其他的实验扫描了处于控制状态被试的情况。两幅图之间的差异与脑处在被刺激状态和控制状态时神经活动的变化是大体一致的。

　　这项技术已经得到了大量有趣而又具有挑战性的结果。特别值得一提的是圣路易斯的华盛顿大学医学院马库斯·雷克尔（Marcus Raichle）领导的研究小组。在早期的实验中，他们研究了对一小组视觉模式的反应。这些模式是经过选择的，可以在皮质的不同的、相当宽的区域中产生最大反应。新皮质的初级视觉区域的血流变化与通过早期对人脑的损伤研究中所预料的结果大致相同。此外他们还发现皮质其他视觉区域的血流也有变化，但它们是否有价值目前尚不清楚。

　　他们研究了被称为"斯特鲁普干扰效应"（Stroop interference effect）时血流的变化[5]。这是一种更复杂的视觉任务。在实验中要求被试尽可能快地识别一个单词的颜色。比如说，被捕捉的目标可能是用绿色印刷的红色这个词。词的颜色（绿色）与词义（红色）之间的差异会引起被试反应时间增加。将这种任务下的血流分布与另一种直接情况（即单词红色被印成红颜色）相比较，他们发现，在斯特鲁普（Stroop）条件下，有几个皮质区域出现了血流增加的现象，其中增长最大的区域是"右前扣带回"，它在脑的中部，靠近额部。他们认为这与完成任务所需注意的程度有关。他们由此得出结论："这些资料表明，前扣带回参与了下述的一种选择性过程，即，以先前形成的一些内部的有意识的计划为基础，在这两种情况中进行竞争性的交替处理。"我感觉这种说法更接近于我们考虑的自由意志，而不是通常意义下的注意（见本书的附言）。很显然，我们需要更多地了解有关的不同处理过程的神经机制。

PET扫描可以获得一些其他方法很难得到的结果，但它也有若干局限性。除了昂贵以外，其空间分辨率并不很高（虽然它也随多数现代仪器一起逐步改进），目前通常大约为8毫米。它的另一个不足之处是时间分辨率相当差。为了获得好的信号需要大约一分钟，而EEG的工作在毫秒范围。

一些居主导地位的研究中心目前把PET扫描与MRI扫描二者结合使用。PET记录脑的活动，而MRI得到脑的结构，这样便可把PET扫描结果影射到同一个人的脑上，而不是像过去做的那样影射到一个"平均"的脑上去。然而，不久以后对这些结果的解释就会遇到上述由于缺乏详尽的神经解剖学知识而产生的局限。

现在又发展出一些使用MRI扫描的新方法。其中一种方法对类脂化合物特别敏感[6]。扫描得到的图像可以用来帮助定位某个人的一些不同的皮质区域（不同人的这些区域的准确位置有所不同）。这是由于某些皮质比其他部位具有更多的有髓鞘的轴突，含有更多的类脂。

其他一些新的MRI方法试图探测各种新陈代谢及其他脑活动，而不仅仅探测其静态结构，但它们的信噪比似乎都比常规的MRI低。因而，人们期待看到这些新方法的发展。

关于人脑的研究就先叙述到这里。有什么方法可以观察到动物脑中神经元的行为呢？有一种方法是用较细的电极获取最为详细的信息。用一根尖端暴露的绝缘导线，将动物麻醉后，移去部分头骨，并将电极正好放置在神经组织内。由于脑中没有痛觉感受器，因而该电极并不会使动物感到痛苦。只要微电极的尖端离某个细胞非常近，它就可以在该细胞外探测到它在什么时候发放。它还能收集从较远的细胞传来的较为微弱的信号。将电极尖端沿它的长度方向在组织内移动，就可以一个接一个地检测神经细胞的活动。实验者可以选择将电极置于动物脑中的位置，但从某种意义上说他记录的究竟是哪种类型的细胞完全要看运气了。现在人们常使用一组电极进行记录，这样就可以同时探测不止一个神经元的活动。

另一种技术是对从动物脑中得到的神经组织的一层很薄的切片进行研究。在这里使用的电极是一种非常小的玻璃管，它的尖端逐渐变细。小心地放置电极，使它的尖端刚好在一个神经细胞内部。这样可以得到关于该神经元的活动的更为详细的信息（这项技术也可用于麻醉的动物且不会损伤其脑部，但用于清醒的动物则要困难得多）。如果浸泡在合适的培养液中，脑片能维持许多小时。在脑片中很容易灌流不同的化学物质来考查它们对神经元行为的影响。

在某种情况下，从非常年幼的动物的脑中提取的神经元能够在碟子中生长并向四周扩展。这样的神经元在生长时会与周围临近的神经元接触。这种条件与活着的动物体的环境相差更远，但它可以用来研究神经元内部连接的基本行为。这些连接的膜上有通道。当通道打开时，允许带电原子（即离子）流过。

最令人吃惊的可能是，当前有可能研究单个离子通道中单个分子的行为。这是通过一项称为"膜片钳"技术[7]实现的。欧文·内尔（Erwin Neher）和伯特·萨克曼（Bert Sakmann）因为发展并应用这项技术而荣获1991年诺贝尔奖。他们使用了一种小型玻璃吸液管，它具有一个特殊的倾斜尖端，直径为1~2微米，能从类脂膜中吸起其中的一小片。如果运气好的话，这一小片中至少会包括一个离子通道。经过电放大器及记录装置可对穿过该膜的电流进行研究。在这一小片膜的两侧，相关离子的浓度保持着不同的值。当通道打开时，即使只有很短暂的时间，也有大量带电离子奔涌穿过。这种汹涌的离子流产生了可测量的电流。即使只打开一个通道也是如此。这样人们便可研究神经递质及其他药物制剂（通常为其他的一些小的有机分子）的效果，以及膜电压的作用。

膜片钳也被用来进行另一项关于离子通道的研究。该通道的基因被人工引入未受精的蛙卵中。在这些外来基因的引导下，卵母细胞（即未受精卵）会合成这种通道的蛋白并将其放置于外膜。这样就可以利用膜片钳将它吸取出来。这种技术对于发现某种特别的离子通道的基因很有帮助。

现在作一下总结。目前有许多种方法研究人和动物的脑，其中一些方法从头颅的外面进行研究，另外一些方法则直接深入脑的内部。所有的方法都有这样或那样的局限性，或者时间分辨率不足，或者空间分辨率不足，或者过于昂贵。有些结果非常容易解释，但仅能提供相当有限的信息；另外一些测量做起来很容易，结果却很难解释。我们只有综合不同的方法才有希望揭开大脑的奥秘。

# 第 10 章
# 灵长类的初级视觉系统

*我眯起一只眼睛偷偷地看，事情原来是这样……*

*—— 儿童游戏*

"看"本身是一个相当复杂的过程。因此，脑中的视觉部分并不那么简单也就不足为奇了。它们是由一个庞大的初级系统、次级系统和许多更高级系统构成的。各个系统都要接收来自上百万个神经元的输入。这些神经元位于眼睛的后部，称之为神经节细胞。初级系统通过丘脑的侧膝体与新皮质相连接。次级系统要投射到前面提及的四叠体上丘。

眼睛的一般结构如图38所示，它具有一个可自由调焦的晶状体，至少四十五岁以下的人是可以自由调节的。还有可改变孔径大小的瞳孔。在较强的光照下，孔径就会变小。晶状体把视场内的图像聚焦到位于眼睛后部的一片细胞之上，这薄薄的层称为视网膜。在其中一层上有四种不同的光感受器，它们对于入射的光量子有响应。其由各自的形状命名，如，视杆细胞和视锥细胞。每只眼睛里视杆细胞的数量超过十亿，它们对于微弱的光有响应，且仅有一种类型。视锥细胞的数目约有七百万，它对强光有响应，且具有三种类型，每种对入射光的不同波长范围有响应。正因为这样，我们才能看到各种颜色。这一点在第4章中已作过介绍。

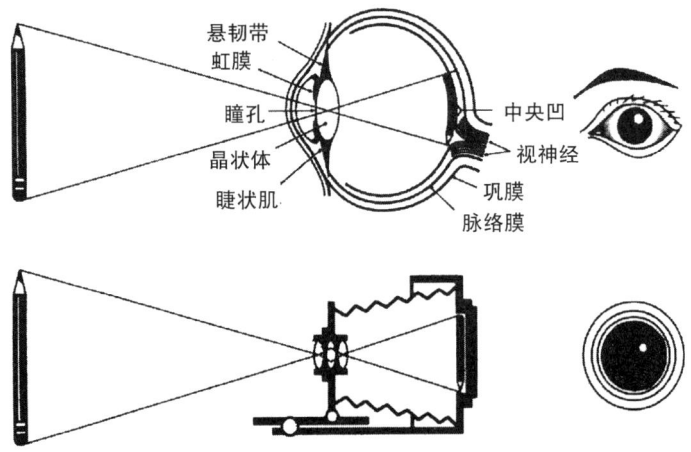

图38　眼睛的结构，并与照相机的比较

当输入信息经过视网膜时，须进行第一步加工。事实上，视网膜本身就是脑极其微小的一部分，与新皮质相比研究它就更容易些。美国生理学家约翰·道林（John Dowling）把它称为通往脑的窗口。它也许就是能够完完全全了解脊椎动物脑的第一步。尽管它的结构也许是很值得研究的，但我仍把它看作一个"黑箱"，并仅仅介绍有关它的输入与输出之间的关系。所谓输入就是指射入眼睛的光线，而输出就是指神经节细胞的发放。[1]

　　用于明视觉或日间视觉的锥体细胞在眼睛中央凹附近的分布密

---

1. 在哺乳动物中，即使存在着从脑其他部分投射到视网膜的神经元，也是很少的，当然，移动我们的眼睛，可以影响视网膜神经元的发放。

度极高。因此，我们才能够看到极其微小的细节。这也就是当你为了看清楚某个感兴趣的东西时，你就会注视它的原因。与此相反，当你在黑暗中能够把某个物体看得清楚，这正是由于视网膜上具有很多的视杆细胞。

眼睛能以不同方式移动，它可以跳跃或移动，称为扫视，一般每秒钟为 3 ~ 4 次。灵长类动物的眼睛可以跟踪某个运动目标，这是一个"平滑追踪"的过程。令人难以理解的是当你要使你的眼睛沿着静止的场景做平滑移动时，这几乎是不可能的。如果你一定要试图这样做时，你的眼睛将会做跳跃式的移动，还可以做各种连续的微小移动。不管用什么办法使视网膜上的图像完全保持平稳，在 1 ~ 2 秒钟后这种视感觉依然会消失（这个问题将在第 15 章作更加详尽的讨论）。

把信号从眼睛传送到大脑的细胞称为神经节细胞。任何一个特定的神经节细胞只能对视场中某一特定位置上的小光点开启与关闭有响应，如图 39 所示。由于晶状体把这个光点聚焦到视网膜上该神经节附近的地方，因此它一定要在那个特定的位置上。但这也依赖于眼睛聚焦点的位置（就像在照相机中，底片上某一特定点的反应既与它在底片上的位置有关，还与照相机聚焦的方向有关）。视场中能够对一个单细胞活动产生影响的区域称为感受野。

在完全黑暗时，神经节细胞的发放常常是很低且无规则的。这种发放称为背景发放。有一类神经节细胞叫作 ON 中心型，即当一个光点投射到感受野中心时，它的发放骤然增加。在这个小的中心以外，围绕它们有一个圆形范围。在这个区域上，如果同样用小光点刺激它时，则发生与之相反的作用。如果光点完全落在环形区域上，则背景发放就完全停止。而当撤走光点时，将有一丛脉冲发放，见图39左侧。

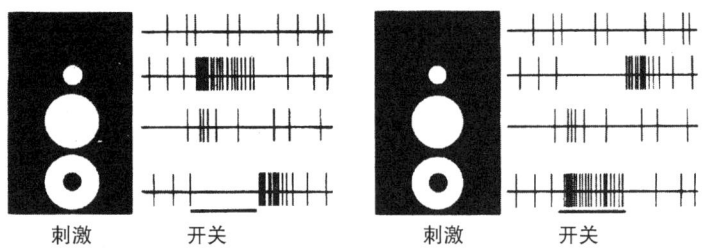

刺激　　　　开关　　　　　　　刺激　　　　开关

图39　典型神经节细胞的发放记录。左边的神经元是"ON中心"类型的，右边的是"OFF中心"类型。每根短的竖线表示一个脉冲发放。刺激显示在两个黑的长方形中。最上面的示意图表示当没有光照到视网膜上，神经元的背景发放；下面三幅示意图分别表示当一个小光点、一个大光点和一个光环刺激时，神经元的背景发放

假定视网膜上放置各种大小的光点，使它们的中心位于该细胞感受野的中间区域，正如我们所见，当用小光点刺激时，该细胞就强烈发放，而光点的直径越大其响应越小。当这个光点大到足以覆盖中心及围绕它的环形区域时，该细胞根本就不发放了。换句话说，感受野中心区域的响应与周边是相反的。这就意味着任何一个特定神经节细胞对在恰当位置上的光点刺激具有强脉冲发放，而对其整个区域的均匀光刺激并没有响应。视网膜就是要去掉部分传入眼睛里的冗余信息。它传送到脑中的正是在视野中的感兴趣的信息，在那里光分布是不均匀的，而要忽略的正是几乎不变的部分。

与ON中心型细胞数目差不多的另一类细胞是OFF中心型细胞。大略地讲，它们与第一类细胞性质正好相反，即当在感受野中心把光点撤走时，它会有强烈的发放（图39的右图）。这就说明了许多神经元相当一般的性质，即它们可以把这些峰电位下行传送到轴突。一个神经元不会产生负向的峰电位。那么，它们又怎样传输负信号呢？在

丘脑或皮质中要找出一个快的背景发放率，比如说200赫兹，这是相当不容易的。如果这样一类细胞存在的话，通过增加其发放率到400赫兹，则产生一个正的响应，通过降低其发放率至零则产生一个负的响应。通常，替代这种神经元的有另外两类相当类似的神经元，它们都具有很低的背景发放率，一类是当某一参数增加产生发放，另一类则对其减少而有响应。当没有施加任何刺激时，神经元通常也不作出任何反应，更不是200赫兹，这大概是为了保存能量。

如果大脑要传送在某点按正弦形变化的神经活动，那么当信号为正的时候则某个神经元发放，当它为负时，则另一个神经元发放。但需告诫的是不能用太简单的数学函数去描述所发生的一切。而且，一个真实的神经元常常对输入的突然变化以初始阶段的一丛发放作出响应。而这种时间上的发放模式随神经元而异，神经元并不是为了数学家的便利而进化的。

神经节细胞的感受野大小是相当不同的。位于眼睛中心区域的要比外周的感受野小。节细胞之间相距是比较近的，因此，它们的感受野是相互重叠的。在视网膜上一个光点通常会引起一组相邻神经节细胞的兴奋，即便它们发放程度并不一样。

神经节细胞并不仅仅只有两种主要类型，即ON中心型或OFF中心。它们实际上还有好多类别，且每类又包含其亚型。在哺乳动物中这样的分类方法在各物种间也稍有不同。对于猕猴来说，有两个主要分类，[1] 有时称为M细胞和P细胞（M细胞是指Magno，意思为大；P细胞是指Parvo，意思为小）。人眼的神经节细胞与其极为相似。在视网膜的任何地方，M细胞都比P细胞大，而且也具有大的感受野。它们还具有粗厚的轴突，这就使信号的传导速度加快。同时，M细胞对光强分布中的微小差别敏感，因此它能够很好地处理低对比度。但是它们的发放率在高对比度时会达到饱和，它们主要用于对视觉场景中的变化发出信号。

P细胞的数量更多，与多数M细胞相比它们的反应具有更好的线性，即正比于输入。而且它们对细节、高反差及颜色更感兴趣。例如P细胞感受野的中心对绿色波长反应很强，但环绕中心的外周区对红色波长更敏感。正是由于这个原因，中心与外周具有对不同颜色光的敏感性，则可以把P细胞分成几类亚型，每种亚型对不同颜色的反差有敏感。在这里，我们再次看到，视网膜不只是传输落到光感受器上的原始信息，实际上，它已经开始通过多种方式对信息进行处理。

神经节细胞主要包括M细胞和P细胞，每一类都具有ON中心和OFF中心的感受野。它们通过轴突将信号传导到丘脑的侧膝体，然后将信息传输到新皮质。而且，视网膜也还要将信号投射到上丘（superior colliculus），但P细胞并不投射到那里，尽管一些M细胞和其他各种非主要类型的细胞可以投射到上丘。由于缺乏P细胞的输入，上丘是色盲的。

---

1. 还有第三类，有时被称为"W细胞"，其包括相当多的神经元，并且具有各种特性。

在大多数脊椎动物中，右眼的神经节细胞几乎全部投射到左脑的视顶盖（大致相当于哺乳动物的上丘），而左眼与此相反。在灵长类动物中，各种投射更加复杂。每只眼睛投射到大脑的两侧，但脑的左中侧仅接受与视野中右半部分有关的输入。

因此，用你右眼中央凹看到的东西，被送到左边的侧膝体，然后再达到左边的视皮质，如图40所示，并且也可以到达左边的四叠体上丘。当然，正常的大脑两半球通过几处神经纤维束相互联系在一起，最大的纤维束是胼胝体。如果出于医学的原因，把它切掉（这在第12章将会讨论），这个人的左脑只看视野中的右边的部分，右脑只看到视野中的左边。这会产生某些令人很奇怪的结果，就好像有两个人在一个脑里。

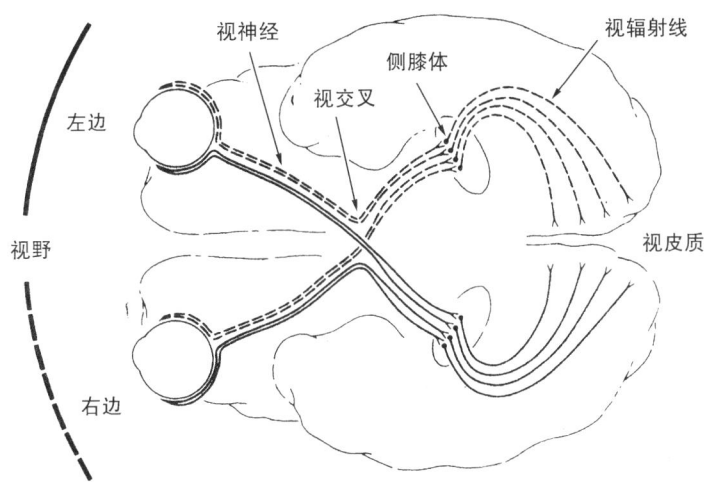

图40　初级视觉系统通路的简图（从下往上看）。请注意，右边的视野影响大脑的左边，反之亦然。连接右边视野的用虚线表示

让我们先扼要地介绍一下投射到上丘的次级系统。这是低等脊椎动物（如蟾蜍）主要的视觉系统；对哺乳动物来讲，它的许多功能已被新皮质等完成，而其余的主要功能似乎如眼动的控制，也可能还包括视觉注意的一些方面。

上丘是一个分层结构，主要有三层，分别称之为上、中、下。上层接收来自视网膜的各种输入，同时也接收来自听觉系统和其他传感系统的输入。各种输入具有粗略的映射关系，尽管这种映射的细节物种各异。下层的输入就更具多样性了。

很重要的一点是下层中的一些神经元与大脑对侧的上丘相连接，这条通路被称为顶盖间连合（它在第12章描述的裂脑手术中保持完好）。下层的神经元也连接到脑干上的神经元，控制着眼或颈部的肌肉活动。

这些神经元具有什么样的特性呢？上层中的许多细胞对运动具有选择性。在猕猴中它们是色盲的，即对入射光的波长没有选择性。它们对微弱的刺激很感兴趣，但对刺激的细节不怎么敏感。不管是给光或撤光，它们对光的变化都会作出瞬时性反应。这些大概都是无意识的注意产生的关键。它们发出类似于"注意！有什么东西在那儿"的信号。

作过演讲的人可能有这样的经验，当突然发生变化时，例如，演讲者的左边或右边的门打开了，所有的听众的眼睛同时朝向那个方向，这种即刻的反应在很大程度上是无意识的。我认为上丘是产生这类眼动的主要因素。

　　眼睛究竟怎样知道该往哪里跳跃呢？这就要感谢戴维·斯帕克斯（David Sparks）、戴维·罗宾逊（David Robinson）和其他一些人设计的精巧实验[1]。现在我们对眼动有了更好的了解。其实上丘的上层也许可以看作感觉的投射，中间与下层对应于运动系统的投射。在这些区域中，神经元的发放对眼睛变化的方向与振幅进行编码，以便使眼睛以跳跃的方式跟随靶目标。在跳跃之前那一刹那这个信号或多或少与眼睛的位置无关。这个信号被送到脑干以决定需要作出多大且在什么方向上的跳跃。

　　这种信号并不能用工程师所猜测的那种方式来表达。一个神经元也许对特定的跳跃方向编码，而它的发放率可能对跳跃的距离进行编码。因此，用这种方法，一个神经元的小集合就可以对所有的方向和距离编码。另一种方法是每个神经元就可以对跳跃的向量，即方向和距离进行编码。实际上并不是这样的。为了产生一个跳跃，上丘中一片神经元就开始快速发放。从广义上讲，它是确定跳跃向量的运动映射图的活动中心。这样一个特定的上丘神经元也许会参加到许多极为不同的跳跃中。正是这些激活的神经元作为一个整体以便确定跳跃向量特性。简言之，一次眼动都将受到许多神经元的控制。[1]

　　眼动的速度究竟由什么来控制呢？这可能与激活区域内神经元的发放率有关。它们发放得越强，眼睛移动得越快。因此，最终的跳跃方向不仅依赖于有关的神经元发放有多么快，而且依赖于这群活动的神经元的有效中心在运动系统定位图上的位置。

---

1. 然而，请注意，由于所需的输出仅是一个简单的二维向量，因此，当一个区域同时要处理更为复杂的信息时，这种方法是不能用的。

你可能会发现这种排列方式很独特，但它是个极好的例子，可以说明一群神经元怎样对相关的参数如眼动的速度与方向进行编码的。它的优点是，如果一些神经元不参与活动了，整个系统也不会停止工作，没有一个工程师能够设计出这样一个系统，除非他已经了解了脑是怎样工作的。当这些信号到达脑干时，必须以不同的信号集合去传递，以便控制眼睛的肌肉。究竟怎样恰当地做到这一点还有待进一步研究。

现在我们考虑通过侧膝体投射到视皮质的初级视觉系统。侧膝体是丘脑的一小部分。当我1976年去索尔克研究所时，我继承了属于已故的布鲁诺·布鲁诺夫斯基（Bruno Bronovski，电视连续剧" *The Ascent of man* "的制作者）可以鸟瞰海洋的办公室，以及一个两倍于真实脑的彩色塑料模型。我开始着手干的就是找出侧膝体在模型上的位置。我很容易地找到了丘脑，但花了好多时间才找到了一个上面标着侧膝体的小突起。但这也没有什么可惊讶的，因为它只不过是由150万个神经元构成的。

了解侧膝体需要抓住两点：第一点，它仅仅是一个中转站；第二点则与前一点相反，它还干了许多到目前为止我们还未曾了解到的更加复杂的工作。

侧膝体中为主的神经元是主细胞（principal cell），它产生兴奋性反应。此外，还有一小部分具有GABA受体的抑制性细胞。侧膝体被称为中转站有解剖上和生理上的原因。主细胞直接接收来自视网膜的输入，并且经轴突传送到皮质V1区。这条通路上再没有其他神经元。因此，称其为"中转站"。这些轴突很少有侧枝连接到其他主细胞上或侧膝体的其他部分。换句话说，这些神经元倾向于保持孤立而不愿与同伴进行交流。另外，视网膜的输入被映射到侧膝体，以使侧膝体上每一层对来自视野的映射稍有畸变。侧膝体的神经元的感受野比视网膜细胞的要大一些，且二者间是极其相似的。乍看起来，侧膝体仅仅是把视网膜接收的信息原原本本地传递到视皮质。

"map"这个词在视觉系统中有两种稍微不同的解释。它的一般意思来源于那些在供体中相距不太远的神经元，直接连接到受体域中彼此靠近的轴突的终点。这就要在接受域中产生供给域的粗略的映射。更严格的意思是指"视网膜映射"，即在某一特定的视域中彼此相邻近的神经元趋向于对视网膜上相邻点上的活动反应，也就是将视网膜上相邻点从视域上三维信息转换成二维投射。当对视觉系统的更高层次作进一步探索时，视网膜映射由于许许多多步的近似映射会越来越变得杂乱无章。但是，从一个区域到下一个区域的映射仍然保存得相当完好。

猕猴的侧膝体共有六层，如图41所示，其中两层是由大细胞（称之Magno cellular）构成的，它们分别接收右眼或左眼的输入，但彼此间几乎没有什么相互作用。而且输入主要来自视网膜的M细胞。很自然也会联想到，视网膜的P细胞也是按照类似的方式投射到另外两层具有许许多多的小细胞上（称为Parvo cellular）。但是，它恰恰并不是只有两层，而是共有四层。它们的输入是分别来自两只眼睛，且总是保持分别输入的。

大细胞层与小细胞层究竟起着什么不同的作用呢？在两个实验室用训练过的清醒的猴子完成各种视觉任务，然后在其侧膝体上做了局部的小损伤。这些实验大致能表明：小细胞层中的神经元主要携带有关颜色、纹理、形状和视差的信息，而大细胞层的神经元主要检测运动和闪烁目标（见参考文献2）。

到目前为止，我们仅讨论了兴奋性的主细胞。抑制性细胞主要分为两类，它包括侧膝体本身与丘脑的网状核团中的细胞。网状核团是在丘脑中一薄层，千万不要与脑干中的网状结构相混淆。这一薄层的细胞围绕着丘脑的大部分，且神经元都是抑制性的。它们接收的兴奋性输入来自传入新皮质或由此传出的轴突，而且它们彼此存在着相互作用。它们的输出又被立即映射到在它们下面的丘脑部分。如果把丘脑看成通向皮质的大门，那么这些网状核团就好像看守大门的卫兵。

侧膝体中的神经元还可以从皮质V1区获得反馈输入。令人奇怪的是，从V1区反馈的轴突比上行到皮质的轴突更多，但这些下行的轴突与远离胞体的树突形成突触。因此，它们的影响会大大被削弱。我们对这些反向的连接确切的功能还不甚清楚（有关它们功能的一些猜测请看第16章）。

当然，它也有来自脑干的输入，调制着丘脑的行为，尤其是网状核团的联系。这意味着动物清醒时，侧膝体中的神经元可以自由地传送视觉信息。但是，当动物处在慢波睡眠时，这种传送就被阻断。这里已较详细地叙述了一些与丘脑有关的神经元以及各种类型的突触

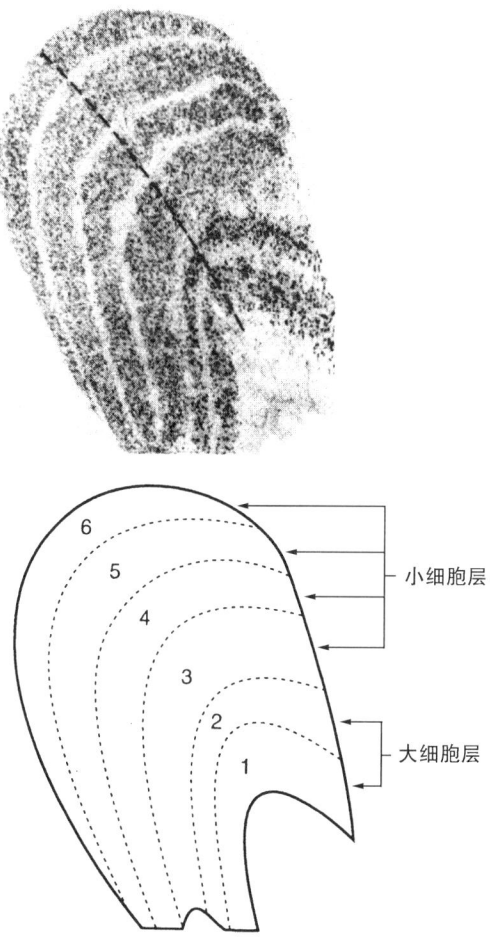

图41   图中为猕猴侧膝体的6个层。这个切片是细胞体被染色后的结果，表示为
一个小黑点。最下两层是大细胞（M细胞），被称为"大细胞层"，上四层有小细胞（P
细胞），被称为"小细胞层"。每一层仅从一只眼睛得到输入

联系，然而有关侧膝体的特性应能表达那种既简单又复杂的令人难以理解的组合。

侧膝体中的主细胞投射到视觉皮质（如图40）。猫的轴突可以到达几个视觉区，但猕猴与人的轴突几乎都连接到视觉的第一区[1]（在猴的皮质中，它与其他区域的联系较弱，这个问题与第12章讨论的盲视有关）。如果人或猴的V1区全部受到严重损伤，他（它）的视野的一半会几乎变盲。

乍一看，大脑皮质的任何部分都是那么杂乱无章。每一平方毫米大约有10万个神经元。轴突与树突相互交错，还有许多起支撑作用的胶质细胞与微血管都混杂在一起，完全处于混沌状态。它们可不像计算机的芯片上晶体管和其他结构的布线有着整齐的排列。如果进一步仔细观察，也会发现它确有部分结构是有序的。在大脑皮质的许多不同区域中，神经元的一般排列还是具有好多相同之处。让我们首先看看这些共同点究竟是什么。

大脑皮质就是一片薄薄的层，它的垂直厚度比平行于该层表面的长度要小很多。神经元的排列与外观是非对称的。与这一薄层表面相垂直的方向称之为垂直方向（这如同把皮质在桌面上展平一样）。另外两个方向称之为水平方向。例如，几乎所有的锥体细胞都有沿垂直方向上升到皮质表面的树突。与之相比，皮质水平方向上的细胞彼此有着相当类似的特性。这与森林中的树木的排列类似，垂直方向与水

---

1.也称为"纹状皮质"和"17区"。

平方向有明显的不同。

　　皮质最引人注目的特性就是层状的。了解这些层以及各层中神经
元不同的功能是很重要的。为描述上的方便，可以把它分为六层。实
际上在层中也还包含有几个亚层，如图42所示，最上面的一层为第1
层，它具有很少的细胞体，主要是由位于它下面层中的锥体细胞向上
延伸形成的树突末梢及末梢间的相互连接的轴突构成。因此，它都是
这些神经布线而很少有细胞体。在它的下面是第2～第3层，常常被统
称为上层。在这些层中有许多锥体细胞。第4层是由许多兴奋型的星
状细胞组成，而几乎没有锥体细胞。它的厚度在不同的皮质区变化是
相当大的，在一些皮质区几乎没这一层。第5～6层称为下层，它包
含有许多锥体细胞，其中一些细胞的树突末梢一直可到达第1层。

　　　　图42　猕猴初级视皮质（V1）的纵切面。类似上图，每个点代表一个细胞体。注
　　　意层状的结构。层的标号在左边（白色的块是血管）

在不同层中的神经元不仅是相当不同的，更重要的是这些神经元的连接方式也极不一样，如图43所示。

上层（第2～3层）的细胞仅与其他皮质区相联系。尽管它们中的一些神经元通过胼胝体可与大脑另一侧的皮质区连接，但它们的投射作为一个整体未超出皮质区。虽然第6层的一些神经元具有与第4层连接的侧向轴突，但它们当中神经元主要反向投射到丘脑或屏状核，它是位于皮质下的附属于皮质的核团，并通向脑的中部。第5层是皮质中很特别的一层，只有这层的神经元完全投射到皮质以外的地方，也就是说，它们不投射到丘脑和屏状核，尽管也有一些神经元投射到其他的皮质区。因此，从某种意义上讲，第5层把在皮质中处理完的信息传送到大脑其他部分和脊髓。所有这些远离皮质的连接，甚至包括反向的连接都是兴奋性的。

当然，皮质也具有许多抑制性的细胞。但在数量上占多数的是产兴奋性的锥体细胞，用GABA作为神经递质的抑制性细胞大约占了整体的1/5，剩下的主要是刺星状细胞。这些可产生兴奋的刺星状细胞的轴突相当短（100～200微米），仅仅能够与水平方向上相近的细胞联系。所有抑制性细胞都具有这种特性，但也有些例外。[1]

有一类抑制性的细胞好像不存在。锥体细胞的轴突经常向下延伸到离皮质相当远的区域。在此之前，它通常会伸出几个分枝，这称为侧枝。在某些情况下，这些侧枝又形成许多局部叉，而且它们就在同一皮质区域内沿水平方向伸展相当长的距离，约几个毫米。

如果我们认为皮质能够实现计算功能，它就应该具有一种类似"门"的特殊类型的抑制性突触。在把结果沿主要轴突的分枝传送到其他区域的目的地之前，它要能够允许信息通过轴突离开胞体，并在皮质区域内循环好几次。也就是说，它需要实现几次循环计算。为此，我们需要一个强抑制的突触集合，但它不在该轴突的起始端，而是位于轴突就要离开皮质之前的地方。尽管有一位理论家为了使他的模型能够工作，需要构建这样一类突触，但实际上还没有证据说明它们的存在。在轴突各个分叉点上也没有发现这类突触。但这些显示出皮质区总像是没有做任何循环的处理就急急忙忙地将信息发送出去。这也意味着，当大脑需要通过反复迭代运算建立一种活动的共同体时，各个皮质区的连接与单皮质区内的连接是同样重要的。

信息究竟在皮质的各层之间是怎样传递的？这是一个极其复杂的问题，我们可以从下面粗略的框图获得一些了解（图43）。

进入皮质区的主要的，但不是唯一的入口位于它的第4层。但当它很小或不存在时，就直接进入第3层的下部。第4层主要连接到上部的第2~3层，然后，又依次与第5层形成一个很大的局域连接，一直到达位于它下面的第6层。第6层又依次通过短的垂直联系返回到第4层。第1层还接收来自其他皮质的一些主要的输入。这些与来自低层的高锥体细胞的树突末梢相联系。

---

1. 一个例外是一种被称为"篮状细胞"的抑制性神经元，它的轴突在皮质内延伸长得多的距离，能有一厘米或更长。当它们与另外一个神经元连接时，在它的胞体和附近的树突上形成多个突触。因此它们能在神经元的重要部位产生相当强的抑制。对它们确切的功能还不了解。我们这里也忽略了一种著名的抑制性细胞的功能，这类细胞被称为"枝形细胞"（chandelier cell）。它的轴突仅与锥体细胞相连，并且仅在它们轴突的起始部位，形成多个抑制性突触。

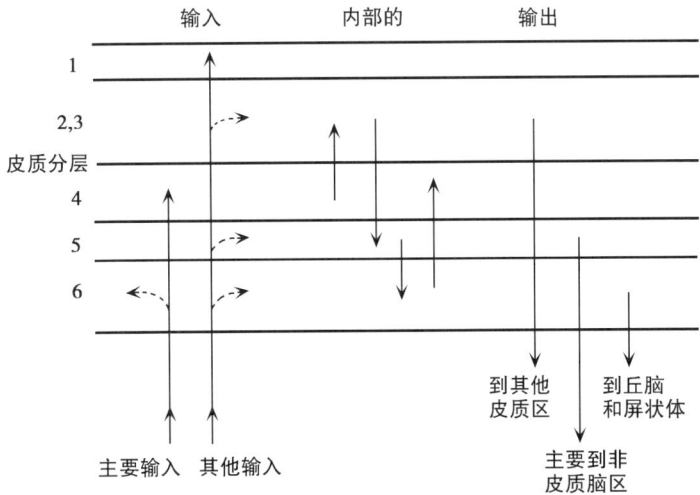

图43　皮质V1区内一些主要通路的示意图。在图中，未标出许多横向连接

关于小片皮质中的许多轴突连接的复杂性质，特别是某一层到其本身的许多连接惊人得长，以上这些都未作介绍。很显然，在所有这些规律性的后面也还存在着一些必然的联系。然而，在我们对皮质有较深了解之前，要讲清楚这些规律太困难了。新皮质可能是人类无上的荣耀，故它不会轻易地将其秘密公诸于世。

最后将谈到大脑的分区。最初，皮质的分区是根据在高倍光学显微镜下，观察切片染色后的形状（这类学术研究称为结构学）划分出的。纹状皮质正是由于它具有着明显的水平方向纹理而得名，这些纹理是从大的轴突末端沿各个方向水平伸展出而形成的。这些纹状足够大，可以从染色的显微镜切片中，用肉眼观察到纹理，如图44所示。这些纹理突然在一大片皮质区域的边缘上消失了。因此，很自然地，会把这样一块相当一致的区域起个名字或排个序号。皮质其他区域稍微不同。例如，纹状皮质具有很厚的第4层，而初级运动皮质即便有也是很少的。遗憾的是，相邻的区域的差别如此细微，以至于神经解剖学家之间也无法达成一致的见解。20世纪初，德国的解剖学家科比尼安·波罗德曼（Korbinian Brodmann）把包括人在内的各种哺乳动物的皮质分成几个不同区域，并给每个区域排序。他把纹状皮质叫

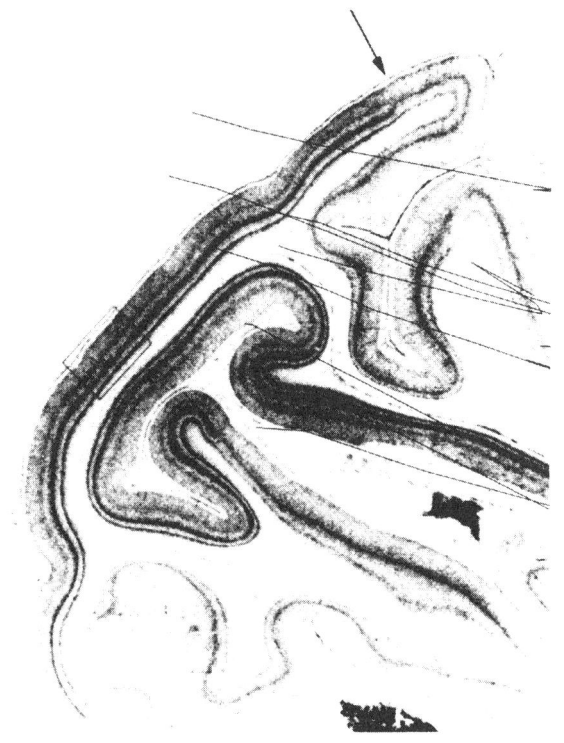

图44　猕猴视皮质的切片，被标记的是细胞体。V1区有一些很明显的条纹（因此被命名为纹状皮质）。箭头表示V1区与V2区的分界线，那儿条纹少得多。小长方形中的东西被放大显示在图42中

作17区，与它相邻的区域定为18区，与18区相邻的区域称为19区，把初级运动皮质标为第4区。其他一些神经解剖学家，如奥斯卡和赛西勒·沃格（Oskar and Cécile Vogt）把皮质分为更多的区域。[1]

虽然波罗德曼的划分基本上是正确的，但总的说来这种划分太粗略了。比如说，17区、18区，特别是19区都与视觉有关。在下一章将会涉及17区可以被看作单个区域，18区和19区还包括许多重要的亚区。因此，这样一些术语就不再使用了。当然在某些医学文章中，他们对人的皮质还沿用这样的划分。

总而言之，视觉系统的初级部分是高度平行的，即许多类似的但不同的神经元在同一时刻都处在活动状态。位于眼后部的视网膜是处理视觉输入的前端，它沿着两条主要通路将这些信息传送到通往皮质通路上的侧膝体及与眼动有关的上丘，还有脑干上几个较小的视觉区，它们与眼动、瞳孔的调节有关：与颜色有关的信息传送到侧膝体，但不到达上丘。这些初级部分的信息都是相当局域和简单的。我们要是能看到任何东西，就说明这些视觉信息都必须在视觉系统的不同区域被作了进一步处理。

---

1. 就是奥斯卡·沃格切开并且检查了列宁的脑袋，是苏联当局授权与他的。

# 第 11 章
# 灵长类的视皮质

我们应当尽可能把事情简化，但又不能过分。

——阿尔伯特·爱因斯坦

灵长类的大脑皮质由左右两片薄板构成，而每片薄板又可分成许多各异的皮质区域。如何确定皮质上一块特定的区域是否同属于一个皮质区呢？可能有效的判断标准有很多种。第一种方法是在显微镜下观察其剖面的结构形状 —— 比如说，它是否具有延伸的第4层。我们已经观察到明确限定17区的条纹。这种简单的差异只在少数情况下是有用的，尽管可使用的分子探针更多时情况会有所改变。另一种方法是通过检测一个视觉区域的视觉映射的细节来寻找它的边界。但这种方法通常不太适用，尤其是在高层视觉区域，那里大多数几乎没有视网膜区域对应组织 —— 它们没有简单的视觉投射。目前最有效的手段是寻找每个假定区域的连接（包括输入和输出）的特征模式。应用现代生物化学方法可使这种方法得到相当可靠的结果。不过正如我们在第9章所看到的，这些方法大多不适用于人脑。

许多科学家对大脑皮质（特别是猫和猕猴的大脑皮质）的功能划分作出了贡献。即便如此，我们的知识仍然是不全面的，这些只能看作一种初步的结果。

让我们从纹状皮质（17区）开始讨论。它现在称作V1区（即第一视区）。V1区相当大，每平方毫米表面下有将近25万个神经元。在大脑皮质中该数目通常大约是10万，V1区则是个例外。猕猴脑一侧的V1区总共有大约2亿个神经元。这可与来自侧膝体的大约上百万个轴突相比。从这些数字中我们马上能看出对从侧膝体到V1的输入必定有大量的处理。V1区并不比邻近的V2区更厚，而V2区的表面密度要低。这意味着，平均而言V1区神经元的体积相当小。这让人们产生了一种印象，进化过程在合理的范围内尽可能多地将神经元塞进了V1区。

来自侧膝体的兴奋性输入主要进入第4层，同时也有一些传到第6层。第4层有若干子区。来自侧膝体P层和M层的输入大多分别进入第4层的不同亚层。所有输入的轴突都广泛分叉，因此一个轴突可能与上千个不同的神经元接触。与之相应，第4层的每个神经元从许多不同传入的轴突接受输入。尽管如此，一个典型的棘状星形细胞只有部分突触（可能是20%）直接接受来自侧膝体的输入。其他突触接受来自其他地方的输入，这主要来自邻近的其他神经元的突触。这样，第4层神经元不仅聆听侧膝体的诉说，彼此也进行广泛的交谈。

就像视网膜的输入映射到侧膝体一样，侧膝体的输入也映射到V1区。当然，这是一种对侧视野的映射。但这种映射并不是均匀的（图45）。对应于凝视中心附近的空间比视野外周要大得多。它使我回想起几年前流行的一幅幽默地图，这幅地图描述的是一个纽约人眼

中的美国，其中大部分是曼哈顿地区，新泽西被严重地缩小了，加利
福尼亚和夏威夷则仅在远处被附带标记上。

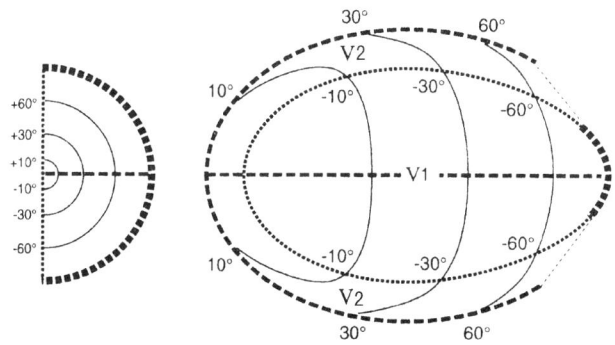

图45　（展开的）枭猴左侧视皮质的示意图。图中仅显示了V1和V2区。左侧的
小图表示右侧视野。注意其各个部位的符号。这些符号在右侧映射图中又重复使用。
视野的中心（大约是最近的10°）占据的皮质区与外周（从60°到90°）相比更大。
同样，请注意V2区的表达被如何分开

此外，在小尺度上，皮质的映射极其杂乱无章。在双眼除了盲点
及远离外周的所有地方，具有通过侧膝体向皮质的投射，这两条到达
第4层的连接通路分离成指纹一样的无规则条纹（图46）。[1] 在第4层
以上和以下各层中，沿条纹中央有一系列"斑点"（用细胞色素氧化
酶染色可显示出来）。这里的神经元对颜色和亮度特别敏感。

一般而言，皮质V1区的不同神经元对不同的物体敏感。回想一
下，侧膝体向皮质投射的神经元具有中心外周拮抗的小感受野。猕
猴第4层的一些神经元仍保持着这种特性，只是感受野稍大。在20
世纪60年代，戴维·休伯（David Hubel）和托斯滕·威塞尔（Torsten

---

1. 同一物种的不同猴子的条纹和斑点的准确图案大致相似，但在细节上并不完全一样。即便对一
只猴子而言，脑一侧的图案与另一侧也不相同。这就好像你左手的指纹与右手并不完全一样。由
于同样的原因，这种细节多少依赖于发育过程中的偶然事件。我们又一次面对这种形式，它具有
某种程度的秩序，细节上则是显著的杂乱无章。

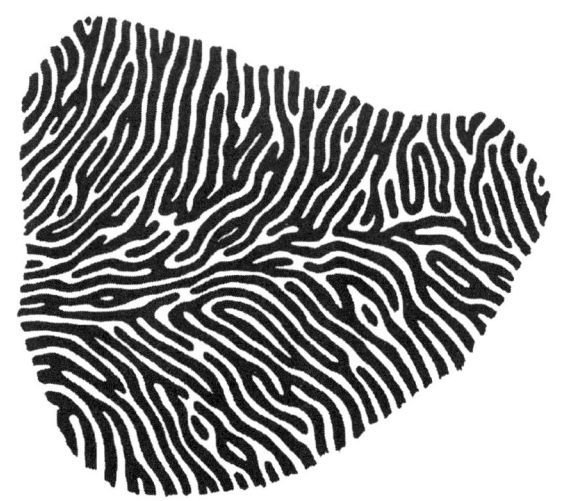

图46　重建的一部分猕猴皮质V1区[1]。图中黑区从一只眼获得输入，
白区则从另一只眼输入。这使得图45所示的投射在小尺度上有些凌乱

Wiesel）（他们后来都在哈佛医学院工作）发现，对于V1区第4层以外其他层的大部分神经元而言，最佳刺激是细的亮棒（或暗棒）或者边缘，而不是一个光点（因为这项发现以及其他一些工作，休伯和威塞尔获得了1981年的诺贝尔奖）。它们对运动棒的反应比亮暗闪烁的棒更好。对于任何特定神经元而言，它对具有某一特定朝向的线或棒状刺激的发放最剧烈。如果棒的朝向仅偏了15°，通常细胞的发放率也会变得很低。不同的神经元具有不同的最佳朝向，然而除了第4层某些部位以外，在垂直于皮质表面方向上直接相邻的神经元趋向于对同一朝向反应。这常被称作"柱状"排列。此外，如果沿水平方向穿过皮质，可以发现最佳朝向的变化相当平缓，仅偶尔会有突变。在皮质任意一个直径大约1毫米的小区域内，所有的各类神经元的感受野常常具有某种程度的重叠，并具有所有可能的朝向。这种排列被描述

成"超柱"和"皮质模块",不过不要过分地从字面上理解这种观点。遗憾的是,这种提法对于理论家来说过于流行。他们当中有些人应当理解得更好些。

休伯和威塞尔发现了两大类朝向选择细胞,他们称之为"简单细胞"和"复杂细胞"。简单细胞感受野的兴奋区和抑制区很容易定义,这种布局使它对棒或边缘的反应最佳。一些感受野的尺度比其他的更为精细,因而能反映更细微的特征。[1]

复杂细胞与简单细胞的区别在于它们的感受野并不能简单地分成兴奋区和抑制区。要让它们发放,同样需要位于其感受野内的具有其最优朝向的一根棒或边缘,但它们对刺激在感受野内的位置并不敏感。其感受野常比邻近的简单细胞稍大。此外,一些复杂细胞可对更复杂的刺激(如沿相同方向运动的一个光点图案)有反应。

简单细胞或复杂细胞是如何设置输入连接从而产生了所观察到的行为的呢?应当清醒地认识到,在经过近30年的研究之后,我们仍然不能确切地知道答案。从逻辑学的角度看问题显得很简单。对于简单细胞而言,只有当刺激点集的大多数总合起来形成最佳反应的棒,足以产生一个反应,它才会发放。它们进行一种"与"操作,但需要超过某个输入阈值才能引起发放。与之相反,当这根或那根直线(它们具有相似的朝向)在一个复杂细胞感受野内某处呈现时,细胞会发

---

1. 最大的混乱在于这种细胞是否可能完成视觉场景的付氏变换。从字面上讲这是荒谬的。在任何情况下,它们更适于完成伽柏(Gabor)变换。但这种观点是否有实际用途尚待确定。可以肯定的是,某些神经元对细微的细节(它们常被称作"空间频率")反应最佳,其他一些神经元则对中间或更粗糙的细节反应更好。

放。这就好像复杂细胞接受来自一个由相似的简单细胞构成的完整集合的输入，并对其执行"或"操作。看来复杂细胞在处理上确实比简单细胞做了进一步加工，但深入的研究表明这种简单的观点导致了困难，因为许多复杂细胞具有直接来自侧膝体的输入。此外还有一个问题，就是最佳反应通常是对运动直线作出的。有时一个神经元对（垂直于直线的）一个方向的运动的反应比相反方向要大得多。

特别遗憾的是这个问题尚未解决。至少有这样一种可能，即简单细胞执行"与"操作，随后再由复杂细胞执行"或"操作，这是大脑皮质的所有区域所使用的一般策略。倘若真是如此，那么了解它就是非常重要的。

皮质V1区的神经元的反应形式有多种。正如我们看到的那样，第4层的许多神经元是中心周边型的。斑点中的神经元也同样如此。其他大多数神经元具有朝向选择性，只不过有些神经元对不太长的直线（常指端点抑制）反应最佳[1]，而其他的神经元，如第6层的许多神经元，对非常长的直线反应最佳。

另一种类型的神经元从双眼接收输入，只有这种输入来自视网膜上位置不完全对应的神经元时，它的发放最强。这在提取视野中目标的距离信息时是必要的，因为不同距离上的物体产生的视差不同（这在第4章解释过）。我们已经看到，某些神经元对特定方向的运动敏感，对相反方向的运动则没有反应。许多这样的细胞位于一个称作

---

1. 如图15所示，它们可能参与形成由直线端点构成的错觉轮廓。

4B的薄层内。许多神经元对所有波长的可见光具有相同的反应，而其他有些神经元，特别是在斑点中的神经元，其感受野中央和外周的反应可对波长有选择敏感性。简而言之，它们对颜色敏感。所有这些都表明了V1区的不同神经元按不同的方式处理输入的视觉信息。

感受野是视野的一部分，在其内部光的变化会引起细胞发放。然而，感受野外有大得多的周边区域，在该区域内光的变化本身不会引起细胞发放，但能调节由感受野产生的原有的效果。这个区域现在被称作"非传统"感受野。它引入了一种关于局部环境背景的重要观点。这个环境可以具有特定的特征。一个细胞不仅对一个特定的特征敏感，同时也受邻近的相似特征的影响。这种神经行为的重要特性有可能出现在视觉等级的所有层次。它可能具有重要的心理学含义，因为心理学家发现在许多条件下环境是重要的。

为什么皮质V1区具有视野的映射（尽管这种映射比较粗糙并有扭曲）？是因为有一个小矮人观看它？——我们的惊人的假说反对这种观点。最可能的原因是这样能保持脑的连线更短些。V1区的神经元主要关心的只是视野内一个小区域中发生的事情，它需要与其他一些神经元相互作用以提取它们表达的信息，一种大致的映射使得它们彼此保持相当近。理论家们指出，这种最短接线要求也可以解释在皮质发现的各种类型的分块现象，因为它允许在一个整体的主要映射中存在多个子映射[2]。一个子映射中的一小块可能在内部有强相互作用，同时与同一子映射内的邻近部分有稍长一些的连接。这样的小块还可能与邻近的其他类型的子映射的部分有较弱的局部连接。按照同样的方式，有时把一座城市考虑成由许多具有共同利益的相互作用的地方社团组成，这是有好处的。如何布置这些团体，部分是为了使交流更便利。因此整个城市散布着许多超级市场，而每个居民都离其中某一家不太远。

最终需要在所有层次上确定这个连接线的经济学问题。将该问题与新皮质神经元总数保持在一个合适的最小值的需要联系在一起，可以很好地解释皮质（特别是视觉系统）组织的一般规律。

V1区以及其他各区的映射的构造形式是这样的：它的大尺度特性（比如，V1区中哪个区域对应于黄斑）可能是在有关基因的指导下随着脑的发育过程固定下来的。映射的具体细节则是由来自眼睛的输入的调节产生的，它仿佛依赖于大量输入突触的发放是否相关。其中某些发育甚至可能在出生以前就开始了。在动物幼年早期有一个临界期，其间可能很容易实现这种接线的改变，但映射的某些改变可在此后的生活中发生。

有些习惯用语表征了神经元的反应特性（如V1区许多神经元对朝向的反应），它们是有用的。一个常用词是"特征检测器"——它确实抓住了事实，即有些神经元对朝向敏感，有些则对视差或波长敏感，等等。但它有两个缺点。首先，它暗示神经元仅对它名字前的"特征"反应（有些人或许认为它是唯一对该特征反应的神经元，但这远非事实）。这忽视了该神经元也可能对其他特征（通常是相关的特征）反应这个事实。例如，一个对朝向敏感、具有端点抑制反应的细胞对（适当位置适当朝向的）短线有很好的反应；但由于感受野的子结构，它也会对部分在其感受野内部的长得多的直线的曲率敏感。

　　对特征检测器的第二种误解是它暗示神经元被脑用于产生那种特定特征的觉知。这不一定是事实。例如，一个对不同波长有不同反应的神经元并不一定是使你看到颜色的系统的一个核心部分。它可能属于另一个系统，仅仅将脑的注意引向颜色差异，而并不产生关于该颜色的觉知。

　　另外，由特征检测器编码的特征很少像工程师们设计的那样分成精巧的类型。现在很少提及这一点。例如，人们会认为一种"简单"类型的朝向选择细胞有两种方式设置其兴奋区及抑制区，一种沿感受野长轴方向是对称的，另一种则是反对称的。[1]这些类型确实存在，同时还有许多其他相关但混乱的设置形式。我们在第13章将会看到，人们可以预料，这种结果恰恰是使用固有学习算法的神经网络演化发展而来的，而非严格地由设计者事先设置的。

　　为了理解一个神经元在脑的操作中所起的作用，我们至少需要知道它的感受野以及它的输出投射到何处，即与其轴突有突触接触的所有神经元。索尔克研究所的特里·塞吉诺斯基（Terry Sejnowski）称之为"投射野"，其与"感受野"这个术语相对应。在讨论（神经元在脑中的）"含义"时投射野可能扮演了重要角色。如果一个神经元的轴突被切断，那么它的活动对脑来说不会有多大意义。

　　皮质V2区（视觉第2区）也很大。它也像V1区那样具有对侧视野的映射。从黄斑到周边V1区的映射的局部尺度（称为"放大因子"）

---

1. 前者相应于一个衰减的余弦波，后者相应于衰减的正弦波。

有所变化，如果因此说它显得有些不寻常的话，那么仔细检查图45就可以看出，V2区的映射甚至更为奇特。映射基本上分为两部分，大致对应于对侧半个视野的上、下部分。[1] 同样，专用于黄斑附近部分的区域比视野外周部分更大。

整体而言，V2区的神经元所敏感的一般特征与V1区大致相同，如朝向、运动、视差和颜色等，但也有差异。几乎所有V2区神经元接受双眼输入。它们的感受野常比V1区的神经元大，并能以更精细的方式作出反应。例如，有的神经元对某些主观轮廓[2] 有反应。虽然在V1区也发现了有些神经元对线段端点型主观轮廓（图15）有发放[3]，但对其他类型（如直线连续型，见图2）敏感的神经元确实只出现在V2区[4]，而在V1区没有发现。不只一位哲学家在得知存在这种对主观轮廓反应的神经元后感到吃惊，但我们并不以为奇。当我们清清楚楚地看到了一些视觉特征（而不仅仅是推断出它）时，在我们脑中确有某些区域的神经元对它们发放。这或许是一个好的普适规律。果真如此的话，它将是一个很重要的规律。

皮质V2区也是分块的。使用可以显示V1区斑点的酶，可以看到相当粗糙的条纹，走向大致垂直于V1 / V2的边界。每类条纹对一般视觉特征的敏感并不相同。看来有若干条不同的信息流通过V2区。有一条处理的主要是颜色信息，另一条则主要是视差，等等。科学家对所有这些细节很感兴趣，因为这些问题正与不同亚区的各种神经元

---

1. 这有助于我们领会在展平的皮质表面显示凝视中心及视野的水平和垂直子午线的位置的那些标志。
2. 主观轮廓，也称作"错觉轮廓"，是我们看到的一些虚假的直线，它们实际上在视野中并不存在（见图2和图15）。

精确的分类方式以及它们如何使我们能够看见物体密切相关。即便在单个区域内，神经元的行为也被分成部分分离的类别，这对我们来说是重要的，尽管对于这种分离的清晰程度尚有争议。

　　至此我只谈论了V1区具有向V2区投射的神经元。V2区是否有神经元反向投射[1]到V1区呢？答案是，具有反向投射的V2区神经元与有前向投射的V1区神经元几乎一样多，但有一个重要的差异。前向投射多集中在V2区第4层，而到V1区的反馈完全避开了第4层。

　　以前认为只存在3个视觉皮质区域，即17区、18区和19区。我已经详细地描述了其中的2个区域，即V1区（等价于17区）和V2区（早先定义的18区的一部分）。此外到底还有多少区域呢？令人吃惊的是，现在至少已经识别出了20个不同的视觉区，另外还有7个区域部分与视觉有关。这个事实本身清楚地体现了视觉处理的复杂性。各个区的神经元具有不同的输入输出集合，因此它们的行为极为不同。图47是戴维·范·埃森（David Van Essen，现在在西雅图的华盛顿大学）构建的猕猴展平的皮质的模型。由于皮质是弯曲和折叠的，图示必然有所扭曲[2]。为了减少扭曲，在皮质薄板上有选择地进行了切割，得到了一个几乎隔离的V1区，插入在图的左侧。将该图与图48相比较，那里略去了表示皮质折叠的标志，并在相应位置上画了许多皮质区域。视觉区域以及那些具有部分视觉的区域都用阴影表示。对猕猴而言，它们总计占有总皮质略多于一半的区域（要记住猴子是视觉功能非常强的动物）。

---

1. 我称之为"反向投射"，因为习惯上把从视网膜到侧膝体到V1然后到V2的广泛的信息流认为是"向前的"。人工智能领域的工作者通常用自下而上这个术语来代替"向前的"一词。他们称相反方向的信息流为自上而下的。
2. 从数学的角度讲，某些位置的高斯曲率远偏离于0。

　　这张图远非结论。例如，右上方的46区仍可被细分。许多区域具有奇怪的名字，但它们通常是其全称的缩写，如MT代表中颞叶（middle temporal），VIP代表背侧内顶叶（ventral intraparietal），等等。其他有些区域具有数字编号（在此省略），它们通常是波罗德曼所定义的，其中一些已经被细分（如7a和7b）。

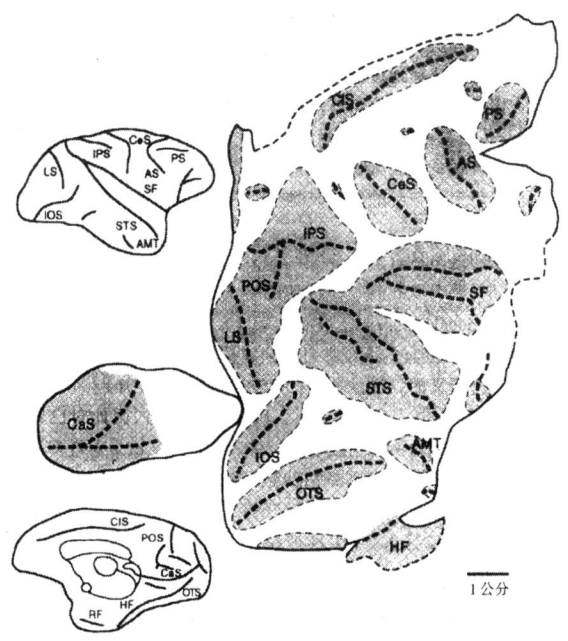

　　图47　这张图［来自费里曼（Felleman）和范·埃森[5]］显示了折叠的猕猴皮质如何展开（通常使用脑的切片，通过数学手段得到）。这样更容易掌握它的布局。图中给出了两张小比例的展开图。左上方是猕猴脑右手侧视图（从外部观看）。左下方是脑被切成两半后从里面看到的。曲线标出了各种折叠，旁边是它们名字的缩写［例如，PS代表主沟（principal sulcus）］。主图显示了皮质薄板展开的结果。深的虚线表示每个沟的深度。阴影则表示那些折叠在内部而并不在脑的整个表面上的区域。为了减少展开这些薄板所引起的扭曲，在薄板上进行了某些切割。一处切割是环绕着V1区（附加在左侧），此外还有两处刀割

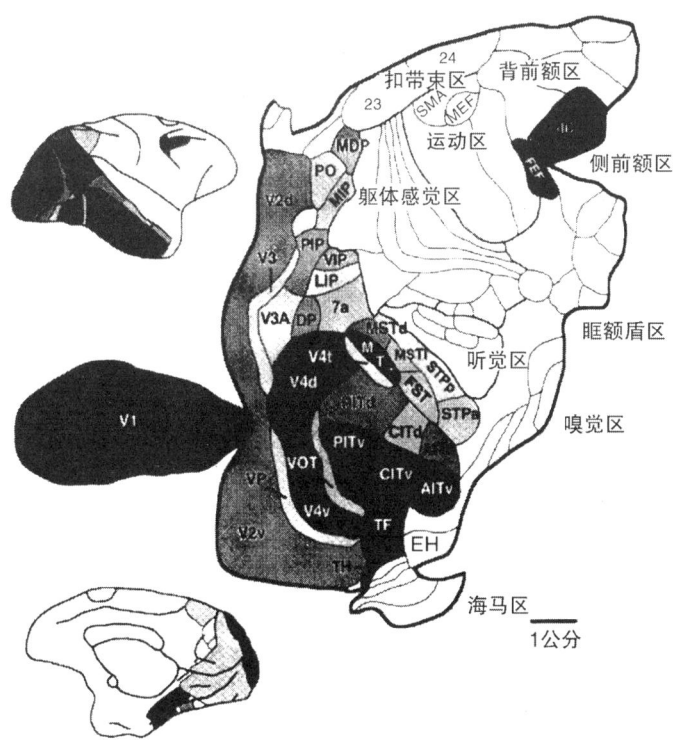

图 48　猕猴脑的一侧（此处是右手侧）的许多不同皮质区域的主要示意图。左侧的两张小图（按小比例尺）显示了脑被切成两半时从外面（上图）及里面（下图）所看到的。皮质薄板已经被展开（如图 47 所述）。许多与视觉有联系的区域用阴影标志。图中显示了它们各自的名称，大多数情况下按首字母简写。它们的相互作用见图 52。主要的信息流大致从 V1 区（左侧）到图的右侧区域，特别是右下的那些区域

　　我将简要描述其中的两个区域：MT 区和 V4 区，因此对已知的关于全部视觉区的所有情况不作叙述。这主要是由于对许多视觉区的了解还相当缺乏。皮质 MT 区比较小，有时也称为 V5 区。它具有视野半区与视网膜区域相当好的对应，但其神经元的感受野一般比 V1 或 V2 区大。MT 区神经元对刺激的运动（包括运动的方向）特别敏感。

每个神经元对一定速度范围内的刺激产生发放。有些对高速运动发放最佳，其余的则对应于低速运动。

最初人们没有想到这些神经元的反应通常依赖于目标与背景的相对运动。加利福尼亚理工学院的约翰·奥尔曼（John Allman）意识到了这一点。因为与许多神经科学家不同，他对猴子以及它们的野生生活方式非常感兴趣。至今他仍在家中养猴子。他曾数次出国在猴子的自然栖息地对它们进行研究。因此他具有关于猴子的典型视觉环境的第一手资料。他试图在实验室中以一种大大简化的形式再现这种环境。他和同事们使用电视屏幕上由随机点组成的棒作为刺激[6]。通常一个神经元可能对其感受野内沿垂直于它的长度方向向上（或向下）运动的斑点组成的棒有很好的反应。然而他发现，如果由斑点组成背景也沿相同方向运动，神经元的发放会下降。如果背景沿相反方向运动，那么该神经元对运动棒的发放将会提高。这样，神经元主要检测的是局部特征与邻近背景的相似特征间的相对运动。这正是前面提及的非经典感受野的最简单形式。虽然事情并不总是这样明了，1 看来这样的神经元组成的集合能够学会不仅对一个物体的一个特征反应，也能对物体的某些环境特征反应。

MT区的某些神经元对更复杂的运动方式反应。它们的行为与所谓的小孔问题有关。考虑图49：想象在一个屏上有一个小圆孔，通过它来观察一根没有特征的直线。它是一根很长的直线的一部分，这根

---

1. 最近，哈佛医学院的理查德·波恩（Richard Born）和罗杰·图特尔（Roger Tootell）显示[7] 在枭猴MT区有两种类型的神经元，每一种都存在于许多小的柱状簇之中。第一种类型的行为与文中的描述大致相同。第二种类型的神经元，其外周并不抑制反而增强了神经元的主要反应。

长的直线的大部分被屏掩盖。如果这根直线沿任何方向运动，你通过小孔所能看到的一切只是一小段直线沿垂直于它长度的方向运动。图49的注解中有更加详细的解释。

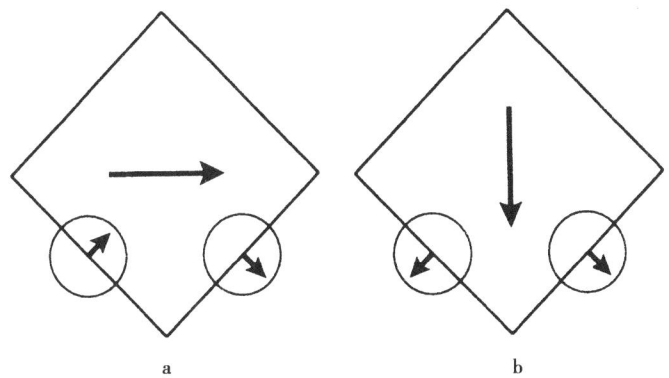

图49　小孔问题。考虑一个正方形的四条边一起作刚性运动。它们或者向右（如图49a所示），或者向下（如图49b所示），每种情况用一个大箭头表示。每个小圆圈表示一个有限的孔，神经元通过它"观看视野"。视觉系统低层次上的单个神经元通过小孔无法看出正方形向哪个方向运动。它只能感受到其视野内部的一小段直线的垂直方向的运动，如图中在每个圆圈内用小箭头表示。通过使用多个神经元的信息，即比较图a和图b中的那些小箭头的方向，就可以找出正方形的运动方式

　　V1区中对运动方向敏感的神经元的行为便是如此。它所能感受的只是垂直于该直线方向的运动分量，而不是整个物体的真实运动。然而，MT区的某些神经元确实能对实际运动反应，特别是当信号是由若干个线段集合组成的。实验表明MT区的神经元可简单地分为两类，一类能解决小孔问题，另一类则不能，就像V1区的神经元那样。如果真是这样的话，那太好了。事实则要复杂得多。神经元表现出了这两类之间整个范围内的各种行为[8, 9]。尽管如此，这给出了一个例子表明视觉系统较高层次神经元的反应如何变得更加精细。

如果输入信息被误解，脑就会作出错误的解释。一个大家所熟悉的例子是理发店的柱状旋转招牌形成的错觉 —— 这个柱子实际上是绕着它的长轴旋转，但条纹看起来像是沿柱子方向向上运动[1]。红、白条纹边界上的任意点的实际运动方向垂直于柱子的长度方向。但脑看到的是条纹沿柱子方向运动。图50解释了这个现象。

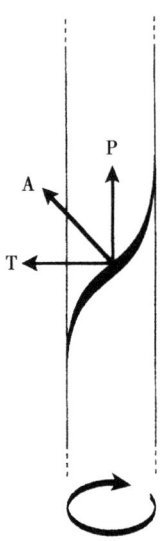

图50　这里给出了理发店的旋转招牌错觉的实质图解。图中仅显示了招牌上的一根线。一个点的真实运动用标志T的箭头表示。招牌是沿着它本身的轴旋转的。通过一个很小的圆孔在该点看到的将是箭头A表示的运动。脑对所有的A型运动信息进行了错误的综合并感觉出沿箭头P所示方向的运动。理论家的一个任务就是要对脑究竟怎么会犯这个错误作出恰当的解释

皮质MT区的神经元几乎不对颜色敏感。不过其中一些对照度相同而仅由颜色差异形成的边界的运动有反应。这与皮质V4区的神经

---

1. 该方向也可能向下。这取决于柱子的旋转方向以及条纹画的方式。

元形成了鲜明对照。V4区的神经元对波长的反应很复杂，但对运动几乎不敏感。[1] 它们的感受野通常很大，但在某些情况下神经元能对感受野内任意位置上具有恰当视觉特征的小物体作出反应。这个映射具有复杂的视网膜区域对应，但不像V1区那样简单。

许多颜色反应是颜色视觉理论引导我们所期待的"双拮抗反应"。更重要的是，伦敦大学学院神经生理学家赛米尔·泽奇（Semir Zeki）表明[10]，它们的行为具有兰德效应（见第4章）。它们的反应不仅仅取决于感受野中央和外周的光的波长，还受邻近表面的光的波长的强烈影响。大致说来，它们不是只对波长反应，而是对感受颜色反应。猕猴V4区的一个神经元对由不同颜色的长方形组成的图案中的一个红色色块反应。而泽奇自己也认为它是红色的。即使有照明光波长的干扰，从该色块到达视网膜的光的实际波长已有很大差别，该神经元仍能有反应。这显然是环境影响神经元行为的另一个例子。对于心理学家来说，认识到在某种程度上对环境的反应专门由单个神经元来加以表达，这一点很重要：他们应当在他们的理论模型中考虑这一点。

图48给出了目前已知的视觉区域的示意图，但并未涉及它们之间的连接方式。一般而言，主要的信息流从左侧的皮质V1区开始，流向右侧远端靠近脑前部与皮质非视觉区交界处的那些区域。通常用一个粗略的映射大致代表这些投射，它意味着在接受区彼此邻近的轴突终端一般来自与发送区相距不太远的神经元。这也会出现在没有视网膜区域对应的区域，比如在等级中较高层的区域。

---

1. V4区很大。事实上，范·埃森把它分成三个子区：V4t，V4d，V4v。

范·埃森和同事们试图采纳由神经解剖学家凯瑟琳·洛克兰（Kathleen Rockland）和迪帕克·潘德亚（Deepak Pandya）最早提出的观点，把所有视觉区按照大致的等级作一排列。洛克兰和潘德亚特别指出，如果从A区到B区的投射集中在第4层，那么，从B到A的反馈一般避开第4层而通常与第1层有强连接。我们已经看到在V1和V2之间的连接出现过这种情况。如图51所示，可以相当简单地表示这种观点。从眼到脑的投射（主要集中于第4层）称为"向前投射"，反方向的则称为"反向投射"。

这个关于第4层的连接的规则总是成立的吗？事实比较复杂。不过已经证明，使用图51的约定，有可能将已知的大部分连接用单个等级图表示。最新的一种形式见图52（别忘了图中每根连线代表沿两个方向的大量轴突）。你不必因这张连接示意图的复杂细节望而生畏，只需注意到它体现了视觉处理的复杂性（如果你看不出其他东西的话）。极少有人会想到他们的脑是以这种方式构建的。

关于第4层约定的协议有一些例外是值得重视的，例如在相同层次的皮质区之间有许多互连接。简单的第4层规则并不包括它们，因而在构建该图时使用了更为精细的规则。现在还不清楚真实的布局是否只是拟等级排列的，或者对这些更复杂规则的例外是否主要是由实验误差引起的。不管怎样，毫无疑问各个区域可以粗略地按一个近似等级的方式排列。如果存在例外的话，它是否具有特殊的意义呢？只有进一步的工作才能回答这个问题。

请注意，尽管大多数与其他区域的连接或者到同一层，或者到高

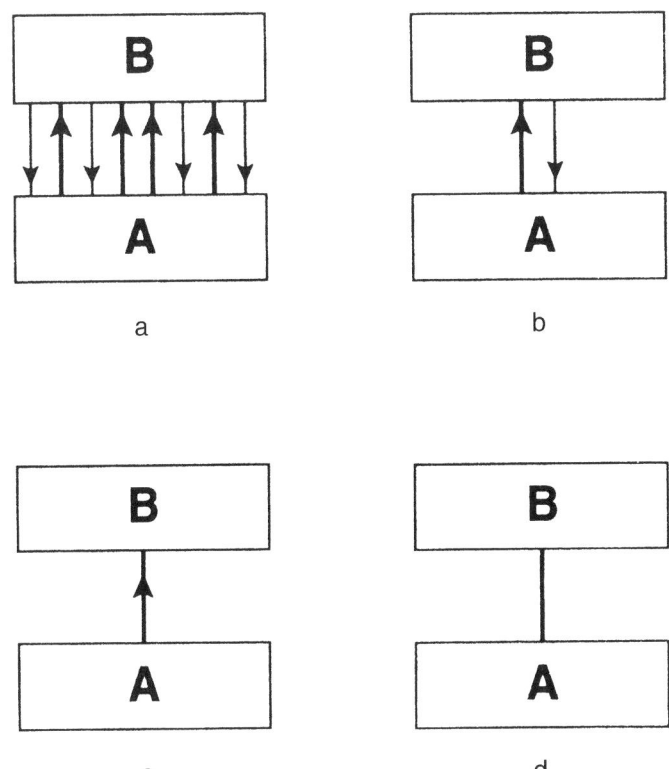

图51  本图说明了图52使用的一些约定。此处仅用了标着A和B的两个皮质区域。它们之间有许多双向连接（如图51a所示）。也可以用两条线表示，一条从A到B，另一条则方向相反（如图51b所示）。简化起见，我们可以略去第二根线而仅用一根线，如图51c所示。它表示了主要信息流的方向，也暗示了另一个方向的流动。图51c中的箭头可以略去，使问题更加简化，如图51d所示。这意味着主要的信息流（所谓的正向）在图中总是向上的，因此B必须画在A上面，而不是相反

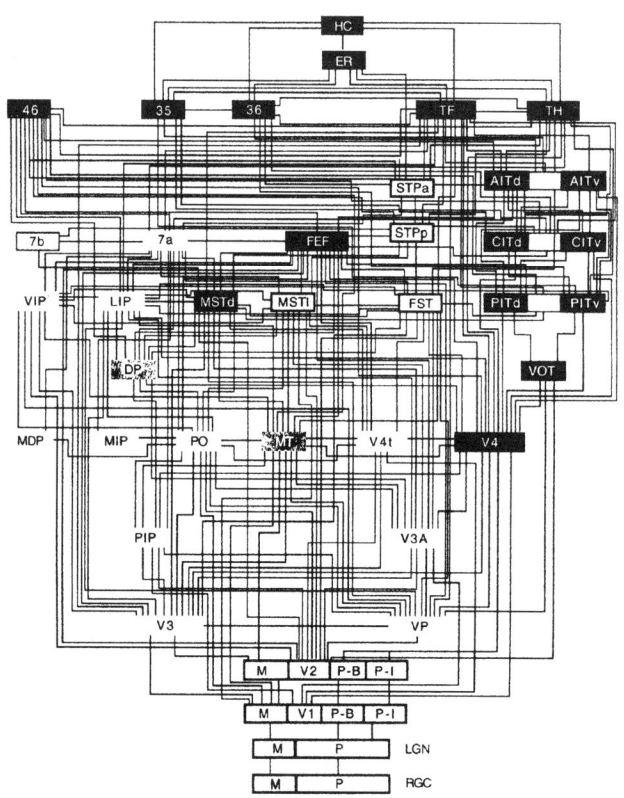

图52　本图显示了不同皮质区域间的众多连接。它使用了图51解释的约定，即每条线代表沿两个方向的许多轴突。图的底端标志的RGC是眼睛的视网膜神经节细胞。侧膝体是丘脑的一部分。它投射到V1（显示分为四部分），而V2（也是四部分）正好在V1上方。对不同区域的命名相当随意，读者不必留意它们。在顶端，HC代表海马，ER代表内嗅皮质。这个布局是近似等级的，正如文中所解释的那样。图48显示的许多其他非视觉皮质区并未在此图画出［铃木（Suzuki）和阿马拉（Amaral）按费里曼和范·埃森修改得到］

一层或低一层，但有一个已验证的例外——这种连接可能跳过一些层。一个例子是从V1区到MT区的直接连接，到达高4层的区域。所有连接是双向的，这个规则几乎总是对的，但也有例外。[1] 随便说一句，图52并不打算显示连接强度（例如，每根直线代表多少轴突），这主要是因为这方面信息太少。图52中某些线代表着上百万个轴突，其他的可能只有十万个，或者更少。

　　皮质中邻近区域总是互相连接在一起吗？通常如此，但也有少量例外。

　　等级排列也得到了不同来源的证据的支持。它是不同区域神经元活动的一般规律。当我们沿着该等级上升时，其行为大致遵循两条规律：感受野的大小不断增加，因而在最高层区域的感受野通常覆盖整个半侧视野，甚至还部分地或全部包括了另外一半视野（这主要经过胼胝体连接来实现的）。此外，引起神经元反应的特征变得越发复杂。V2区的一些神经元对某些主观轮廓有反应，而MT区的一些神经元对略微简单的运动图案有反应（我们已经看到，它们能够解决或部分解决小孔问题）。MST区的神经元对整个视野内的运动有反应，有的发放对应于物体正在逐渐靠近并变大，有的则对应于物体在后移。V4区的神经元对颜色感受有反应，而不仅仅是光的波长。

　　在较高的皮质中，我们发现了对脸的正面有反应的神经元。它对脸相对于凝视中心的位置并不敏感，甚至当脸略微倾斜也不受影响。

---

1. V4向V1的反向投射很强，但从V1到V4的向前投射通常很弱，或者没有。

这样的神经元对由眼、鼻、嘴等随意组合成的图像几乎不反应。另外一些神经元对脸的侧面最敏感。另外，7a区的神经元主要对一个物体与头或身体的相对位置敏感，而不那么关心该物体是什么。后者是下颞叶（那些缩写中间是IT的区域，如CITd）的主要任务，这些已在识别脸的描述中提到过。几乎可以肯定还可以发现许多更复杂的反应。

由此可知，一般每个区域从更低层区域接受若干输入（这些低层区域提取的特征要比V1区所反应的相当简单的特征更复杂）。然后它对这些输入的组合进行运作，以便产生更为复杂的特征，并把它们传到等级中的更高层次上。同时，信息分成若干相互作用的流顺着等级向上流动。我们已经看到了一些例子，如来自视网膜的部分分离的M信号和P信号，从V1到V2来的三支信息流，以及更高层次上的"是什么"和"在哪里"。但必须强调这些流之间常常有某些信息交换。

反向通道又是怎样的呢？这也迫切需要更详细的研究。人们可以想象它们的各种功能。它们也许能帮助形成前面提到的非传统感受野，从而允许高层次的行为影响较低的层次。它们也可能属于这样一个高层次系统：当较低层区域的操作已在略为全局的层次上获得了成功时，则向它们发回信号，表示应当对其突触进行修正，以便将来能更容易地探测出这个特征。它们还可能与注意机制和进行视觉想象的机制紧密相关。它们或许对神经振荡同步（见第17章）有作用。这些仅仅具有一定的可能性，但其中哪些是事实尚有待进一步考察。

此外，整个系统看起来并不像一个固定不变的反应装置。它更像是由许多以相当高的速度传导的瞬间动态相互作用控制的。最后，我们不要忘记我所描述过的一切是应用于猕猴而不是我们人类的。当然我们有理由假设我们自己的视觉系统与猕猴相似，但这仅仅是个假设。从我们目前知道的而言，差异可能不仅在细节上，而且可能在其复杂性上。

如果新皮质有某些秘密的话，这就是它有能力在处理等级上进化出新的层次，在那些等级较高的层次更是如此。这些额外层次的处理可能是区别人或高级动物与刺猬这样的低级动物的特征。我猜测新皮质使用了一些特殊的学习算法，使得尽管每个皮质区域包含在复杂的处理等级上，但它们各自都能从经验中提取新的类型。这种能力可能使大脑皮质区别于其他形式的神经结构，如小脑和纹状体（它们并没有这种复杂形式的等级）。

这些观点都只是推测，但有一件事情相当清楚：虽然有许多不同的视觉区域，每一个区域以不同的复杂的方式分析视觉输入，但是，迄今为止无法定位出单个区域，其神经活动精确对应于我们看到的眼前的世界的生动图像。看着图52，人们也许会想，这一切或许发生在某些更为高级复杂的结构（如海马）以及与之相关的皮质结构（标记为 HC 和 ER）当中。它们位于等级的顶端。但是我们在第12章将会看到，一个人可能会丧失脑的两侧的所有这些区域，但仍报告说他能很好地看到外界事物，而且他的行为表现似乎也是如此。简而言之，虽然我们知道脑如何分解视觉图像，但我们仍不知道它是如何将它们整合在一起的。它又是如何构建出视野中所有物体及其行为的组织良好的详细的视觉觉知呢？

# 第 12 章
# 脑损伤

> 巴比伦所有的废墟看上去远不如人类的思想的毁灭那样可怕。
>
> —— 斯克罗普·戴维斯（Scrope Davies）

近些年来，神经病学家对脑部受到损伤的病人进行了研究。可能造成这些损伤的方式有多种，如中风、头部受到打击、枪伤、感染等。许多损伤改变了病人的视觉意识的某些方面，但病人的其他一些机能（如语言或运动行为）则基本未受影响。这些证据表明皮质具有显著的功能分化，而这种分化的方式通常是相当令人吃惊的。

在许多情况下，脑受到的损伤并不是单一的、专门化的。一粒高速射入的子弹对各皮质区域一视同仁（活的皮质组织是相当柔软的胶体，用移液管吸吮能很容易地移去其中一小部分）。通常情况下，损伤可能包括几个皮质区域。对头部两侧对应区域同时造成伤害的后果最为严重，不过这种情况非常罕见。

许多神经病学家对病人做简短的检查 —— 仅够作出一个关于损伤的可能部位的合理猜测。后来，甚至连这种形式的检查工作也大部分被脑扫描取代了。近来，描述一个单独的、隔离的脑损伤被认为是不科学的，因此习惯上同时报告许多相似的病症。遗憾的是，这导致了将一些实际不同的损伤形式混为一谈。

当前的趋势在某种程度上纠正了这种做法。有少数病例中病人的感觉或行为的某个特定方面发生了改变，而其他大部分方面未受伤害。现在往往特别注意这些病例。这些病人受到的伤害很可能比较有限，因而更加专门化。人们还努力通过脑扫描来定位这些损伤。[1] 如果病人合作的话，他将在清醒状态下进行完整的一组心理学及其他一些测试，用来发现哪些是他所能或不能看到或做到的。在某些情况下，这种测试会进行好几年。由于关于视觉处理的理论变得越来越深奥，检验这些观点的实验也变得更加广泛和精细。现在，它们可以和脑扫描技术相结合。该技术可以记录脑在完成这些不同任务时的*行为*。这些结果可以在具有相似损伤或相似病症（或者二者皆有的）病人之间进行比较和对照。

对 V1 区（条纹皮质）的损伤是一个明显的例子，现就以此作为开始进行讨论。如果脑一侧的 V1 区被完全破坏，病人的表现是看不见对侧的半个视野。在本章的结尾我将详细讨论一个被称作"盲视"的奇怪现象。在这里让我们先看一下对视觉等级最高层部分损伤的结果，并将损伤局限在头的右手侧。这是人们所知的单侧忽略。损伤区域大致对应于猕猴的 7a 区（图 48）。这通常由大脑动脉血管疾病（如中风）引起的。

---

1. 原则上，如果这种损伤不是进行性的，则可以在病人死后立即详细检查他的脑而确定损伤的位置，但这通常是不可能的（进行性的例子，如癌症及老年痴呆症）。

　　在早期阶段，症状可能非常严重——病人的眼睛和头会转向右侧。在最严重的病例中，损伤的范围可能很大，以致病人失去了左侧的控制和感觉。他会否认他自己的左腿是属于他的。有一个人对于"别人的腿"出现在他的床上感到极度愤怒，于是他把它扔到了床外。结果他惊讶地发现他自己躺在了地板上。

　　大多数情况并没有这么严重。通常几天以后严重的病症就会减轻或消失。例如，这时病人可能无法拿起盘中左侧的食物。如果让他画一个钟，或者一张脸，他通常只画其中的右侧。在几周以后，随着脑得到部分恢复，他对半边的忽略程度进一步下降，但他对左侧的注意仍显得比右侧弱。如果让他平分一条直线，他会将中点画到右边。不过他对左侧并不完全是盲的。如果那里有一个孤立的物体，他会看见它。但如果在右侧也有某个明显的物体，他就无法注意到左侧的物体。此外，他经常否认有什么东西是斜的，而且不承认看到了视野左侧的没有物体的空间。

　　单侧忽略并不限于视觉感知。它也会出现在视觉想象中。意大利的埃德瓦尔多·比西阿奇（Edoardo Bisiach）和同事们报告了一个典型的例子[1]。他们要求病人想象自己站在米兰市的一个主要广场的一端，面对教堂，叙述他们所回忆起的景象。他们描述的主要是从该视点看到的右侧的建筑的细节。随后病人被要求想象站在广场的对侧，教堂则在他们身后，再重复上述过程。此刻他们讲述的主要是先前他们叙述时忽略的那一侧的细节，此时仍是视野的右侧。

　　另一种显著的脑损伤形式造成了颜色视觉部分或全部丧失。患者看到的所有物体仅具有不同浓淡的灰色。这是众所周知的"全色盲"——早在1688年，被称为"化学之父"的罗伯特·波义耳（Robert Boyle）就报告过。1987年，奥立佛·萨克斯（Oliver Sacks）和罗伯特·瓦赛曼（Robert Wasserman）在《纽约书评》中讲述了这样一个病例 [2]，病人是纽约的抽象派画家乔纳森（Jonathan I.）。他对颜色有特殊的兴趣，以致他听音乐时会产生了"丰富的内部颜色的一阵激发"。这被称作联觉。在一次事故后他的这种联觉消失了，因而音乐对他的感染力也大大消失了。

　　损伤是一次相当轻微的车祸造成的。乔纳森·艾可能受到了撞击，但除此以外他好像并未受伤。他能够向警察清楚地叙述事故的原因。但后来他感到头疼得很厉害，并经常忘记这次事故。昏睡之后，次日清晨他发现自己不能阅读了。不过这种障碍在五天后就消失了。虽然他对颜色的主观感觉并未改变，但他很难区别颜色了。

　　这种情况在第二天又进一步发展。尽管他知道那是一个阳光灿烂的早晨，在他驱车前往工作室时，整个世界看上去像是在雾中。只有当他到达那里并看见自己的那些色彩绚丽的绘画现在变得"完全是灰色而缺乏色彩"时，他才被自己有这样缺陷惊呆了。

　　这种缺陷是残酷的。萨克斯和瓦赛曼形象而具体地解释了这种心理效应。虽然可以判断他的问题并不比看老式的黑白电影更糟，但是艾先生并不这样认为。大多数食物让他感到厌恶——例如，土豆看上去是黑的。在他看来他妻子的皮肤就像白鼠的颜色，他无法忍受同她做爱。即使他闭上眼睛也无济于事。他那高度发达的视觉想象力也变得色盲了。连他的梦也失去了往日的色彩。

艾先生所感受的灰度尺度被压缩了，特别在强光下更严重。因此他不能辨别细微的色调等级。他对所有波长的光的反应是一样的，只在光谱的短波区（"蓝色"）有一个额外的敏感峰。这可以解释他为什么看不见蓝天上的白云。他在识别面孔时也遇到了困难，除非他们离得很近他才能认出来。但由于突出来的物体具有显著的对比，十分清晰，几乎像剪影一样，因此他的视觉显得更敏锐了。他对运动异常敏感。他报告说："我可以看到一条街区外的一条虫在蠕动。"在夜间他声称自己能看得非常清楚，能读出四条街区外的车牌。因此，用他自己的话说，他成了一个"夜行者"。在夜间徘徊时，他的视觉并不比别人差。

艾先生失去的颜色意识对视觉的其他方面影响极小，这种丧失只改变了他对灰度浓淡的敏感性并使他对运动更敏锐。这种损伤显然是双侧的，因为两侧视野都受到了影响（有些情况下全色盲仅对一侧有影响）。这种损伤还是一种延迟过程，因为对颜色意识的完全丧失是在两天内发展起来的。如果不是他对短波长的光（蓝光）有增强反应的话，这很像是P系统有缺陷（P系统对形状和颜色更敏感），而大部分视觉任务由未受损伤的M系统（对运动更敏感，见第10章）来完成。

艾先生的脑也进行了MRI扫描和CAT扫描（尽管后者尺度较粗糙），但未发现任何损伤，因而尚不清楚损伤的部位是否在皮质上。不管怎样，上述情况表明全色盲通常包括了人视觉系统中相当高层次皮质的损伤（枕叶的腹侧正中部分）。

另一种损伤造成的缺陷非常惊人，这就是面容失认症（pmsopagnosia）。19世纪的一位英国首相就遇到了这种困难。他甚至认不出自己的长子的脸。面容失认症有多种不同的形式，这可能是因为不同病人的脑损伤的实质各有不同。问题通常不是他们认不出那是一张脸，而是识别不出那是谁的脸，不知那是他的妻子的、孩子的还是一个老朋友的脸。病人常常认不出照片上他自己的脸。他甚至不能认出镜子中的自己，尽管他知道那肯定是他的脸，因为当他眨眼时镜中的像也在眨眼。他常常能从妻子的声音或走路的样子中认出她来，但只看她的脸时却不能。

除非损伤很严重，否则他能描述一张脸的特性（如眼睛、鼻子、嘴，等等）以及它们的相对位置。此外，他的目视扫描机制也正常。在一些情况下，让他辨认某些在不同光照下拍摄的不熟悉的照片时，他能区分这些不同的面孔。但即便他和他们早就很熟悉，他也不能说出哪张照片是谁的脸。

双侧全色盲患者常常同时患有面容失认症。但应当记住，没理由认为损伤（通常由中风引起）只影响单个皮质区。事实上，面容失认症可以和其他几种缺陷一同出现。

神经病学家安东尼奥·达马西欧（Antonio Damasio）对面容失认症的研究作出了不少重要的贡献 [3]。情况并不局限于面孔识别困难。在一个病例中，一个农夫再也不能识别他的牛，虽然原先他能叫出其中每一头牛的名字。但达马西欧的研究更深入一步。他和同事们表明，许多病例中病人不能在一组相类似的物体中识别出单个成员，例如，病人可能很容易认出一辆小汽车，但无法说出它是福特牌轿车还是劳斯莱斯轿车；不过他能识别救护车或消防车，可能是因为它们与典型的汽车有显著差异。他能认出一件衬衫，但不知道那是不是礼服衬衫。

达马西欧和同事们还发现，尽管有些病人不能分辨面孔，他们能识别面部表情的含义并能估计年龄和性别[4]。其他面容失认症患者则没有这种能力。这些结果表明面孔不同方面特征的识别是在脑的不同部位完成的。

目前对如何准确描述面容失认症及其内在机制尚有争议。达马西欧强调这不是一种普通的记忆疾病，因为这种记忆可以通过其他感觉通道（如听觉）激发出来。每种情况下的准确机理尚有待发现。

心理学家约瑟夫·齐尔（Joseph Zihl）和同事们报告了一个令人吃惊的病例[5]：病人对大多数形式的运动没有意识。病人所受的损伤是双侧的，位于皮质的多个区域。第一次接受检查时，病人处于非常惊恐的状态。这并不令人奇怪，因为她看见在一个地方的人和物体突然出现在另一个地方，而她并未感觉到他们的运动。当她想过马路时就感到特别沮丧，因为原先在很远处的汽车会突然离她很近。当她试图把茶倒入杯子时，她只看到了一道凝固的液体弧的反光。她注意不到杯子中茶的上升，因而茶经常溢出来。她所体验的世界与我们某些人在夜总会中看到的频闪灯光下的舞池的地板很相似。

在极慢的时间尺度上我们也遇到过这个问题。钟的时针看上去并不动，但是过一段时间后我们再看时，它已在另一个位置上。我们对这样一种观念很熟悉：一个物体可能是动的，即便我们并不能直接感受到它的运动。但在日常生活的一般时间尺度上我们通常没有这种困难。显然我们必定有一个特殊的系统自行来检测运动，而不必由时间分隔的两次不同的观察中从逻辑上推断它。

仔细的测试表明病人可以检测某些形式的运动，可能是一种严重受损后残存的短时机制作用的结果，而形成关于运动的更为全局的联系机制则已被破坏。她的视觉还有其他一些缺陷，大多数都与运动有关。但她能看见颜色并能识别面孔，也未表现出有本章前面描述的各种类型的忽视的征兆。

还有许多其他种类的脑损伤引起的视觉缺陷。报道中有两个病例，患者失去了深度感知，看到世间万物和人都完全是平的，因而"由于人的身体仅由轮廓线表示，最胖的人看上去也只是运动的纸板人形而已"。其他病人仅从通常的正对方向看物体时才能识别出它来，而从非常规角度观看，如从正上方看一个平底锅，无法识别 [6]。

英国的两位心理学家格林·汉弗莱斯（Glyn Humphreys）和简·里多克（Jane Riddoch）用了五年时间研究一个病人。他有多种视觉缺陷，如，他失去了颜色视觉，也不能识别面孔 [7]。他们表明他的主要的视觉问题在于，当他看见一个物体的局部特征时，他不能把它们组合在一起。因此，尽管他能很好地复制一幅地图，能清晰地发音，并流利地用语言描述他中风前所知道的事情，却不能认出物体是什么。这些病例很重要，它表明一个人失去了部分高层视觉后仍会有低层次上的视觉意识。它支持这样一种主张：没有一个单独的皮质区标记了我们能看到的所有事物。

有一种视觉缺陷是那么令人惊异，以致知道此事的人都怀疑它是否可能存在。这就是安通综合征（Anton's syndrome），或称"失明否认症"。病人显然看不见东西，但并不知道这个事实[8]。当让他描述医生的领带时，病人会说那是一条有红色斑点的蓝色领带，而事实上医生根本没戴领带。进一步追问病人，他会主动告诉你房间的灯显得有些暗。

最初，这种情况显得不可能是真的。医学诊断其是歇斯底里症，但这并没有多大帮助。不过考虑如下的可能性。我经常发现，当我与从未见过面的人通过电话交谈时，我会在脑海里自然而然地形成他（或她）的外貌的粗略影像。我和一个男子进行过多次电话长谈，我想象他有五十来岁，相当瘦，戴着度数很高的眼镜。当他终于来看我时我发现他只有三十多岁，明显发胖。我对他的外貌感到很惊讶，这才使我意识到我原来把他想象成别的样子了。

我猜想那些失明否认症患者产生了这种影像。或许是由于脑损伤导致这些影像不必与来自眼睛的正常视觉输入竞争。此外，在正常人脑中可能有某些重要机能可以提醒它们某些影像是错的，而这些患者由于其他部位的损伤而丧失了这些机能。这种解释是否正确尚有待研究，但它至少使得这种情况显得并不完全难以理解。

在不同的皮质区域对损伤的反应中是否有某些趋势呢？达马西欧指出，在人的颞区（头的两侧）靠近头后部的脑损伤与更靠近前部损伤的特点不同<sup>[9]</sup>。靠近颞叶后部（或是其后的枕叶，见图 27）的损伤与概念性东西有关。如果损伤靠近前部，对概念的影响逐渐变小，直到海马附近，主要丧失的是与特定事件有关的记忆。这样，概念与事件记忆间的区别[1] 非常显著。可能在处理一般物体和事件的区域与仅仅处理其中一种的区域间有一种逐渐的转变。

达马西欧的建议与我对单个皮质区的功能的描述是一致的。对于每个皮质区而言，其他区域（通常是等级更低的）有输入到达它的中间各层；该皮质区把这些区域提取的特征组合构造成新的特征。

例如，当你沿视觉等级向上走时，你会从皮质 V1 区出发。V1 区处理相当简单的视觉特征（如有朝向的直线）。这些特征无时不出现。然后你到达处理诸如脸这类不那么频繁出现的复杂目标的区域，直到与海马相联系的皮质（图 52 的顶端），这里检测的组合信号（包括视觉及其他信号）大多对应于唯一的事件。

至此，我们之前的讨论足以撑起两个普适要点：这些受损坏的视觉系统以一种奇怪而神秘的方式工作，它的行为与科学家所发现的关于猕猴和我们自己的视觉系统的连接方式和行为并不矛盾。

然而我们的任务是理解视觉意识。它是构建视觉影像所必需的许多复杂处理的结果。是否有某些形式的脑损伤对意识本身有更直接的影响呢？现已发现确实有一些。

---

1.这种差异已经在第 5 章提到过，在本章后面还会涉及。

其中一种现象通常被称为"裂脑"。其最彻底的形式是胼胝体（连接大脑两侧皮质区的一大束神经纤维）以及称作"前连合"的一小束纤维被完全切除。在对癫痫病人的一般治疗失败后，为减轻其发作，会进行这种外科手术。其他形式的脑损伤也会导致病人失去胼胝体，但此时通常在脑其他部位也有额外损伤，因而无法像这样直截了当地解释结果。也有些人生来就没有胼胝体，但脑在发育过程中常能在某种程度上补偿早期的缺陷，因而结果并不如手术情况那样明显。

这个主题的历史十分奇特，因而值得作一简要叙述[10]。一位著名的美国神经外科医生在1936年报告说，胼胝体被切除后并无症状。20世纪50年代中期，另一位专家在回顾实验结果时写道："胼胝体几乎不能与心理学功能联系到一起。"卡尔·拉什利（Karl Lashley，一位聪明而有影响的美国神经科学家。奇怪的是，他几乎总是错的）则走得更远。他曾开玩笑说，胼胝体的唯一功能是防止两个半球坍塌到一起（胼胝体显得有些硬，因此得名。胼胝有硬皮的意思）。我们现在知道这些观点是完全错误的。造成这种错误部分是由于胼胝体并不总被完全切除，但主要是因为检测手段不敏感或不恰当。

罗杰·斯佩里（Roger Sperry）和同事们在20世纪五六十年代的工作使得情况明显改善。由于此项工作，斯佩里获得了1981年的诺贝尔奖。通过仔细设计的实验，他们清楚地表明，当一只猫或猴子的脑被分成两半时，可以教它的一侧半球学会一种反应，另一侧半球则学会另一种、甚至是对相同情况的完全矛盾的反应[11]。正如斯佩里所说："这就好像动物有两个独立的脑。"[1]

为什么会这样呢？对大多数习惯于用右手的人而言，只有左半球能说话或通过写字进行交流。对于与语言相关的大多数能力也是如此，尽管右半球能在很有限的程度上理解口语，或许还能处理说话的音韵。当胼胝体被切除后，左半球只能看到视野右边的一半，而右半球则只能看到左边的一半。每只手主要是由对侧半球控制的，但同侧半球能控制手或手臂做某些比较简单的运动。除了特殊情况，每个半球都能听到说话。

刚进行完手术的病人可能经历各种瞬时效应。例如，他的两只手所做的目的正好相反，一只手扣上衬衣的扣子，另一只手则随后将其解开。这种行为通常会减弱，病人显得比较正常。但更细致的检查揭示了更多的东西。

在实验中，病人被要求把凝视点固定在一个屏幕上。屏幕上会有一个图像在他的凝视点的左侧或右侧闪烁。这样可以保证视觉信息仅到达两个半球中的一个。现在有更加精心设计的方法可以做到这一点。

当一个闪烁的图片到达能使用语言的左半球，他就能像正常人一样描述它。这种功能并不仅限于语言表达。病人也能按要求不说话而用右手指向目标（右手主要由左半球控制）。他还能不看一个物体而用右手识别它。

---

1. 这些在动物身上取得的结果导致人们对脑分裂的病人进行更加仔细的检查。这些工作特别是由斯佩里、约瑟夫·伯根（Joseph Bogen）、迈克尔·伽扎尼加（Michael Gazzaniga）、欧兰（Eran）、戴利亚·蔡德尔（Dahlia Zaidel）和他们的同事们开展的。

　　然而，如果闪烁图片到达了不能使用语言的右半球，结果则大不一样。左手主要由这个不能使用语言的半球控制，它能指向物体，也能通过触摸识别没看见的物体，这和右手所能做的是一样的。但当病人被问及为什么他的左手有这种特殊方式的行为时，他会依照能用语言表达的左半球所看见的场景虚构一个解释，但这并不是右半球所看见的。实验者知道真正闪烁进入那个不能使用语言的半球以产生行为的物体是什么，因而可以看出这些解释是错误的。这是一个解释"虚构症"[1]的很好的例子。

　　简单地说，看来脑的一半几乎完全忽略了另一半所看见的。只有极少的信息有时会泄露到对侧。在给一位妇女的右半球闪现一系列照片时，迈克尔·伽扎尼加（Michael Gazzaniga）加入了一张裸体照片。这使得病人有些脸红。她的左半球并不能察觉那些照片的内容，但知道它使她脸红，因此她说："医生，你是不是给我显示了一些很有趣的照片？"过了一会儿，病人学会了向另一侧半球提供一些交叉线索：例如，用左手以某种方式发信号从而使能用语言的半球能够识别该信号。对于正常人而言，右半球的详细的视觉意识能够很容易地传到左半球，因而能用语言描述它。胼胝体被完全切除后，这些信息无法传到能使用语言的半球。该信息无法通过脑中的各种低层次的连接传到对侧。

　　请注意，除了提到语言通常在左脑外，我并未涉及脑的两半有什么差异。我不必关心右侧脑是否有某些特殊能力，例如它十分擅长识别面孔。我也不必考虑某些人的一种极端的观点。他们认为左侧具有

---

1. 虚构症（confabulation），指患者用随意的编造来填补记忆中的空白。——译者注

"人"的特性，而右侧仅仅是自动机。显然右侧缺乏发展完善的语言系统，因而从某种意义上说不那么具有"人类"的特点 —— 因为语言是唯一标志人类的能力。事实上我们需要回答右侧是否高于自动机这个问题，但我觉得应该稍作等待，直到我们更好地理解了意识的神经机制，否则我们不能很好地作出回答，更不必说解答自由意志问题了。折中的职业观点强调，除了语言外，两侧的感知和运动能力虽不完全相同，但一般特征是一致的。

大多数切开脑的手术并不切断两侧上丘的顶盖间连合（在第10章叙述过）。脑无法利用这个未触及的通路从一侧向另一侧传递视觉意识信息。因此，尽管上丘参与了视觉注意过程，它似乎不像是意识的位置。

另一个引人注目的现象被称为"盲视"。牛津的心理学家拉里·威斯克兰兹（Larry Weiskrantz）在这方面作了广泛的研究[12]。盲视病人能指出并区分某些非常简单的物体，但同时又否认能看见它们[1]。

盲视通常是由于初级视觉V1区（纹状皮质）受到大面积损伤而引起的，在许多病例中损伤仅出现在头部的一侧。在实验中，一行小灯呈水平排列，使得病人在凝视这些灯光的一端时，它们全部落在视野的盲区。在一声警告的蜂鸣声之后，有一盏灯会短时间点亮，而此时病人不能转动眼睛或头。要求病人指出哪盏灯被点亮了，此时，病人通常对此表示异议，说既然他看不见那里的东西，没必要做这个实

---

1. 他在猴子身上进行了大量的平行工作，但在这里我并不打算叙述它们。

验。经过短暂的劝说之后，他会打算试一下并作"猜测"。实验会重复多次，有时这盏灯被点亮，有时则是另一盏被点亮。结果令病人大感惊讶，尽管他否认看见了任何东西，却能相当准确地指出亮的那盏灯，误差一般不超过5°～10°。[1]

有些病人还能区分简单的形状，比如X和O，只要它们足够大。有些人还能鉴别直线的朝向和闪烁。有人声称有两个病人能调节手的形状，使之与即将触摸到的目标的形状和大小相匹配，同时却否认看到了这个物体。某些情况下病人的眼睛能跟踪运动条纹，但这个任务或许是由脑的其他部分（如上丘）完成的。病人的瞳孔也能对光强作出反应，因为瞳孔的大小不是随意的，而是由另一个小的脑区控制的。

因此，尽管V1区受到了严重损坏，病人会坚决否认察觉到了这些刺激，但脑仍能探测到某些相当简单的视觉刺激，并能采取相应的行动。

目前还不清楚其中涉及的神经通路。最初猜测信息是通过"古脑"（old brain）的一部分即上丘传递的。现在看来远不止于此，因为最新的实验表明眼视锥细胞参与了盲视对光波长的反应。它们对不同波长的反应与正常人相似，只是所需的光更亮些[13]。在上丘没发现对颜色敏感的神经元，因此它不会是唯一的通道。

---

1. 实际上这个结果遭到了怀疑。例如，一种反对意见是，引起这种行为的原因是：眼睛把光散射到视网膜的其他位置，对应于病人可见的视野。但似乎并非如此，特别是现在表明照射到盲点的光不能产生这种效应（回想一下，在盲点没有光感受器，因此不会对光反应。另外，盲视病人的光感受器是完好的，并能检测信号。最初损伤的是视皮质）。进一步的实验已经回答了所有这些反对意见，目前对于盲视是个真实的现象已没什么可怀疑的了。

这个问题很复杂，因为皮质 V1 区的损伤最终会导致侧膝体（丘脑的中继站）对应部位的细胞大量死亡，继而又将杀死大量的视网膜 P 型神经节细胞，因为就像隐士一样，它们没有可以交谈的对象[1]。然而，某些 P 型神经元保留了下来，就像侧膝体相关区域的一些神经元一样，可能是因为它们投射到了某些未受损害的部位。从侧膝体有直接但弱的通路到达 V1 区以上的皮质区，诸如 V4 区。这些通路可能保持足够完好，足以产生运动输出（例如，能够指出目标），但尚不足以产生视觉意识（参见第 15 章讨论的里贝特的工作）。有些启发性的证据表明在 V1 区损伤的部位中有一些未被触及的组织形成的小岛，因而 V1 区在这些区域仍能起一定作用，虽然这种作用可能比较小[14]。或者最终发现由于别的原因，一个完整的 V1 区对意识是必需的，而不仅仅是因为通常它产生了到高级视觉区域的输入。不管这个理由是什么，病人在否认看见任何东西的同时确实能利用一些视觉信息。

另一种让人感兴趣的行为形式是在一些面容失认症患者身上发现的。当病人与测谎仪连起来并面对一组熟悉的和不熟悉的面孔时，他们无法说出哪些面孔是他们熟悉的，但是测谎器清晰地显示出脑正在作出这种鉴别，只是病人不知道罢了[15]。这里我们再次遇到了这种情况，脑可以不觉察一个视觉特征却能作出反应。

海马是脑的一部分，实际上它并不仅限于视觉，而是与一种记忆类型有关。它在图 52 的顶端，标志为 HC[2]。图中还画出了它与皮质的一部分称作"内嗅皮质"（图中标为 ER）的连接。它的层数比大多

---

1.如果一个神经元的所有输出只到达死亡的神经元，它本身往往也会死去。
2.HC是海马（hippocampus）的缩写。—— 译者注

数新皮质少。因为它的位置靠近感觉处理等级的顶端，人们禁不住猜测这里终于是视觉（及其他）意识的真正位置。它从许多更高的皮质区接受输入并投射回去。这种复杂的单向通路是再进入的 —— 它返回到离出发点很近的地方 —— 这或许也暗示着它是意识的所在之处，因为脑可能使用这条通路去反映它自己。

这种假设看来很吸引人，但是遭到了实验证据的强烈驳斥。海马损伤可能由一种病毒性疱疹脑炎感染造成，这种病会造成相当严重、但有时很有限的损坏。看来病毒易于攻击海马及与其相联系的皮质。损伤的边界会很清晰。由于损伤可用MRI扫描定位且不再发展，病人在感染严重期过后数年均可进行复查。

如果你碰巧遇到一个失去两侧海马以及邻近皮质区域的人，你并不会马上意识到他有何异常。看了这样一盘录像带你一定会感到吃惊：其中讲述了一个人，他能谈话，微笑，喝咖啡，下棋，等等，他几乎只有一个问题，那就是他不能记住大约一分钟以前发生的任何事件。在相互介绍时他会和你握手，复述你的名字，并进行交谈。但如果你暂时离开房间，过几分钟后再返回，他会否认见过你。他的运动技巧均被保留，还能学习新技术，并通常能保持数年甚至更长时间，只是他记不起来是什么时候学会这些技艺的。他对分类的记忆是完好的，但他对新事物的记忆仅能维持极短的时间，随后就几乎完全丧失了。他在回忆脑损伤前发生的事情时也有障碍。简而言之，他知道早餐一词的含义，也懂得如何吃早餐，但他对吃过什么东西几乎没任何印象。如果你问他，他或许会告诉你他不记得了，或者跟你瞎聊，并描述他认为他可能吃了些什么。

虽然从某种意义上说他失去了全部人类"意识"，但看来他的短时视觉意识并未改变。如果它受到了损伤，也只会是一种实验尚未揭示的细微方式。因此海马及其紧密相关的皮质区域并不是形成视觉意识所必需的。然而，流入和流出的信息通常有可能到达意识状态，因而有理由留意一下其中的神经区域和通路。这或许对找出脑中意识的位置有所帮助。[1]

对脑损伤的研究能得到一些其他方式无法得到的结果。遗憾的是，由于大多数情况下损伤是极复杂的，这些知识时常变得很模糊，令人着急。尽管有这些局限性，在顺利的情况下信息是明确的。脑损伤的结果至少能对脑的工作提供暗示，而这些可以用其他方法在人或动物身上探测到。在某些情况下，它证实了某些在猴子身上进行的实验所得到的结果在人身上也适用。

---

1.海马系统的确切功能及其神经元完成这些神经功能的精确方式，目前有很大争议。不过，虽然有人会在术语上对我所描述的大致情况吹毛求疵，它还是会被广泛接受的。

# 第 13 章
# 神经网络

*…… 我相信, 对一个模型的最好的检验是它的设计者能否回答这些问题:"现在你知道哪些原本不知道的东西? "以及"你如何证明它是否是对的? "*

—— 詹姆斯·鲍尔 (James M. Bower)

神经网络是由具有各种相互联系的单元组成的集合。每个单元具有极为简化的神经元的特性。神经网络常常被用来模拟神经系统中某些部分的行为, 生产有用的商业化装置以及检验脑是如何工作的。

神经科学家究竟为什么那么需要理论呢? 如果他们能了解单个神经元的确切行为, 他们就有可能预测出具有相互作用的神经元群体的特性。令人遗憾的是, 事情并非如此轻而易举。事实上, 单个神经元的行为通常远不止那么简单, 而且神经元几乎总是以一种复杂的方式连接在一起的。此外, 整个系统通常是高度非线性的。线性系统, 就其最简单形式而言, 当输入加倍时, 它的输出也严格加倍 —— 输出与输入呈比例关系。[1] 例如, 在池塘的表面, 当两股行进

---

1. 更精确地说, 如果 $y=ax+b$, 其中 $a$ 和 $b$ 是常数, 则 $y$ 和 $x$ 线性相关。

中的小湍流彼此相遇时，它们会彼此穿过而互不干扰。为了计算两股小水波联合产生的效果，人们只需把第一列波与第二列波的效果在空间和时间的每一点上相加即可。这样，每一列波都独立于另一列的行为。对于大振幅的波则通常不是这样。物理定律表明，大振幅情况下均衡性被打破。冲破一列波的过程是高度非线性的：一旦振幅超过某个阈值，波的行为完全以全新的方式出现。那不仅仅是"更多同样的东西"，而是某些新的特性。非线性行为在日常生活中很普遍，特别是在爱情和战争之中。正如歌中唱的："吻她一次远不及吻她两次的一半那么美妙。"

如果一个系统是非线性的，从数学上理解它通常比线性系统要困难得多。它的行为可能更为复杂。因此对相互作用的神经元群体进行预测变得十分困难，特别是最终的结果往往与直觉相反。

高速数字计算机是近 50 年来最重要的技术发展之一。它时常被称作冯·诺依曼计算机，以纪念这位杰出的科学家、计算机的缔造者。由于计算机能像人脑一样对符号和数字进行操作，人们自然地想象到脑是某种形式相当复杂的冯·诺依曼计算机。这种比较，如果陷入极端的话，将导致不切实际的理论。

计算机是构建在固有的高速组件之上的。即便是个人计算机，其基本周期，或称时钟频率，也高于每秒 1000 万次操作。相反，一个神经元的典型发放率仅仅在每秒 100 个脉冲的范围内。计算机要比它快上百万倍。而像克雷型机那样的高速超级计算机速度甚至更高。大致说来，计算机的操作是序列式的，即一条操作接着一条操作。与此相反，脑的工作方式则通常是大规模并行的。例如，从每只眼睛到达脑的轴突大约有100万个，它们全都同时工作。在系统中，这种高度的并行情况几乎重复出现在每个阶段。这种连线方式在某种程度上弥补了神经元行为上的相对缓慢性。它也意味着即使失去少数分散的神经元也不大可能明显地改变脑的行为。用专业术语讲，脑被称作"故障弱化"（degrade gracefully）。计算机则是脆弱的，哪怕是对它极小的损伤，或是程序中的一个小错误，也会引起大灾难。计算机中出现错误，会是灾难性的（degrade catastrophically）。

计算机在工作中是高度稳定的。因为其单个组件是很可靠的，当给定相同的输入时通常产生完全同样的输出。反之，单个神经元则具有更多的变化。它们受可以调节其行为的信号支配，有些特性边"计算"边改变。

一个典型的神经元可能具有来自各处的上百乃至数万个输入，其轴突又有大量投射。计算机的一个基本元件——晶体管，则只有极少数的输入和输出。

在计算机中，信息被编码成由0和1组成的脉冲序列。计算机通过这种形式，高度精确地将信息从一个特定的地方传送到另一个地方。信息可以到达特定的地址，提取或者改变那里储存的内容。这样就能够将信息存入记忆体的某个特定位置，并在以后的某些时刻进一步加以利用。这种精确性在脑中是不会出现的。尽管一个神经元沿它的轴突发送的脉冲的模式（而不仅仅是其平均发放率）可能携带某些信息，但并不存在精确的由脉冲编码的信息。[1] 这样，记忆必然将以不同的形式"存储"。

脑看起来一点儿也不像通用计算机。脑的不同部分，甚至是新皮质的不同部分，都是专门用来处理不同类型的信息的（至少在某种程度上是这样的）。看来大多数记忆存储在进行当前操作的那个地方。所有这些与传统的冯·诺依曼计算机完全不同，因为执行计算机的基本操作（如加法、乘法等）仅在一个或少数几个地方，而它的记忆存储在许多很不同的地方。

最后，计算机是由工程师精心设计出来的，脑则是动物经过自然选择一代又一代进化而来的。这就产生了如第1章所述的本质上不同的设计形式。

人们习惯于从硬件和软件的角度来谈论计算机。由于人们编写软件（计算机程序）时几乎不必了解硬件（回路等）的细节，所以人们——特别是心理学家——争论说没必要了解有关脑的"硬件"的任何知识。实际上想把这种理论强加到脑的操作过程中是不恰当的，脑的硬件与软件之间并没有明显的差异。对于这种探讨的一种合理的解释是，虽然脑的活动是高度并行的，在所有这些平行操作的顶端有某些形式的（由注意控制的）序列机制。因而，在脑的操作的较高层次，在那些远离感觉输入的地方，可以肤浅地说脑与计算机有某种相似之处。

---

1. 查尔斯·安德森（Charles Anderson）和戴维·范·埃森提出 [1]，脑中有些装置将信息按规定路线从一处传至另一处。不过这个观点尚有争议。

人们可以从一个理论途径的成果来对它进行判断。计算机按编写的程序执行，因而擅长解决诸如大规模数字处理、严格的逻辑推理以及下棋等某些类型的问题。这些事情大多数人都没有它们完成得那么快、那么好。但是，面对常人能快速、不费气力就能完成的任务，如观察物体并理解其意义，即便是最现代的计算机也显得无能为力。

近几年，在设计新一代的、以更加并行方式工作的计算机方面取得了重要进展。大多数设计使用了许多小型计算机，或是小型计算机的某些部件。它们被连接在一起，并同时运行。由一些相当复杂的设备来处理小型计算机之间的信息交换并对计算进行全局控制。像进行预测天气等类似处理时，其基本要素在多处出现。此时超级计算机特别有用。

人工智能界也采取了行动设计更具脑的特点的程序。他们用一种模糊逻辑取代通常计算中使用的严格的逻辑。命题不再一定是真的或假的，而只需是具有更大或更小的可能性。程序试图在一组命题中发现具有最大可能性的那种组合，并以之作为结论，而不是那些它认为可能性较小的结论[2]。

在概念的设置上，这种方法确实比早期的人工智能方法与脑更为相像，但在其他方面，特别是在记忆的存储上，则不那么像脑。因此，要检查它与真实的脑在所有层次上行为的相似性可能会有困难。

一群原先很不知名的理论工作者发展了一种更具有脑的特性的方法。如今它被称为PDP方法（即平行分布式处理）。这个话题有很长的历史，我只能概述一二。1943 年沃仑·麦卡洛克（Warren McCulloch）和沃尔特·皮兹（Walter Pitts）的工作是这方面最早的尝试之一。他们表明，在原则上由非常简单的单元连接在一起组成的"网络"可以对任何逻辑和算术函数进行运算[3]。因为网络的单元有些像大大简化的神经元，它现在常被称作"神经网络"。

这个成就非常令人鼓舞，以致它使许多人受到误导，相信脑就是这样工作的。或许它对现代计算机的设计有所帮助，但它的最引人注目的结论对于脑而言则是极端错误的。

下一个重要的进展是弗兰克·罗森布拉特（Frank Rosenblatt）发明的一种非常简单的单层装置，他称之为感知机（perceptron）。其意义在于，虽然它的连接最初是随机的，它能使用一种简单而明确的规则改变这些连接，因而可以教会它执行某些简单的任务，如识别固定位置的印刷字母。感知机的工作方式是，它对任务只有两种反应：正确或者错误。你只需告诉它它所作出的（暂时的）回答是否正确。然后它根据一种感知机学习规则来改变其连接。罗森布拉特证明，对于某一类简单的问题 —— "线性可分"的问题 —— 感知机通过有限次训练就能学会正确的行为[4]。

这个结果在数学上很优美，因而吸引了众人的注目。只可惜时运不济，它的影响很快就消退了。马文·明斯基（Marvin Minsky）和西摩·佩伯特（Segmour Papert）证明感知机的结构及学习规则无法执行"异或问题"（如，判断这是苹果还是橘子，但不是两者皆是），因而也不可能学会它。他们写了一本书，通篇详述了感知机的局限

性 [5]。这在许多年内扼杀了人们对感知机的兴趣（明斯基后来承认做得过分了）。其间大部分工作将注意力转向了人工智能方法。[1]

用简单单元构建一个多层网络，使之完成简单的单层网络所无法完成的异或问题（或类似任务），这是可能的。这种网络必定具有许多不同层次上的连接。问题在于，对哪些最初是随机的连接进行修改才能使网络完成所要求的操作。如果明斯基和佩伯特为这个问题提供了解答，而不是把感知机"打入死牢"的话，他们的贡献会更大些。

下一个引起广泛注意的发展来自约翰·霍普菲尔德（John Hopfield），一位加利福尼亚州理工学院的物理学家，后来他成为分子生物学家和脑理论家。1982年他提出了一种网络，现在被称为霍普菲尔德网络 [6]（图53）。这是一个具有自反馈的简单网络。每个单元只能有两种输出：–1（表示抑制）或+1（表示兴奋）。但每个单元具有多个输入。每个连接均被指派一个特定的强度。这个网络在每个时刻单元把来自它的全部连接的效果[2] 总和起来。如果这个总和大于0则置输出状态为+1（平均而言，当单元兴奋性输入大于抑制性输入时，则输出为正），否则就输出–1。有些时候这意味着一个单元的输出会因为来自其他单元的输入发生了改变而改变。

计算将被一遍遍地反复进行，直到所有单元的输出都稳定为止。[3]

---

1. 尽管如此，仍有不少理论工作者在默默无闻地继续工作。其中包括斯蒂芬·格罗斯伯格（Stephen Grossberg），吉姆·安德森（Jim Anderson），托伊沃·科霍宁（Teuvo Kohonen）和戴维·威尔肖（David Willshaw）。
2. 每个输入对单元的影响是将当前的输入信号（+1或–1）与其相应的权值相乘而得到的（如果当前信号是–1，权重是+2，则影响为–2）。
3. 该网络以一个早期网络为基础。那个网络被称为"自旋玻璃"，是物理学家受一种理论概念的启发而提出的。

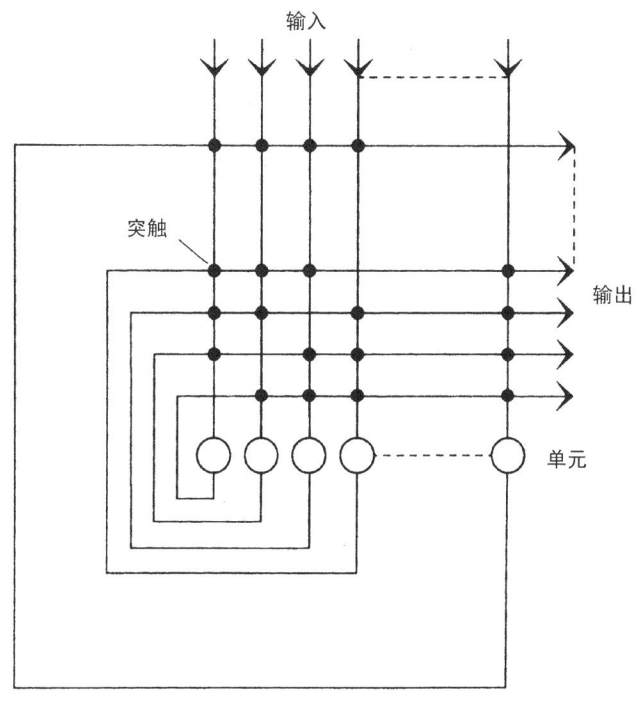

图53　霍普菲尔德网络（有时又称之为交叉线网络——crossbar network）的
连线示意图。每个小圆圈代表一个"单元"，它是神经元的一种过于简化的形式。在
这里，连接被标志为"突触"。改变这些连接的强度可以使网络存储特定的记忆

在霍普菲尔德网络中，所有单元的状态并不是同时改变的，而是按
随机次序一个接一个进行。霍普菲尔德从理论上证明了，给定一组
权重（连接强度）以及任何输入，网络将不会无限制地处于漫游状态，
也不会进入振荡，而是迅速达到一个稳态。[1]

---

1.这对应于一个适定的数学函数（称为"能量函数"，来自自旋玻璃）的（局域）极小值。霍普菲尔
德还给出了一个确定权重的简单规则以使网络的每个特定的活动模式对应于能量函数的一个极小
值。

霍普菲尔德的论证令人信服，表达也清晰。他的网络对数学家和物理学家有巨大的吸引力，他们认为终于找到了一种他们可以涉足脑研究的方法。虽然这个网络在许多细节上严重违背生物学，但他们并不对此感到忧虑。

如何调节所有这些连接的强度呢？1949年，加拿大心理学家唐纳德·赫布（Donald Hebb）出版了《行为的组织》一书[7]。当时人们就像现在一样普遍相信，在学习过程中，一个关键因素是神经元的连接（突触）强度的调节。赫布意识到，仅仅因为一个突触是活动的，就增加其强度，这是不够的。他期望一种只在两个神经元的活动相关时才起作用的机制。他的书中有一个后来被广泛引用的段落："当细胞A的一个轴突和细胞B很近，足以对它产生影响，并且持久地、不断地参与了对细胞B的兴奋，那么在这两个细胞或其中之一会发生某种生长过程或新陈代谢变化，以至于A作为能使B兴奋的细胞之一，它的影响加强了。"这个机制以及某些类似规则，现在被称为"赫布律"。

霍普菲尔德在他的网络中使用了一种形式的赫布规则来调节连接权重。对于问题中的一种模式，如果两个单元具有相同的输出，则它们之间的相互连接权重都设为+1。如果它们具有相反的输出，则两个权重均设为−1。大致地说，每个单元激励它的"朋友"并试图削弱它的"敌人"。

霍普菲尔德网络是如何工作的呢？如果网络输入的是正确的单元活动模式，它将停留在该状态。这并没有什么特别的，因为此时给予它的就是答案。值得注意的是，如果仅仅给出模式的一小部分作为

"线索"，它在经过短暂的演化后，会稳定在正确的输出即整个模式上。在不断地调节各个单元的输出之后，网络所揭示的是单元活动的稳定联系。最终它将有效地从某些仅仅与其存储的"记忆"接近的东西中恢复出该记忆。此外，这种记忆也被称作按"内容寻址"的——它没有通常计算机中具有的分离的、唯一用于作为"地址"的信号。输入模式的任何可察觉的部分都将作为地址。这开始与人的记忆有些相似了。

请注意记忆并不必存储在活动状态中，它也可以完全是被动的，因为它是镶嵌在权重的模式之中的即在所有各个单元之间的连接强度之中。网络可以完全不活动（所有输出置为 0），但只要有信号输入，网络突然活动起来并在很短时间内进入与其应当记住的模式相对应的稳定的活动状态。据推测，人类长期记忆的回忆具有这种一般性质（只是活动模式不能永久保持）。你能记住大量现在一时想不起来的事情。

神经网络（特别是霍普菲尔德网络）能"记住"一个模式，但是除此以外它还能再记住第二个模式吗？如果几个模式彼此不太相似，一个网络能够全部记住这几个不同模式，即给出其中一个模式的足够大的一部分，网络经过少数几个周期后将输出该模式。因为任何一个记忆都是分布在许多连接当中的，所以整个系统中记忆是分布式的。因为任何一个连接都可能包含在多个记忆中，因而记忆是可以叠加的。此外，记忆具有鲁棒性，改变少数连接通常不会显著改变网络的行为。

为了实现这些特性就需要付出代价，这不足为奇。如果将过多的记忆加到网络之中则很容易使它陷入混乱。即使给出线索，甚至以完整的模式作为输入，网络也会产生毫无意义的输出。[1] 有人提出 [8] [9] 这是我们做梦时出现的现象（弗洛伊德称之为"凝聚"——condensation），这是题外话。值得注意的是，所有这些特性是"自然发生"的。它们并不是网络设计者精心布置的，而是由单元的本性、它们连接的模式以及权重调节规则决定的。

霍普菲尔德网络还有另一个性质，即当几个输入事实上彼此大致相似时，在适当计算网络的连接权重后，它"记住"的将是训练的模式的某种平均。这是另一个与脑有些类似的性质。对我们人类而言，当我们听某个特定的声调时，即便它在一定范围内发生变化，我们也会觉得它是一样的。输入是相似但不同的，而输出——我们所听到的——是一样的。

这些简单网络是不能和脑的复杂性相提并论的，但这种简化确实使我们可能对它们的行为有所了解。即使是简单网络中出现的特点也可能出现在具有相同普遍特性的更复杂的网络中。此外，它们向我们提供了多种观点，表明特定的脑回路所可能具有的功能。例如，海马中有一个称为CA3的区域，它的连接事实上很像一个按内容寻址的网络。当然，其是否正确尚需实验检验。

有趣的是，这些简单的神经网络具有全息图的某些特点。在全息图中，几个影像可以彼此重叠地存储在一起；全息图的任何一部分都

---

1.对于霍普菲尔德网络而言，输出可视为网络存储的记忆中与输出（似为"输入"之误——译者注）紧密相关的那些记忆的加权和。

能用来恢复整个图像，只不过清晰度会下降；全息图对于小的缺陷是鲁棒的。对脑和全息图两者均知之甚少的人经常会热情地支持这种类比。几乎可以肯定这种比较是没有价值的。原因有两个：详细的数学分析表明神经网络和全息图在数学上是不同的[10]；更重要的是，虽然神经网络是由那些与真实神经元有些相似的单元构建的，但是没有证据表明脑中具有全息图所需的装置或处理过程。[1]

后来，一本书产生了巨大的冲击力，这就是戴维·鲁梅尔哈特（David Rumelhart）、詹姆斯·麦克莱兰（James McClelland）和PDP[2]小组所编的一套很厚的两卷著作《平行分布式处理》[11]。该书于1986年问世，并很快至少在学术界成为最畅销书。名义上我也是PDP小组的成员，并和浅沼智行（Chiko Asanuma）合写了其中的一个章节。不过我起的作用很小。我大概只有一个贡献，就是坚持要求他们停止使用神经元一词作为他们网络的单元。

加利福尼亚州立大学圣迭戈分校心理系离索尔克研究所仅有大约1.5千米。在20世纪70年代末80年代初，我经常步行去参加他们的讨论小组举行的小型非正式会议。那时我时常漫步的地方如今已变成了巨大的停车场。生活的步伐越来越快，我现在已改为驱车飞驰于两地之间了。

---

1. 在1968年，克里斯托夫·朗格特希金斯（Christopher Longuet. Higgins）从全息图出发，发明了一种称为"声音全息记录器"（holophone）的装置。此后他又发明了另一种装置称为"相关图"，并最终形成了一种特殊的神经网络形式。他的学生戴维·威尔肖在完成博士论文期间对其进行了详细的研究。
2. PDP即平行分布式处理（Parallel Distributed Processing）的缩写。——译者注

　　研究小组当时是由鲁梅尔哈特和麦克莱兰领导的，但是不久后麦克莱兰就前往东海岸了。他们俩最初都是心理学家，但他们对符号处理器感到失望并共同研制了处理单词的"相互作用激励器"的模型。在克里斯托夫·朗格特希金斯（Christopher Longuet-Higgins）的另一位学生杰弗里·希尔顿（Geoffrey Hinton）的鼓励下，他们着手研究一个更加雄心勃勃的"联结主义"方案。他们采纳了平行分布式处理这个术语，因为它比以前的术语——联想记忆[1]——的覆盖面更广。

　　在人们发明网络的初期，一些理论家勇敢地开始了尝试。他们把一些仍显笨拙的小型电子回路（其中常包括老式继电器）连接在一起来模拟他们的非常简单的网络。现在已发展出了复杂得多的神经网络，这得益于现代计算机的运算速度得到了极大的提高，并且得益于计算机变得很便宜。现在可以在计算机（主要是指数字计算机）上模拟检验关于网络的新思想，而不必像早期的研究那样仅靠粗糙的模拟线路或是用相当困难的数学论证。

　　1986年出版的《平行分布式处理》一书从1981年底开始经过了很长时间的酝酿。很幸运，它是一个特殊算法的最新发展（或者说是它的复兴或应用），在其早期工作基础上，它很快给人留下了深刻的印象。该书的热情读者不仅包括脑理论家和心理学家，还有数学家、物理学家和工程师，甚至有人工智能领域的工作者。不过后者最初的反应是相当敌视的。最终神经科学家和分子生物学家也对这本书有所

---

1. 他们和其他一些想法接近的理论家合作，在1981年完成了《联想记忆的并行模式》，由杰弗里·希尔顿和吉姆·安德森编著。这本书的读者主要是神经网络方面的工作者，它的影响并不像《平行分布式处理》一书那样广泛。

耳闻。

该书的副标题是"认知微结构的探索"。它是某种大杂烩，但是其中一个的特殊的算法产生了惊人的效果。该算法现在被称作"误差反传算法"，通常简称为"反传法"。为了理解这个算法，你需要知道一些关于学习算法的一般性知识。

在神经网络有些学习形式被称作"无教师的"。这意味着没有外界输入的指导信息。对任何连接的改变只依赖于网络内部的局部状态。简单的赫布规则具有这种特点。与之相反，在有教师学习中，从外部向网络提供关于网络执行状况的指导信号。

无教师学习具有很诱人的性质，因为从某种意义上说网络是在自己指导自己。理论家们设计了一种更有效的学习规则，但它需要一位"教师"来告诉网络它对某些输入的反应是好、是差还是很糟。这种规则中有一个称作"δ—律"。

训练一个网络需要有供训练用的输入集合，称作"训练集"。很快我们在讨论网络发音器（NETtalk）时将看到一个这样的例子。这有用的训练集必须是网络在训练后可能遇到的输入的合适的样本。通常需要将训练集的信号多次输入，因而在网络学会很好地执行之前需要进行大量的训练。其部分原因是这种网络的连接通常是随机的。而从某种意义上讲，脑的初始连接是由遗传机制控制的，通常不完全是随机的。

网络是如何进行训练的呢？当训练集的一个信号被输入网络中，网络就会产生一个输出。这意味着每个输出神经元都处在一个特殊的活动状态。教师则用信号告诉每个输出神经元它的误差，即它的状态与正确之间的差异。δ这个名称便来源于这个真实活动与要求之间的差异（数学上δ常用来表示小而有限的差异）。网络的学习规则利用这个信息计算如何调整权重以改进网络的性能。

Adaline网络是使用有教师学习的一个较早的例子。它是1960年由伯纳德·威德罗（Bernard Widrow）和霍夫（M. E. Hoff）设计的，因此δ-律又称作威德罗-霍夫规则。他们设计规则使得在每一步修正中总误差总是下降的。[1]这意味着随着训练过程网络最终会达到一个误差的极小值。这是毫无疑问的，但还不能确定它是真正的全局极小还是仅仅是个局域极小值。用自然地理的术语说就是，我们达到的是一个火山口中的湖，还是较低的池塘、海洋，还是像死海那样的凹下去的海（低于海平面的海）？

训练算法是可以调节的，因而趋近局域极小的步长可大可小。如果步长过大，算法会使网络在极小值附近跳来跳去（开始时它会沿下坡走，但走得太远以致又上坡了）。如果步子小，算法就需要极长的时间才能达到极小值的底端。人们也可以使用更精细的调节方案。

反传算法是有教师学习算法中的一个特殊例子。为了让它工作，网络的单元需要具有一些特殊性质。它们的输出不必是二值的（即1

---

1. 更准确地说是误差的平方的平均值在下降，因此该规则有时又叫做最小均方（LMS）规则。

或 0，或者 +1 或 –1），而是分成若干级。它通常在 0 和 +1 之间取值。理论家们盲目地相信这对应于神经元的平均发放率（取最大发放率为 +1），但他们常常说不清应该在什么时候取这种平均。

如何确定这种"分级"输出的大小呢？像以前一样，每个单元对输入加权求和，但此时不再有一个真实的阈值。如果总和很小，输出几乎是 0。总和稍大一些时，输出便增加。当总和很大时，输出接近于最大值。图 54 所示的 S 形函数（sigmoid 函数）体现了这种输入总和与输出间的典型关系。如果将一个真实神经元的平均发放率视为它的输出，那么它的行为与此相差不大。

这条看似平滑的曲线有两个重要性质。它在数学上是"可微的"，即任意一处的斜率都是有限的；反传算法正依赖于这个特性。更重要的是，这条曲线是非线性的，而真实神经元即如此。当（内部）输入加倍时输出并不总是加倍。这种非线性使得它能处理的问题比严格的线性系统更加广泛。

现在让我们看一个典型的反传网络。它通常具有三个不同的单元层（图 55）：最底层是输入层；下一层被称作"隐单元"层，因为这些单元并不直接与网络外部的世界连接；最顶层是输出层。最底层的每个单元都与上一层的所有单元连接。中间层也是如此。网络只有前向连接，而没有侧向连接，除了训练以外也没有反向的投射。它的结构几乎不能被简化。

训练开始的时候，所有的权重都被随机赋值，因而网络最初对所

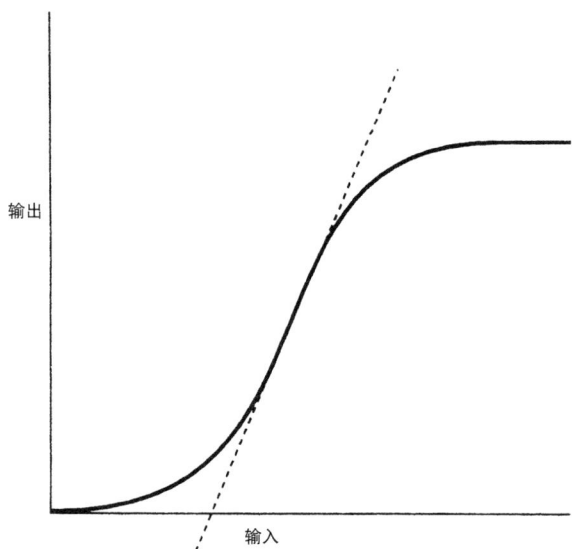

图54　神经网络中的一个单元的一条典型的输入输出曲线。该曲线是非线性的
（虚线显示了线性曲线的一个例子）

有信号的反应是无意义的。此后给定一个训练输入，产生输出并按反
传训练规则调节权重。过程如下：在网络对训练产生输出以后，告诉
高层的每个单元它的输出与"正确"输出之间的差。单元利用该信息
来对每个从低层单元达到它的突触的权重进行小的调整，然后它将该
信息反传到隐层的每个单元。每个隐层单元则收集所有高层单元传来
的误差信息，并以此调节来自最底层的所有突触。

　　从整体上看，具体的算法使得网络总是不断调节以减小误差。这
个过程被多次重复（该算法是普适的，可以用于多于三层的前向网络）。

　　经过了足够数量的训练之后网络就可以使用了。此时有一个输入

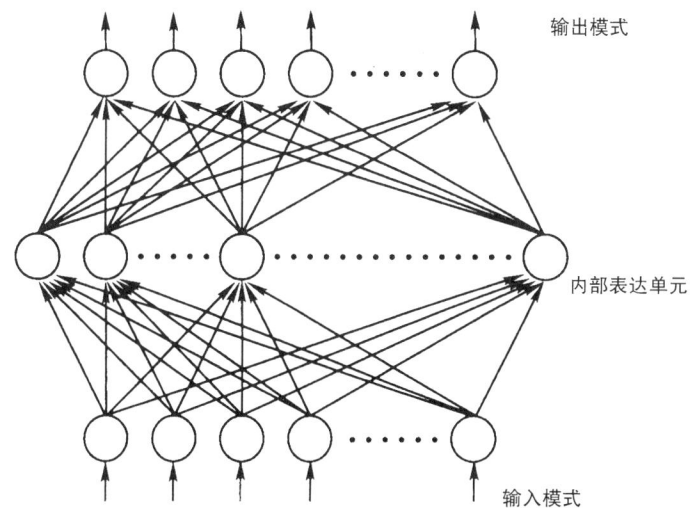

图55　一个简化的多层神经网络。每个单元都与上一层的所有单元连接。这里
没有侧向连接或反向连接。其中的"内部表达单元"常被称为"隐单元"

的测试集来检验网络。测试集是经过选择的，它的一般（统计）特性
与训练集相似，其他方面则不同（权重在这个阶段保持不变，以便考
察训练后网络的行为）。如果结果不能令人满意，设计者会从头开始，
修改网络的结构、输入和输出的编码方式、训练规则中的参数或是训
练总数。

　　所有这些看上去显得很抽象。举个例子或许能让读者清楚一
些。特里·塞吉诺斯基和查尔斯·罗森堡（Charles Rosenberg）在
1987年提供了一个著名的演示[12]。他们把他们的网络称为网络发
音器（NETtalk）。它的任务是把书写的英文转化成英文发音。英文的
拼法不规则；[1] 这使它成为一门发音特别困难的语言，因而这个任务

---

1. 指一个英文字母或字母组合在不同的单词中的发音可能不同。—— 译者注

并不那么简单易行。当然，事先并不把英语的发音规则清楚地告诉网络。在训练过程中，网络每次尝试后将得到修正信号，网络则从中学习。输入是通过一种特殊的方式一个字母接一个字母地传到网络中。NETtalk的全部输出是与口头发音相对应的一串符号。为了让演示更生动，网络的输出与一个独立的以前就有的机器（一种数字发音合成器）耦合。它能将NETtalk的输出变为发音，这样就可以听到机器"朗读"英语了。

由于一个英语字母的发音在很大程度上依赖于它前后的字母搭配，输入层每次读入一串7个字母。[1]输出层中的单元与音素所要求的21个发音特征[2]相对应，还有5个单元处理音节分界和重音。图56给

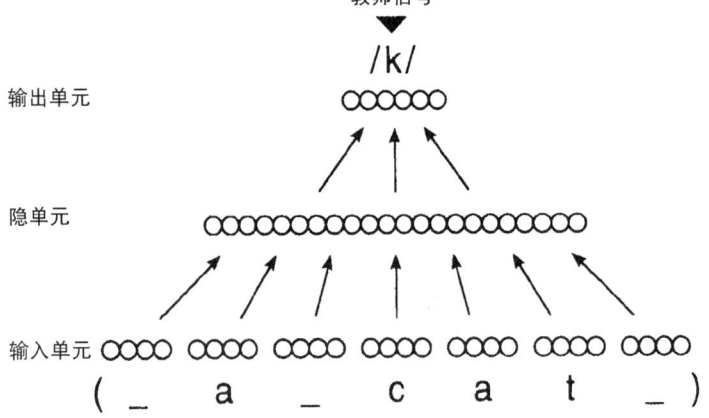

图56　NETtalk网络结构的示意图。它是图55所示的普遍模式的一个例子。一个移动窗口从文章中选取连续7个字母（在这里是"a cat"，即一只猫）传送到输入层的203个单元中。信息由此传递到中间层的80个隐单元，并最终形成了26个输出单元的活动模式

1. 29个"字母"各有一个相应的单元；这包括字母表中的26个字母，还有三个表示标点和边界。因而输入层需要29×7=203个单元。
2. 例如，因为辅音p和b发音时都是以拢起嘴唇开始的，所以都称作"唇止音"。

出了它的一般结构。[1]

他们使用了两段文字的摘录来训练网络，每段文字都附有训练机器所需的标音法。第一段文字摘自梅里亚姆－韦伯斯特袖珍词典。第二段摘录则多少有些令人奇怪，它是一个小孩的连续说话。初始权重具有小的随机值，并在训练期内每处理一个词更新一次。他们编写程序使得计算机能根据提供的输入和（正确的）输出信息自动地完成这一步。在对真实的输出进行判断时，程序会采纳一个与真实发音最接近的音素作为最佳猜测。通常有好几个"发音"输出单元对此有关系。

聆听机器学着"读"英语是一件令人着迷的事情。[2]最初，由于初始连接是随机的，只能听到一串令人困惑的声音。NETtalk很快就学会了区分元音和辅音。但开始时它只知道一个元音和一个辅音，因此像在咿呀学语。后来它能识别词的边界，并能发出像词那样的一串声音。在对训练集进行了大约10次操作之后，单词变得清楚，读的声音也和幼儿说话很像了。

但实际结果并不完美。在某种情况下英语发音依赖于词意，而NETtalk对此一无所知。一些相似的发音通常引起混淆，如论文（thesis）和投掷（throw）的"th"音。把同一个小孩的另一段例文作为检测，机器完成得很好，表明它能把从相当小的训练集（1024个单

1. 中间层（隐层）最初有80个隐单元，后来改为120个，结果能完成得更好。机器总共需要调节大约2万个突触。权重可正可负。它们并没有构造一个真正的平行的网络来做这件事，而是在一台中型高速计算机上（一台VAX 11／780 FPA）模拟这个网络。
2. 计算机的工作通常不够快，不能实时地发音，因而需要先把输出录下来，再加速播放，这样人们才能听明白。

词）中学到的推广到它从未遇到的新词上。[1] 这称为"泛化"。

显然网络不只是它所训练过的每一个单词的查询表。它的泛化能力取决于英语发音的冗余度。并不是每一个英语单词都按自己唯一的方式发音，虽然首次接触英语的外国人容易这样想（这个问题是由于英语具有两个起源造成的，即拉丁语系和日尔曼语系，这使得英语的词汇十分丰富）。

相对于大多数从真实神经元上收集的资料而言，神经网络的一个优点在于在训练后很容易检查它的每一个隐单元的感受野。一个字母仅会激发少数几个隐单元，还是像全息图那样它的活动在许多隐单元中传播呢？答案更接近于前者。虽然在每个字母发音对应中并没有特殊的隐单元，但是每个这种对应并不传播到所有的隐单元。

因此便有可能检查隐单元的行为如何成簇的（即具有相同的特性）。塞吉诺斯基和罗森堡发现"……最重要的区别是元音与辅音完全分离。然而在这两类之中隐单元簇具有不同的模式。对于元音而言，下一个重要的变量是字母，而辅音成簇按照了一种混合的策略，更多地依赖于它们声音的相似性"。

这种相当杂乱的布置在神经网络中是典型现象，其重要性在于它与许多真实皮质神经元（如视觉系统中的神经元）的反应惊人地相似，

---

1. 塞吉诺斯基和罗森堡还表明，网络对于他们设置的连接上的随机损伤具有相当的抵抗力。在这种环境下它的行为是"故障弱化"。他们还试以11个字母（而不是7个字母）为一组输入。这显著改善了网络的成绩。加上第二个隐单元层后并不能改善它的成绩，但有助于网络更好地进行泛化。

而与工程师强加给系统的那种巧妙的设计截然不同。

他们的结论是：

> NETtalk 是一个演示，是学习的许多方面的缩影。首先，网络在开始时具有一些合理的"先天"的知识，体现为由实验者选择的输入输出的表达形式，但没有关于英语的特别知识——网络可以对任何具有相同的字母和音素集的语言进行训练。其次，网络通过学习获得了它的能力，其间经历了几个不同的训练阶段，并达到了一种显著的水平。最后，信息分布在网络之中，因而没有一个单元或连接是必不可少的。作为结果，网络具有容错能力，对增长的损害是故障弱化的。此外，网络从损伤中恢复的速度比重新学习要快得多。

> 尽管这些与人类的学习和记忆很相似，但NETtalk过于简单，还不能作为人类获得阅读能力的一个好的模型。网络试图用一个阶段完成人类发育中两个阶段出现的过程，即首先是儿童学会说话；只有在单词及其含义的表达已经建立好以后，他们才学习阅读。同时，我们不仅具有使用字母发音对应的能力，似乎还能达到整个单词的发音表达，但在网络中并没有单词水平的表达。

可以注意到，网络上并没有什么地方清楚地表达英语的发音规则，这与标准的计算机程序不同。它们内在地镶嵌在习得的权重模式当中。

这正是小孩儿学习语言的方式。它能正确地说话，但对它的脑所默认的规则一无所知。[1]

NETtalk有几条特性是与生物学大为抵触的。网络的单元违背了一条规律，即一个神经元只能产生兴奋性或抑制性输出，而不会二者皆有。更为严重的是，照字面上说，反传算法要求教师信息快速地沿传递向前的操作信息的同一个突触发送回去。这在脑中是完全不可能发生的。试验中用了独立的回路来完成这一步，但对我而言它们显得过于勉强，并不符合生物原型。

尽管有这些局限性，NETtalk展示了一个相对简单的神经网络所能完成的功能，给人的印象非常深刻。别忘了那里只有不足500个神经元和2万个连接。如果包括（在前面的脚注中列出的）某些限制和忽略，这个数目将会大一些，但恐怕不会大10倍。而在每一侧新皮质边长大约1/4毫米的一小块表面（比针尖还小）有大约5000个神经元。因而与脑相比，NETtalk仅是极小的一部分。[2] 所以，它能学会这样相对复杂的任务会给人留下格外深刻的印象。

另一个神经网络是由西德尼·莱基（Sidney Lehky）和特里·塞吉诺斯基设计的[13]。他们的网络所要解决的问题是在不知道光源方向

---

1. 除了上面列出的以外，NETtalk还有许多简化。虽然作者们信奉分布式表达，在输入输出均有"祖母细胞"，即，例如有一个单元代表"窗口中第三个位置上的字母a"。这样做是为了降低计算所需要的时间，是一种合理的简化形式。虽然数据顺序传入7个字母的方式在人工智能程序是完全可以接受的，却显得与生物事实相违背。输出的"胜者为王"这一步并不是由"单元"完成的，也不存在一组单元去表达预计输出与实际输出之间的差异（即教师信号）。这些运算都是由程序执行的。
2. 这种比较不太公平，因为神经网络的一个单元更好的考虑是等价于脑中一小群相关神经元，因而更合适的数字大约是8万个神经元（相当于一平方毫米皮质下神经元的数目）。

的情况下试图从某些物体的阴影中推断出其三维形状（第 4 章描述的所谓从阴影到形状问题）。对隐层单元的感受野进行检查时发现了令人吃惊的结果。其中一些感受野与实验中在脑视觉第一区（V1 区）发现的一些神经元非常相似。它们总是成为边缘检测器或棒检测器，但在训练过程中，并未向网络呈现过边或棒，设计者也未强行规定感受野的形状。它们是训练的结果。此外，当用一根棒来测试网络时，其输出层单元的反应类似于 V1 区具有端点抑制（end　stopping）的复杂细胞。

　　网络和反传算法二者都在多处与生物学违背，但这个例子提出了这样一个回想起来应该很明显的问题：*仅仅从观察脑中一个神经元的感受野并不能推断出它的功能*。正如第 11 章描述的那样，了解它的投射野，即它将轴突传向哪些神经元，也同样重要。

　　我们已经关注了神经网络中"学习"的两种极端情况：由赫布规则说明的无教师学习和反传算法那样的有教师学习。此外还有若干种常见的类型。一种同样重要的类型是"竞争学习"。[1]其基本思想是网络操作中存在一种"胜者为王"机制，使得能够最好地表达了输入的含义的那个单元（或更实际地说是少数单元）抑制了其他所有单元。学习过程中，每一步中只修正与胜者密切相关的那些连接，而不是系统的全部连接。这通常用一个三层网络进行模拟，如同标准的反传网络，但又有显著差异，即它的中间层单元之间具有强的相互连接。这些连接的强度通常是固定的，并不改变。通常短程连接是兴奋性的，

---

1. 它是由斯蒂芬·格罗斯伯格、托伊沃·科霍宁等人发展的。

而长程的则是抑制性的，一个单元倾向于与其近邻友好而与远处的相对抗。这种设置意味着中间层的神经元为整个网络的活动而竞争。在一个精心设计的网络中，在任何一次试验中通常只有一个胜者。

这种网络并没有外部教师。网络自己寻找最佳反应。这种学习算法使得只有胜者及其近邻单元调节输入权重。这种方式使得当前的那种特殊反应在将来出现的可能性更大。由于学习算法自动将权重推向所要求的方向，每个隐单元将学会与一种特定种类的输入相联系。[1]

到此为止我们考虑的网络处理是静态的输入，并在一个时间间隔后产生一个静态的输出。很显然在脑中有一些操作能表达一个时间序列，如口哨吹出一段曲调或理解一种语言并用之交谈。人们初步设计了一些网络来着手解决这个问题，但目前尚不深入（NETtalk确实产生了一个时间序列，但这只是数据传入和传出网络的一种方法，而不是它的一种特性）。

语言学家曾经强调，目前在语言处理方面（如句法规则）根据人工智能理论编写的程序处理更为有效。其本质原因是网络擅长于高度并行的处理，而这种语言学任务要求一定程度的序列式处理。脑中具有注意系统，它具有某种序列式的本性，对低层的并行处理进行操作。迄今为止神经网络并未达到要求的这种序列处理的复杂程度，尽管它应当出现。

---

1. 我不打算讨论竞争网络的局限性。显然必须有足够多的隐单元来容纳网络试图从提供的输入中所学的所有东西。训练不能太快，也不能太慢，等等。这种网络要想正确工作就需要仔细设计。毫无疑问，不久的将来会发明出基于竞争学习基本思想的更加复杂的应用。

真实神经元（其轴突、突触和树突）都存在不可避免的时间延迟和处理过程中的不断变化。神经网络的大多数设计者认为这些特性很讨厌，因而回避它们。这种态度也许是错的。几乎可以肯定进化就建立在这些改变和时间延迟上，并从中获益。

对这些神经网络的一种可能的批评是，由于它们使用这种大体上说不真实的学习算法，事实上它们并不能揭示很多关于脑的情况。对此有两种答案：一种是尝试在生物学看来更容易接受的算法，另一种方法更有效且更具有普遍性。加利福尼亚州立大学圣迭戈分校的戴维·齐帕泽（David Zipser），一个由分子生物学家转为神经理论学家的人，曾经指出，对于鉴别研究中的系统的本质而言，反传算法是非常好的方法[14]。他称之为"神经系统的身份证明"。他的观点是，如果一个网络的结构至少近似于真实物体，并了解了系统足够多的限制，那么反传算法作为一种最小化误差的方法，通常能达到一个一般性质相似于真实生物系统的解。这样便在朝着了解生物系统行为的正确方向上迈出了第一步。

如果神经元及其连接的结构还算逼真，并已有足够的限制被加入系统中，那么产生的模型可能是有用的，它与现实情况足够相似。这样便允许仔细地研究模型各组成部分的行为。与在动物上做相同的实验相比，这更快速也更彻底。

我们必须明白科学目标并非到此为止，这一点很重要。例如，模型可能会显示，在该模型中某一类突触需要按反传法确定的某种方式改变。但在真实系统中反传法并不出现。因此模拟者必须为这一类突触找到合适的真实的学习规则。例如，那些特定的突触或许只需要某一种形式的赫布规则。这些现实性的学习规则可能是局部的，在模型的各个部分不尽相同。如果需要的话，可能会引入一些全局信号，然后必须重新运行该模型。

如果模型仍能工作，那么实验者必须表明这种学习方式确实在预测的地方出现，并揭示这种学习所包含的细胞和分子机制以支持这个观点。只有如此我们才能将这些"有趣"的演示上升为真正科学的有说服力的结果。

所有这些意味着需要对大量的模型及其变体进行测试。幸运的是，随着极高速而又廉价的计算机的发展，现在可以对许多模型进行模拟。这样人们就可以检测某种设置的实际行为是否与原先所希望的相同。但即便使用最先进的计算机也很难检验那些人们所希望的巨大而复杂的模型。

坚持要求所有的模型应当经过模拟检验，这令人遗憾地带来了两个副产品。

如果一个的假设模型的行为相当成功，其设计者很难相信它是不正确的。然而经验告诉我们，若干差异很大的模型也会产生相同的行为。为了证明这些模型哪个更接近于事实，还需要其他证据，诸如真实神经元及脑中该部分的分子的准确特性。

另一种危害是，对成功的模型过分强调会抑制对问题的更为自由的想象，从而阻碍理论的产生。自然界是以一种特殊的方式运行的。对问题过于狭隘的讨论会使人们由于某种特殊的困难而放弃极有价值的想法。但是进化或许使用了某些额外的小花招来回避这些困难。尽管有这些保留，模拟一个理论，即便仅仅为了体会一下它事实上如何工作，也是有用的。

我们对神经网络能总结出些什么呢？它们的基础设计更像脑，而不是标准计算机的结构。然而，它们的单元并没有真实神经元那样复杂，大多数网络的结构与新皮质的回路相比也过于简单。目前，如果一个网络要在普通计算机上在合理的时间内进行模拟，它的规模只能很小。随着计算机运行变得越来越快，以及像网络那样高度并行的计算机的生产商业化，这一状况会有所改善，但仍将一直是严重的障碍。

尽管神经网络有这些局限性，它现在仍然显示出了惊人的完成任务的能力。整个领域内充满了新观点。虽然其中许多网络会被人们遗忘，但通过了解它们，抓住其局限性并设计改进它们的新方法，肯定会有实质上的发展。这些网络有可能具有重要的商业应用。尽管有时它会导致理论家远离生物事实，但最终会产生有用的观点和发明。也许所有这些神经网络方面的工作的最重要的结果是它提出了关于脑可能的工作方式的新观点。

在过去，脑的许多方面看上去是完全不可理解的。得益于所有这些新的观念，人们现在至少瞥见了将来按生物现实设计脑模型的可能性，而不是用一些毫无生物依据的模型仅仅去捕捉脑行为的某些有限方面。即便现在这些新观念已经使我们对实验问题的讨论更为敏锐。

我们现在更多地了解了关于个体神经元所必须掌握的知识。我们可以指出回路的哪些方面我们尚不足够了解（如新皮质的向回的通路）。我们从新的角度看待单个神经元的行为，并意识到在实验日程上下一个重要的任务是它们整个群体的行为。神经网络还有很长的路要走，但关于神经网络的研究终于有了好的开端。

# 第 14 章
# 视觉觉知[1]

> 宇宙就像一部展现在我们眼前的伟大的著作。哲学就记载在这上
> 面。但是如果我们不首先学习并掌握书写它们所用的语言和符号，我
> 们就无法理解它们。
>
> ——伽利略

现在让我们总览一下到目前为止我们所涉及的领域。本书的主
题是"惊人的假说"，即我们每个人的行为都不过是一个拥有大量相
互作用的神经元群体活动的体现。克里斯托弗·科赫（Christof Koch）
和我认为探索意识问题的最佳途径是研究视觉觉知，这包括研究人类
及其近亲。然而，人们观看事物并不是一件直截了当的事情，它是一
个具有建设性的、复杂的处理过程。心理学研究表明，它具有高度的
并行性，又按照一定的顺序加工，而"注意"机制处于这些并行处理
的顶端。心理学家提出过若干种理论试图来解释视觉过程的一般规律，
但没有一种更多地涉及脑中神经元的行为。

---

1. 在本书中，consciousness 和 awareness 的意思都是意识，只是前者作为范围更广的、比较书面
化的词，而后者则更多用于感觉系统（特别是视觉系统），是比较口语化的词（见第1章脚注）。在
本书的第一和第二部分，它们均译作"意识"，并不引起歧义。但在第三部分当中，作者以 visual
awareness 作为 consciousness 研究的突破口，须区分这两个词。故在第三部分（第14章至第18
章）中特将 awareness 按心理学译为觉知。——译者注

　　脑本身是由神经元及大量支持细胞构成的。从分子角度考虑，每个神经元都是一个复杂的对象，常具有无规则的、异乎寻常的形状。神经元是电子信号装置。它们对输入的电学和化学信号快速地作出反应，并将它们的高速电化学脉冲沿轴突发送出去，其传送距离通常比细胞体直径还要大许多倍。脑中的这些神经元数目巨大，它们有许多不同的类型。这些神经元彼此具有复杂的连接。

　　与大多数现代计算机不同，脑不是一种通用机。在完全发育好以后，脑的每一部分完成某些不同的专门任务。另外，在几乎所有的反应中，都有许多部分相互作用。这种一般性观念得到了人脑研究结果的支持，这些研究包括对脑损伤者的研究以及使用现代扫描方法从头颅外进行的对人脑的研究。

　　视觉系统的不同的皮质区的数目比人们预料的要多得多。它们按一种近似等级的方式连接而成。在较低级的皮质区，神经元到眼睛的连接最短，它们主要对视野中一小块区域中的相对简单的特征敏感，尽管如此，这些神经元也受该区域所处的视觉环境影响。较高级皮质区的神经元则对复杂得多的视觉目标（如脸或手）有反应，对该物体在视野中的位置并不敏感。（目前看来）似乎并不存在单独的皮质区域与视觉觉知的全部内容相对应。

　　为了理解脑如何工作，我们必须发展出描述神经元集团间如何相互作用的理论模型。目前的这些模型对神经元进行了过分的简化。尽管现代计算机比其上一代在运算速度上快得多，但也只能对数目很少的一群这类简化神经元及其相互作用进行模拟。尽管如此，虽然这些不同类型的简化模型仍显得原始，却经常表现出一些令人吃惊的行为。这些行为与脑的某些行为有相似之处。它们为我们研究脑所可能采取的工作方式提供了新的途径。

以上阐述的是背景知识。在此基础上，我们着手解决视觉觉知问题，即如何从神经元活动的角度来解释我们所看见的事物。换句话说，视觉觉知的"神经关联"是什么？这些"觉知神经元"究竟位于何处？它们是集中在一小块地方还是分散在整个脑中？它们的行为是否有什么特别之处？

让我们首先回顾一下第2章曾概述的各种观点。视觉觉知究竟包括哪种心理学处理过程呢？如果我们能够找出这些不同的处理过程在脑中的确切位置，或许会对定位我们所寻找的觉知神经元有所帮助。

菲力普·约翰逊−莱尔德认为，脑和现代计算机一样，具有一个操作系统。该操作系统的行为与意识相对应。他在著作《心理模型》（ Mental Models ）一书中，在更加广阔的背景下提出了这一思想。他认为，有意识和无意识过程的区别在于后者是脑中高度的并行处理的结果。正如我已在视觉系统中描述的那样，这种并行处理就是大量的神经元能够同时工作，而不是序列式一个接一个地处理信息。只有这才能使有机体有可能进化成具有特殊的、运转快速的感觉、认知及运动系统。而更为序列式的操作系统对所有这些活动进行全局控制，这样才能够快速、灵活地作出决定。粗略地打个比方，这就好像一个管弦乐队的指挥（相当于操作系统）控制着乐队所有成员同时演奏一样。

　　约翰逊-莱尔德假定，虽然这个操作系统可以监视它所控制的神经系统的输出，它能利用的只是它们传递给它的结果，而不是它们工作的细节。我们通过内省只能感觉到我们脑中所发生的情形的很少一部分。我们无法介入能产生信息并传给脑的操作系统的许多运作。因为他将操作系统视为主要是序列式的，所以他认为"在内省时，我们倾向于迫使本来是并行的概念进入序列式的狭窄束缚中"。这是使用内省法会出现错误的原因。

　　约翰逊-莱尔德的观点表达得很清楚，又很有说服力。但是，如果我们希望从神经的角度理解脑，还必须要识别该操作系统的位置和本质。它不一定与现代计算机的许多特性相一致。脑的操作系统可能并不是清晰地定位于某一特殊位置上。从两层意义上说，它更像是分布式的：它可能涉及脑中相互作用的若干分离的部分，而其中某一部分的活动信息又会分散到许多神经元。约翰逊-莱尔德对脑的操作系统的描述使人多少想起丘脑，但是丘脑的神经元太少了，以至于无法表达视觉觉知的全部内容（虽然这是可以验证的）。似乎更有可能的是，在丘脑的影响下新皮质的部分神经元（而不是全部神经元）可以表达视觉觉知。

　　我们寻找的觉知的神经关联会处于脑功能等级的哪个阶段呢？约翰逊-莱尔德认为，操作系统处在处理等级的最高层次，而雷·杰肯道夫认为觉知与中间层次有更多联系。究竟哪种观点更合理呢？

　　杰肯道夫关于视觉觉知的观点[1]是基于戴维·马尔（David Marr）的2.5维图而不是三维模型的思想的（大致说的是第6章所描述的以观察者为中心的可见表面的表象）。这是由于人们直接感受到的只是视野中物体呈现的那一侧；物体后面看不见的部分则仅仅是推测。另外，他相信对视觉输入的理解（即我们感觉到的是什么）是由三维模型和"概念结构"（conceptual structure，即思维的另一种堂皇的说法）决定的。以上就是他的意识的中间层次理论。

　　下面的例子有助于理解这个理论。如果你看见一个背对着你的人，你只能看见他的后脑勺，而看不见他的脸。然而，你的脑会推断出他有一张脸。我们会这样进行推理，因为如果他转过身来，表明他的头的正面并没有脸，你会感到十分惊讶。以观察者为中心的表象是与你所看见的他的头的后部相对应的。这是你所真实感觉到的。你的脑所作出的关于其正面的推断是从某种三维模型表象得到的。杰肯道夫认为你并不直接察觉这个三维模型（就此而言，同样你也没有直接察觉你自己的思想）。正如一句古语所说：未闻吾所言，安知吾所思？

　　由于初读杰肯道夫的著作[2]时不容易理解他的语言，我把他的理论的倒数第二种说法放在脚注中。[3]如果我对他的理论的理解正确的话，

---

1. 将杰肯道夫的观点归纳起来而不曲解他的意思，这并不容易。如果读者希望进一步理解，可以参阅他的书。我并不打算叙述他对音韵学、句法、语义等方面的论点以及他在音乐认知方面的见解。相反地，我将试图简化他的基本观点，特别是它们在视觉上的应用。
2. 想精确理解杰肯道夫的话的读者可以查阅他的著作（他的理论的最终版本，即理论八，还谈到了情感）。
3. 他的原话是："每种觉知形式所表达的形态上的差异是由对应该形式的中间层次的结构引起／支持／投射的。该结构是短时记忆表象的匹配集的一部分，而这种表象是由选择机制指派的，并为注意处理所丰富。特别地，语言觉知是由音韵结构引起／支持／投射的，音乐觉知则对应于音乐表面，视觉感知来自2.5维图。"

他的观点应用于视觉即"形态上的差异"(包括一个视觉目标的位置、形状、颜色、运动等)是与一种短时记忆有关(或由它引起/支持/投射)的表象,这种表象是一种"胜者为王"机制(一种选择机制)的结果,而注意机制的作用使它更加丰富。

杰肯道夫的观点的价值在于,它提醒我们不要假设脑的最高层次必定是视觉觉知中涉及的唯一层次。我们面前的场景在脑中的栩栩如生的表象可能涉及了许多中间层次。其他层次可能不够生动,或者如他所推测,我们可能根本不能察觉它们(的活动)。

这并不意味着信息仅仅是从表面表象流向三维表象:几乎可以肯定双向流动是存在的。在上面的例子中,当你想象一张脸孔的正面时,你所感觉到的正是由无法感知的三维模型产生的可感知的表面表象。随着这一主题的发展,两种表象之间的区别或许还需进一步明确,但它对我们试图解释的问题给出了一种最初的、粗略的看法。

目前尚不清楚这些层次在皮质中的准确位置。就视觉而言,它们更可能对应于脑的中部(如下颞叶及某些顶区),而不是脑的额区。但是杰肯道夫所指的究竟是视觉等级系统(图52)中哪个部分,仍有待于探索(第16章将就此进行更详细的讨论)。

在看了一些心理学家对这个问题的观点之后,我们现在再从那些了解神经元、它们的连接以及发放方式的神经科学家的角度来看这个难题。与意识有关(或无关)的神经元的行为的一般特征是什么?换句话说,意识的"神经关联"是什么?从某种意义上说,神经元的活动对意识是必不可少的，这看起来是合理的。意识可能与皮质中某些神经元的一种特殊类型的活动有关。毫无疑问它具有不同的形式，这取决于皮质的哪些部分参与了活动。科赫和我假设其中仅有一种（或少数几种）基本机制。我们认为，在任意时刻意识将会与瞬间的神经元集合的特定活动类型相对应。这些神经元正是具有相当潜力的候选者的集合中的一部分。因此，在神经水平上，这个问题为：

· 这些神经元在脑中位于何处？
· 它们是否属于某些特殊的神经元类型？
· 如果它们的连接具有特殊性，那其特殊性是什么？
· 如果它们的发放存在某些特殊方式，那其特殊方式是什么？

怎样去寻找那些与视觉觉知有关的神经元呢？是否存在某些线索暗示了与这种觉知相关的神经发放的模式呢？

正如我们已经看到的，心理学理论对我们有若干提示。某些形式的注意很有可能参与了觉知过程，因而我们应当研究脑选择性注意视觉目标的机制。觉知过程很有可能包括某些形式的极短时记忆，因而我们还应探索神经元储存和使用这种记忆时的行为。最后，我们似乎可以一次注意多个目标，这对觉知的某些神经理论提出了问题，因此我们从论述这个问题开始。

当我们看见一个物体时，脑子里究竟发生了些什么呢？我们会看到的可能存在的、不同的物体几乎是无限的。不可能对每个物体都存在一个相应的响应细胞（这种细胞常被称为"祖母细胞"）。表达如此多具有不同深度、运动、颜色、朝向及空间位置的物体，其可能的组合多得惊人。不过这并不排除可能存在某些特异化的神经元集团，它们对相当特定的、生态上有重要意义的目标（如脸的外貌）有响应。

似乎有可能的是，在任意时刻，视野中每个特定的物体均由一个神经元集团的发放来表达。[1] 由于每个物体具有不同的特征，如形状、颜色、运动等，这些特征由若干不同的视觉区域处理，因而有理由假设，看每一个物体时经常有许多不同视觉区域的神经元参与。这些神经元如何暂时地变成一个整体同时兴奋呢？这个问题常被称为"捆绑问题"（binding problem）。由于视觉过程常伴随听觉、嗅觉或触觉，这种捆绑必然也出现在不同感觉模块之间。[2]

我们都有这种体验，即对物体有整体知觉。这使我们认为，对于已看见的物体的不同特征，所有神经元都产生了积极的响应，而脑通过某种方式相互协调地把它们捆绑在一起。换句话说，如果你把注意力正集中在与你讨论某个观点的朋友身上，那么，你脑中有些神经元对他的脸部运动反应，有些对脸的颜色反应，听觉皮质中的神经元则对他讲的话有反应，还可能挖掘出储存这张脸属于哪个人的那些记忆痕迹，所有这些神经元都将捆绑在一起，以便携带相同的标记以表明它们共同生成了对那张特定的脸的认知（有时候脑也会受骗而作出错误的捆绑，比如把听到的口技表演者的声音当作被模仿物发出的）。

---

1. 如果一个集团中的神经元空间上离得很近（意味着它们可能有某种相互连接），接受些相似的输入，并投射到多少有些相似的区域，那便不会引起任何特别的困难。在这种情况下它们就像是单个神经网络中的神经元。令人遗憾的是，通常这种简单的神经网络每次只能处理一个目标。
2. 现在还不能完全肯定捆绑问题如我所说的那样真实存在，或者脑通过某种未知的技巧绕了过去。

捆绑有若干种形式。一个对短线响应的神经元可以认为把组成该直线的各点捆绑在一起。这种神经元的输入和行为最初可能是由基因（及发育过程）确定的，这些基因是我们远古的祖先的经验进化的结果。另一种形式的捆绑，如对熟悉物体的识别，又如熟悉的字母表中的字母，可能从频繁的、重复性的体验中获得，也就是说，是通过反复学习得到的。这或许意味着参与某个过程的大量神经元最终彼此紧密地连接。[1]这两种形式的相当永久的捆绑可以产生一些神经元群体，它们作为整体可以对许多物体（如字母、数字及其他熟悉的符号）作出反应。但脑中不可能有足够多的神经元去编码几乎无穷数目的可感知的物体。对语言也是如此。每种语言都有大量的但数目有限的单词，而形式正确的句子的数目几乎是无限的。

我们最为关心的是第三种形式的捆绑。它既不是由早期发育确定的，也不是由反复学习得到的。它特别适用于那些对我们而言比较新奇的物体，比如说我们在动物园里看见的一只新来的动物。在多数情况下，积极地参与该过程的神经元之间未必有较强的连接。这种捆绑必须能够快速实现。因此它主要是短暂的，并必须能够将视觉特征捆绑在一起构成几乎无限多种可能的组合，只不过也许在某一时刻它只能形成不多的几种组合。如果一种特定的刺激频繁地出现，这种第三种形式的瞬间的捆绑终将会建立起第二种形式的捆绑即反复学习获得的捆绑。

遗憾的是，我们并不了解脑如何表达第三种形式的捆绑。特别不

---

1. 回忆一下，大多数皮质神经元具有成千上万的连接，其中很多在开始时很弱，这意味着只有当脑已经大致按正确方法构造好，才可能容易地、正确地进行学习。

清楚的是，在集中注意的觉知时，我们究竟每次仅仅感知一个物体，还是可以同时感知多个物体。表面上看，我们每次能感觉的绝不仅一个物体，但这是否可能是错觉呢？脑真的能如此快速一个接一个地处理多个物体的信息，以致它们好像同时出现在我们脑海中吗？也许我们每次只能注意一个物体，但在注意之后，我们可以大致记住其中几个。因为我们并不确切知道真相，所以我们必须考虑所有这些可能性。让我们先假设脑每次只能处理一个物体。

究竟哪种类型的神经活动可能与捆绑有关呢？当然，意识的神经关联可能仅包含一种特殊类型的神经元，比如某个特殊皮质上的一种锥体细胞。一种最为简单的观点是，当这个特殊神经元集团的某些成员以一个相当高的频率发放（比如大约 400 或 500 赫兹），或维持一段适当长时期的发放，此时觉知便出现了。这样，捆绑仅对应于皮质神经元中相当小的一部分，它们在皮质中若干不同的区域同时高频发放（或都发放很长一段时间）。看起来这会有两个结果：这种快速或持续性的发放将增强这个兴奋的神经元集团对所投射到的神经元的影响，而这些被影响的神经元对应于此时脑所觉知的物体的"意义"。同时，这种快速的（或持续的）发放将激活某种形式的极短时记忆。

然而，如果脑能同时精确地觉知不只一个物体，那么这种观点就不能成立。即便脑每次只处理一个物体，它也必须区分目标和背景。为了理解这一点，不妨想象在一个视野中靠近视觉中央的地方，恰好有一个红色的圆和一个蓝色的方块。那么，对应于觉知的某些神经元将会快速发放（或持续发放一段时间），有些标识红色，有些标识蓝色，其他一些标识圆，当然还有一些标识方块。脑又怎样知道哪种颜色与哪种形状相互搭配呢？换句话说，如果觉知仅仅对应于快速（或持续）的发放，脑多半会将不同物体的属性混在一起。

有许多方法可以解决这个困难。或许只有当脑注意某个物体时才会形成对它的生动的觉知。或许注意机制使对被注意的物体反应的神经元的活动增强，同时削弱对其他物体反应的神经元的活动。倘若如此，脑只能随着注意机制从一个物体跳跃到另一个物体，一个接一个地进行处理。毕竟，当我们转动眼睛时，情形是这样的。我们先注意视野中的一部分区域，然后转而注意另一区域，如此下去。由于我们不动眼睛就能同时看见多个物体，故注意机制的速度必须比上述情况要快，并能在眼的两次转动之间工作。

另一种替代的解释是，注意机制以某种方式使不同的神经元以多少不同的方式发放。此时的关键在于相关发放。[1] 它基于这样一种观点，即重要的不仅仅在于神经元的平均发放率，更是每个神经元发放的精确时间。简单起见，让我们仅考虑两个物体。对第一个物体的特征反应的神经元都在同一时刻以某种模式发放，相应于第二个物体的神经元也都同时发放，但发放的时间与第一个神经元集团不同。

用一个理想化的例子可以把这个问题讲得更清楚。假设第一集团中的神经元发放很快，或许它们还会再次发放，比如说是在100毫秒以后。同样，在第二簇发放后过100毫秒又再次发放，如此下去。假设第二群神经元也同样每隔大约100毫秒发放一簇高速脉冲，但是只在第

---

1.这一观点是克里斯托夫·冯·德·马尔斯博格（Christoph von der Malsburg）在1981年的一篇相当难懂的文章中提出的。此前，彼得·米尔纳（Peter Milner）及其他人也叙述过。

一群神经元处于静息状态的时候才发放。这样，脑中的其他部分不会把这两群神经元的发放混在一起，因为它们从不会同时发放[1]（图57）。

图57　时间轴上每根短的竖线表示一个神经元在某一时刻的发放。第一条水平线显示了标识"红色"的神经元的发放，下一条线则是标识"圆"的神经元的行为，等等。因为表示红色的神经元和表示圆的神经元大致在相同时间发放，而它们与表示蓝色的神经元的发放时间相差很大。脑因此可推断出圆是红色的而不是蓝色的。这种情况常被说成表示"红色"和"圆"的神经元的发放是相关的（表示"蓝色"和"方块"的神经元也是如此），而互相关（比如"红色"和"方块"之间）为0（为了说明问题，这个例子被大大地简化了）

　　此处的基本观点是：同时到达一个神经元的许多脉冲将比不同时刻到达的同样数目的脉冲产生更大的效果。[2] 其理论要求是同一群神

---

1. 当然，一个群内轴突的脉冲并不必彼此精确同步。当电位变化沿接受脉冲的神经元的树突传向细胞体时，从时间上看它们的效果会有所扩散。此外，当脉冲沿许多不同轴突传播的时间延迟也有不同。这样，一群神经元的发放时间只需在大约几毫秒范围内是同时的。
2. 一种稍微详尽的理论引入了轴突传递过程中这种必然发生的时间延迟，使得离细胞体较远的突触比较近的略早接收到输入。这样，由于树突延迟时间上的小的差异，两个信号的最大效应将同时达到细胞体。更为详细的理论还考虑局部的抑制性神经元产生的抑制效果的调节。所有这种定性的考虑应可通过小心的模拟定量化，如在计算机上模拟单个神经元在这种环境下的行为方式，并引入时间延迟等因素。

经元的发放有较强的关联，同时不同群的神经元之间关联较弱，甚至根本没有关联。[1]

让我们回到主要问题上，即定位"觉知"神经元并揭示使它们的发放象征着我们所看见的东西的机制是什么。这就像试图侦破一个神秘的谋杀案。我们了解受害者（觉知的本质）的一些线索，还知道可能与犯罪有关的许多杂乱的事实。哪方面进展看来最有希望呢？由此下一步又该怎么做呢？

最直接的线索将是在现场捉住嫌疑犯。我们能否发现那些行为一直与视觉觉知有关的神经元呢？一种可能的办法是设置一种环境［如第3章描述过的观看内克（Necker）立方体］使进入眼睛的视觉信息保持不变，但知觉会发生变化。当知觉改变时，哪些神经元会改变其发放，或改变发放的方式，而哪些神经元不会改变？如果一个特定神经元的发放不随知觉改变，这就提供了一个"它不在现场"的证据。另外，如果它的发放确实与知觉有关，我们还需确定它是"真凶"还是"从犯"。

让我们换一种策略。我们能否将案发地点限定在某个特定的城镇、一个区或建筑物中的单元呢？这将使我们的搜索变得更有效。在我们的问题中，即我们能否大致说出视觉觉知神经元在脑中可能的定位呢？显然，我们推测它在新皮质。虽然我们不能完全忽略新皮质的紧密的近邻，如丘脑和屏状核，以及在进化上比较古老的视觉系统

---

1. 这种发放不太可能像图57表示的那样有规则。

（older visual system）和上丘，更不能忽略纹状体和小脑。视觉觉知不太可能存在于听皮质等区域，因此我们可以将注意力主要集中在图48所示的许多视觉皮质区域。或许我们能发现证据表明某些区域比其他区域被更紧密地牵涉视觉觉知。

这尚不足以找到凶手，但可能将我们引向正确的方向。罪犯可能是某种特殊类型的人，比如说，一名强壮的男子，一名心理失常的青少年，或者一群匪徒。在此处，可能涉及哪些类型的神经元呢？是兴奋性神经元？还是抑制性神经元？是星形细胞，还是锥体细胞？如果它们是在皮质上，那么在皮质中哪一层或哪些层才能找到它们呢？

另一种策略将是寻找它们之间是否有某些形式的通信联系，从而使之露出马脚。如果这是一帮匪徒所为，他们是否在汽车里使用了移动电话？用神经学的术语说，觉知是否依赖于仅仅出现在脑中特定位置上的某些特别形式的神经回路呢？

或许有人会寻找犯罪的动机。凶手犯罪能得到某种利益吗？他是否能得到经济上的好处呢？倘若如此，赃款被运到哪里去了呢？如果我们能在那里找到的话，我们或许就能追查到凶手。用神经的术语讲，视觉信息被发送到脑中的哪些部位了？这些部位又是如何与皮质视觉区域连接的呢？

此外，有人会问是否有某些特殊的行为将我们引至嫌疑犯。这或许是神经元群之间的相关发放，或许是这种或那种形式的节律或模式发放。如果我们怀疑是一群匪徒所为，谁最可能是头目呢？谁决定了匪徒们的行动？我们相信，觉知过程中经常涉及脑对哪种解释最为合理进行判断。这可能是一种包含某些神经元集团的一种"胜者为王"机制。如果我们能发现这种机制，那么胜者的神经本质也许能将我们指向觉知神经元。其作案时是否用过什么特殊的武器呢？正如前面所述，我们很有把握地猜测极短时记忆是觉知的本质特征。同时，某些形式的注意机制或许协助产生生动的觉知，因此，我们所知道的关于这些在神经水平的工作的任何知识都将把我们引向正确的方向。

简单地说，通过大量的实验手段能从观念上将我们引导到所寻找的神经元及它们的行为。现阶段，因为我们要解决的问题十分困难，我们不能忽略任何哪怕看起来只有很少希望的线索，现在，让我们更仔细地检查这些不同的途径的本质。

# 第 15 章
# 一些实验

*仅仅通过纯粹的逻辑思考，我们不能获得关于经验世界的任何知识。*

—— 阿尔伯特·爱因斯坦

　　猴子脑中的一个特定神经元也许会对视野中某块特定区域的颜色敏感。但是我们又如何确定它直接参与了对该颜色的知觉呢？比如，也许它只是脑把注意引向视野中那块区域的系统的一部分。倘若如此，一个人由于脑部损伤而失去了感知真实颜色的神经元，那么他所看到的世界只有黑白两色，但他的注意仍可能被引向一个色块。

　　这不只是一个抽象的可能性。牛津的阿兰·考维（Alan Cowey）及其同事详细地研究[1]了一个由于脑部损伤而失去了颜色知觉的人（通俗地讲，他看不见颜色，只能看到黑色、白色及不同浓度的灰色）。他们指出，实验中只要把两个小的颜色方块（被调节成等亮度）紧挨在一起，被试就能说出两个方块的颜色是否相同。而事实上该被试坚决否认他能感知两个方块的颜色。如果两个方块不挨着，他便无法完成这个任务，他的判断完全是一种猜测。这相当清楚地表明，脑在不感知颜色时仍能利用关于颜色的部分信息。

为了发现猴子脑中某些神经元的反应是否与它所见到的事物有关，斯坦福大学的威廉·纽瑟姆（William Newsome）做了一系列卓越的实验。实验中选择的皮质区域是MT区（有时称之为"V5"）。这里的神经元对运动响应良好，但对颜色没有直接反应，或者根本不响应（见第11章）。已经有实验表明，该区域受损伤后猴子对视觉运动的响应变得困难。不过这种障碍常常在几周后逐渐减弱，这或许是脑学会了使用其他通路的缘故。

继其他人的早期工作，纽瑟姆和同事们首先研究MT区的单个神经元对选定的运动信号怎样作出反应[2]。这些信号是由显示在电视屏幕上的快速变化的随机点图组成的。一种极端情况是所有这些瞬变的点都朝一个方向运动。这种运动很容易被识别。另一种极端是使这些点的平均运动为零，这就像更换电视频道时，屏幕上有时会看到"雪花"一样。观察者必须报告运动是沿给定的方向还是相反方向。当平均运动为零时，结果是随机的。

纽瑟姆和同事们使用了这些闪烁图案的各种组合。如果所有的运动朝一个方向，猴子（或人）总能正确地发出信号报告该运动方向。如果只有部分点朝一个方向运动而其他各点随机运动，则观察者有时会犯错误。沿该特定方向运动的点所占的比例越小，犯错误的次数就越多。通过改变这个比例，就有可能画出一条观察者的准确度与具有相同运动方向的点所占百分比的变化关系的曲线。[1] 使用一种特殊的

---

1.这样一条曲线称为"心理测量曲线"

数学手段，可以找出那些最有效的方式判断运动方向。

　　他们总共研究了 200 多个不同的神经元。其中大约 1/3 的神经元判断的准确度与猴子相当。有些判断的准确度很差，但另一些对运动的判断的准确度比猴子要好得多。那么，既然猴子脑中有这些皮质神经元，为什么它不能更成功地作出判断呢？最可能的回答是，猴子不能仅仅选择一个神经元（即判断最有效的那个）来控制它的反应。它的脑必定使用了一群神经元。现在还不清楚它是如何做到这一点的。

　　这个实验的确说明了作出选择所需的视觉信息存在于 MT 区的神经元的行为之中，因此我们不能说那些神经元不能完成这个任务。遗憾的是，这并不能证明它们确实执行了这个任务。

　　纽瑟姆的下一个实验则更深入一步[3]。他和同事们提出了这样一个问题：当猴子进行较难的鉴别任务时，如果我们能适当地刺激 MT 区的神经元并使它们发放，猴子的判断能否得到改进呢？

　　从技术上讲要仅仅刺激一个神经元并不容易。幸亏在皮质 MT 区，具有相似反应形式（即对视野中一个特定部位的一个特定运动方向反应）的神经元通常彼此形成一簇。这样用电刺激靠近目标神经元的那一小块区域，很有可能使这些具有相似特征的神经元一起受到刺激。

　　他们一共做了 62 次实验。其中大约半数情况下电流刺激明显改善了猴子对运动的鉴别能力。这是一个相当惊人的结果。它意味着通过使视皮质中适当位置的神经元兴奋，我们可以改变猴子对特定视觉刺激的反应方式。电流必须加在这一特定位置才有效。如果电流刺激皮质MT区其他位置则对猴子完成这种特殊任务几乎没有影响。

这是否意味着MT区的一小块区域包含在识别那种运动的神经相互关联之中呢？这当然是可能的，但要肯定这个结论还有不少困难。

可能有一种反对意见是，虽然猴子表现出了恰当的（鉴别）行为，但是实际上它并没有看见任何东西。它仅仅像个自动机器那样作出反应，而并没有视觉觉知。要确切地回答这种反对意见，就必须完全了解猴子和人的视觉系统；因此，目前我们只能假设猴子具有视觉觉知，直到有证据表明并非如此。

人们还可能争论说，即便猴子具有视觉觉知，但它在完成这个特殊任务上并未形成视觉觉知。看来这不大可能，因为在这一任务中猴子和人作出的选择是类似的，也就是说，他们的心理测量曲线是相当一致的。猴子的表现并不比人差很多。这很可能是二者的脑运用了相似的机制；不过，还有一个困难。

如果一个人重复进行这项任务，他的行为差不多常会变成机械的了。他会报告说他几乎没有瞥见这个运动，尽管如此，他的选择却比随机情况要好得多。由于不能用语言向猴子描述这个任务，故它比人更难训练。纽瑟姆的猴子可能经受了过度的训练，因此它们的行为或多或少变得机械了，而几乎没有什么视觉觉知参与。

我怀疑这种反对意见是否很重要。因为当所有的闪烁光点向一个方向运动时，我们很清晰地看到了这个运动，几乎可以肯定猴子也看到了。遗憾的是，由于猴子已能近乎很好地完成了任务，在这种情况下刺激电流引起的差异微乎其微。或许可以进行这样一种实验，先让猴子学习鉴别另一种运动刺激（如一个有朝向的棒）的运动方向，并在它被过度训练之前进行这种运动光点的测试。这种实验具有一定的风险，因而并不容易做，但或许值得一试。

一种更激烈的反对意见是，虽然皮质MT区的神经元的行为看上去与猴子的鉴别有关联，因而也可能与视觉觉知有关，但这并不意味着这些特定的神经元就是产生觉知的地方。它们可能通过发放影响其他的神经元（或许是视觉等级的其他部位），而那些神经元才是真正与觉知相关的。

要回答觉知这个问题，唯一的方法是研究其他皮质区域。如果我们在其他地方不能发现具有相似的鉴别能力的神经元，则MT区的神经元与觉知相关的可能性便增加了。从长远考虑，在我们更多地了解全部视觉区域，特别是它们如何相互连接之前，我们不可能寄希望于能将视觉觉知的区域限定下来。无论如何，纽瑟姆的一些实验在这一研究方向上迈出了非常重要的第一步。

如果视野中的某些刺激引起有关神经元发放，我们自然会猜测该神经元可能是与那些刺激相关的神经对应物。不过，正如刚才解释的那样，这种结论并非必然。是否有某些更有效的方法可以缩小搜索觉知神经元的范围呢？我们能否找到这样一种情况，其中视觉输入保持恒定，而知觉却在变化？那样我们便可尝试去寻找猴子脑中哪些神经元的发放随输入而变化；更重要的是，哪些神经元是随知觉而变化。

一个显著的情况是观察内克立方体（图4）。此时图形保持不变，但当我们把它看作三维时，开始时知觉是一种形式，然后又变成另一种形式，如此下去。目前并不清楚脑中什么部位具有关于三维立方体的知觉。我们应该研究某些容易在猴子视觉系统中定位的情况。

一种很值得注意的可行性是基于已知的双眼竞争现象。当两只眼睛接收与视野中同一部分有关的不同视觉输入时，这种情况就会出现。头部左侧的初级视觉系统接收视野中双眼凝视点右侧的输入信息（右侧则与此相反）。如果两侧的输入不能融合，而是先看到一个输入，再看到另一个，如此不断交替，则这两种互相冲突的输入被称为"竞争的"。

你可以在旧金山的博览会看到一个颇具戏剧性的双眼竞争的例子。它是由萨莉·杜宁（Sally Duensing）和鲍勃·米勒（Bob Miller）设计的。[4] 在博览会的演示中，观察者把头放在一个固定的位置上并要保持凝视点不动。通过一面适当放置的镜子（图58），观察者的一只眼睛能看到他面前的另一个人的脸，而另一只眼睛看到的是侧面的一个空白的屏幕。如果观察者在这个屏幕前晃动他的手，则在他的视觉中，脸从原来的位置上被抹掉了！手的运动在视觉上非常显著，从某种意义上吸引了脑的注意。若不注意的话，是看不见脸的。如果观察者移动他的眼睛，脸又会重新出现。

在某些情况下消失的只是脸的一部分（图59）。例如，有时还会

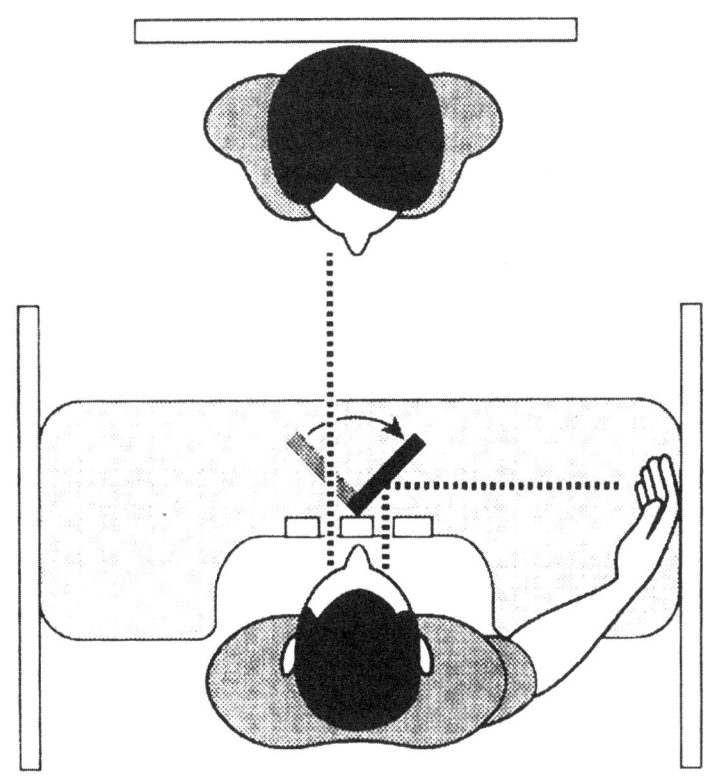

图58  博览会参观者使用的"柴郡猫效应"演示的示意图。其中提供的是一个
双面的镜子,以便观察者可以方便地使用任何一只眼睛作为消失的视野。这种设置
允许观察者使用自己的手来产生消除效应

留下一只或两只眼睛。如果观察者看的是一个人脸上的笑容,此时会
出现脸消失了而只留下微笑的情况。由于这个原因,这种效应被称
为"柴郡猫效应"(Cheshire Cat effect,是以《爱丽丝漫游奇境记》中
的猫命名的)。你可以用一个简单的袖珍镜子做试验。结果非常有趣。
如果被观察者和观察者的手后面都是均匀的白色背景的话,实验效果
会更好。

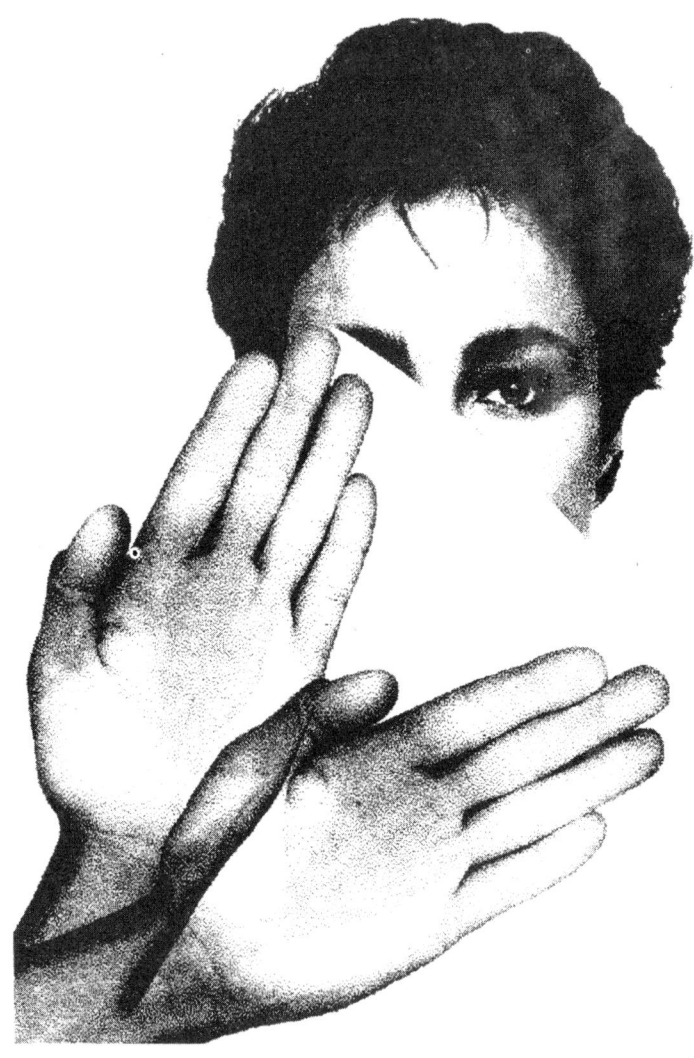

图59　观察者坐在图58所示的仪器前并保持凝视。如果他晃动右手，使得镜中手的影像穿过另一个人的脸的部分影像，脸的那部分就会消失。如果他移动眼睛，脸又会再次出现（注意，镜子把右手影像成左手）

到目前为止尚未对猴子进行这种实验。在麻省理工学院进行过一种简单得多的实验：尼科斯·罗格赛西斯（Nikos Logothetis）和杰弗里·萨尔（Jeffrey Schall）训练猕猴对看到的向上或向下运动的水平光栅作出判断。[5] 为了产生双眼竞争，向上运动的光栅被投射到猴子的一只眼睛，而向下运动的投射到另一只眼睛，并使两个影像在猴子的视野中重叠。结果猴子交替发出信号表示它看到了向上和向下的运动，这和我们作出的反应是一样的。请注意，到达猴子眼中的运动刺激总是一样的，而猴子的感受大约每秒钟改变一次。[1]

皮质MT区主要检测运动而对颜色不感兴趣。当猴子对运动的感觉有时向上有时向下时，短时间内MT区的神经元的行为是怎样的呢？回答是，有些神经元的发放与感觉有关，其余的神经元的平均发放率则相对地保持不变，与猴子当时看到的运动方向无关（实际数据要比这简单的描述杂乱得多）。

这一结果表明，在某一时刻，不可能所有的视皮质神经元的发放都与我们的视觉感受有关。当然，如果有更多这样的例子，情况就会更好些。遗憾的是，这并不能准确地限定出觉知神经元的位置。如同对纽瑟姆的实验的解释一样，真正的关联或许是视觉等级系统其他地方的神经元的发放，而它们受到了MT区的那些神经元发放的影响（至少是部分受影响）。拉马参准曾经提出[6]，这种竞争可能不是一种真实运动的竞争，而是一种形状的竞争，其真正的位置或许在于视觉等级系统较低的层次，或许是皮质V1区或V2区。同样，即使某些觉知神经元确实位于MT区，目前的结果并不能证实它是哪些神经

1. 时间间隔遵从 γ 分布。

元。它们在哪些皮质区呢？哪些类型的神经元趋向于随知觉而不是视觉输入而改变呢？正如对纽瑟姆的结果的讨论一样，这里同样存在着猴子被过度训练的可能。尽管这种可能性不大，因为训练对竞争的影响很小，但仍会引起忧虑。再说，即使有所保留，这些也是很重要的实验。进一步的研究将会把我们引向用神经术语来解释视觉觉知。

在其他条件下，是否还会出现视觉输入不变而知觉却由于某种原因发生变化的情况呢？当然，有时观察者会突然"看见"一个原来并未发现的物体，如图9中的隐藏着的达尔马提亚狗一样。但要在猴子身上进行这种研究并不容易。人们会说："瞧，我现在看见一条狗。但我以前没看见过。"让猴子告诉我们这些则困难得多。此外，一旦观察者从图中辨认出那条狗，在随后的实验中他通常能直接认出它。因而要多次重复同样的实验是困难的。而这种重复正是取得科学的可靠结果所必需的。

一种可能性就是研究从觉知中逐渐消失的图像在脑中产生的影响。这些影像是稳定在视网膜上的（回想一下，我们通常通过各种各样小的眼动来防止这种消退）。最初通过在眼球上放置一个小的装置来将图像稳定在视网膜上，这使眼睛感到很不舒服。它能将选定的光学图案投射到视网膜上。不管眼睛如何运动，图案一直保留在视网膜上的同样位置，因而会逐步褪去。20世纪50年代时进行过多次这类实验，但此后，虽然产生稳定的影像的装置更精密也更舒服，但这类实验似乎却不再进行了[7]。

人们或许认为这种消退过程主要发生在视网膜，因而对我们来说兴趣不大。但看来这不大可能是真的。这些早期的研究表明复杂的图像并不总是以一个整体消退[8]。一条直线常被作为一个整体，但是构成一个方块或三角形的几条边却可能独立地消失。锯齿形的图形不如弧形稳定。格式塔心理学家所说的"好的图形"比"差的图形"的活动更具整体性。如果有一个图案是一个大写字母B，并有粗糙的弯曲线穿过，弯曲线通常比字母B更早褪去。这表明消退主要发生在脑中，而不是在眼睛里。因此我们值得去做一些尝试，比如训练一只猕猴，使它能在清醒状态下用信号表示它所见到的东西。将各种不同的图案固定在它的视网膜上，观察当部分影像从觉知中褪去时哪些神经元受到了影响。

另一种可能性是对拉马参准的引人注目的实验报道（图19）进行进一步研究。人为地损坏猴子皮质V1区的一小部分可造成一个局部盲区（称为"盲点"）。该实验涉及由静止的两条未排成一线的平行线段在触及这个盲区时产生的表观运动。如果我们能训练猴子用信号报告，区分运动和静止、对准和错开、中断和连续等各种情况，那么这项研究就有可能在猴子身上进行。据我所知，迄今为止还没有人做过这种尝试。

已经有人在猴子的真正盲点做了一项简单的实验（关于我们盲点的心理学描述，请见第3章）。在V1区有一个区域与盲点相对应。在这里皮质仅接受来自一只眼睛的直接输入，而另一只眼的光感受器不能覆盖视野中的这一部分（回想一下，脑中一侧的V1区的大部分神经元均接受来自双眼的输入，虽然它只处理视野对侧一半的信息）。人们或许认为盲点区域内的神经元仅对来自一只眼的信号有反应。令人吃惊的是，这并非事实。里约热内卢联邦大学的里卡多·伽塔斯（Ricardo Gattass）和同事们已经证实，猕猴的盲点区中有些神经元确实对来自双眼的输入有反应[9]。这种令人意想不到的、来自在该区域是局部上盲的眼的输入，或许直接或间接地来自邻近的接受双眼输入的皮质组织。不管它来自何处，实验表明，V1区盲点上的神经元按第3章所述的方式发放脉冲对信号作出反应，对外界图形实现填充。同时，这决定性地否定了丹尼特（Dennett）的观点（在第4章作过概述）。这样简洁的例子却说明了一个普遍原理：无论何时你清楚地看见视觉场景的某个特征，那么一定有一些神经元在发放，它们的活动显而易见地象征那个特征（另一个关于这个原理的例子是第11章描述的对主观轮廓的神经反应）。

与通常的视觉输入引起的神经反应的例子相比，这个特殊的盲点现象没给我们提供多少关于觉知神经元定位的信息。如果它能像早期建议的那样扩展一下，研究对于不变视觉输入下的感觉的变化情况（图19），那对我们的探索是有所帮助的。

另一个途径是研究在哪些情况下不同的视觉输入会产生相同的知觉，或者至少是产生了这种知觉的某些组成单元。一个例子是索尔克研究所的汤姆·奥尔布莱特（Tom Albright）和合作者在猕猴皮质MT区做的实验。结果表明，即使所研究的运动物体有相当大的差异，MT区的某些神经元的发放也具有非常一致的特性。比如，一块波纹穿过视野运动，它们在MT区引起某些神经元的发放，与一根直棒在相同位置朝相同方向运动的效果大致相同。尽管图案不同，但它们的运动很相似（他们把这称为"形状-线索不变性"）。

到目前为止他们尚未证实这种神经元在类型、定位或发放行为上是否存在特别之处。如果它们是觉知神经元，我们也许希望，不管输入信号是什么，它们的发放（或是其中某些特性）总与视觉知觉相关。

由于至今证据仍不充分，因而有理由提出这样一个问题：人们能否精确地研究在动物警觉及处于无意识状态下同一个神经元的行为？由于技术上的原因，当动物被麻醉而处于无意识状态时做这样的实验是很困难的。不过有实验比较了猫在警觉状态和慢波睡眠时的情况。[1]

1981年神经科学家玛格丽特·利文斯通（Margaret Livingstone）和戴维·休伯发表了这样一个实验[10]。他们研究的神经元大多在皮质V1区。[2] 动物的眼睛是睁开的，因而即便在慢波睡眠时V1区的神经元也对放置在动物面前的屏上由计算机产生的视觉信号作出反应。当他们记录到某个特定神经元的反应时，他们把动物唤醒，并用它刚看到的同样刺激再次测试。

当动物清醒时，他们研究的每个神经元的反应形式与睡眠时大致相同，也就是说，如果它对视野中某个位置的具有一定朝向的直线敏感，那么无论动物是处于清醒状态还是睡眠状态，它的最佳刺激都是一样的，只是清醒时通常信噪比要好一些。[3] 不管怎样，有相当数目的细胞的发放率在动物清醒后比睡眠时要高。或许这没什么可惊

---

1. 在快速眼动（REM）睡眠上，脑波与清醒时很相似，表明这时脑至少是部分有意识的，如同我们做梦时好像是有意识的。而慢波睡眠（非快速眼动）的脑波与警觉时相差很大，此时很少做梦。因而有理由假设慢波睡眠时我们通常是无意识的。
2. 他们也测试了一些侧膝体的神经元。
3. 即，神经元对刺激的发放率与背景发放率之比更高。

讶的，而令人感兴趣的结果是，皮质较低层次（第5层、第6层）的反应的改变比高层更为显著。

他们使用一种化学物质（有放射性的2-脱氧葡萄糖）来证实这个一般性结果。这种物质可以显示在这些皮质层次由视觉刺激产生的平均行为。这些行为是在大约半小时内的平均结果。一种情况下动物处于清醒状态，在动物睡眠时则使用一种不同的放射性同位素作为对比。结果大致是相同的。当动物有意识时，皮质较低层次的行为有显著改变，较高层次的变化却很小。

这促使人们得出这样一个广泛的推论，它远超过目前的证据。这就是，皮质较高层次的活动主要是无意识的，而至少有部分低层神经元与意识有关。我必须承认我过分地喜爱这个假设。如果确实如此，那将是十分美妙的。但我不能全身心地接受它，或许有其他原因使得慢波睡眠时较低层次的活动变弱。

通过研究注意机制，我们能够得到对有关觉知的任何知识吗？关于注意的神经机制的实验研究已经进行了一段时间。一些实验是在清醒的猴子身上做的。他们记录了当猴子在完成特定视觉任务时脑多个部位神经元的发放。也有一些实验对人使用如第8章所描述的PET扫描。我不打算重复所有这些实验；相反地，我将只简述其中一个实验及其结果。

马里兰州贝塞斯塔（Bethesda）的国立精神卫生研究所的罗伯特·德西蒙（Robert Desimone）和同事们曾经训练猴子凝视视觉显示

一侧的一个点并（目不转睛地）注意该显示的某个特征[11、12]，随后闪现了各种信号。实验者研究了在皮质V4区的一个特定神经元对该位置上的视觉显示的响应。V4区的神经元对颜色更敏感。假设研究的神经元对具有一定朝向的红色棒有反应，而绿色的棒对它没有影响（当然，此时V4区中未被研究的其他神经元，有些也会对绿色棒而不是红色棒有反应），每次显示均包括两种颜色棒，一根红色的（对该神经元是有效刺激），而另一根为绿色（无效刺激）。二者均在神经元的感受野内。当猴子注意红色棒占据的位置时，神经元的发放与猴子不注意时相同，或者更高些。[1]然而，在那些猴子注意绿色棒的实验中，这个对红色敏感的神经元的发放降低了。因此，注意不仅仅是个心理学的概念。它的影响可以在神经元水平上观察到。当猴子注意某处时，对被注意刺激敏感的神经元发放会增强，而当猴子注意其他位置时，尽管眼睛的位置以及输入的视觉信息与上次完全相同，那个神经元的发放也会减弱。

他们这样描述所得的结果：

> V4区的神经元……具有如此大的感受野，以致许多刺激都落入其中。人们也许期望这样的细胞的行为就反映了其感受野内所有刺激的特征。然而已经发现，当猴子将其注意局限在一个V4区……细胞的感受野的一个位置时，该细胞的反应首先由被注意位置上的刺激决定，就好像感受野围绕着注意到的刺激渐渐"收缩"一样。

---

1. 如果任务是简单的，那么发放大致相同。如果颜色的鉴别变得更困难，注意会提高发放率。

由于理解它们并不容易，我就不详细描述他们的结果了。他们指出，关于注意的探照灯的简单理论似乎并不正确。要解释它们需要更复杂的机制，而这种机制尚未建立。

丘脑是否参与了注意呢？作为"皮质的入口"，丘脑具有许多相当不同的区域，其中有些与视觉有关。从眼睛到皮质的主要通路需要经过侧膝体（lateral geniculate nucleus，缩写为LGN）。侧膝体是丘脑的一部分（见第10章的描述）。（灵长类）其他丘脑视觉区位于称为"丘脑后结节"的区域。[1] 它是一个大的丘脑核，比侧膝体显然要大得多。

贝塞斯塔的国立眼科研究所的戴维·李·罗宾逊（David Lee Robinson）和同事们在猴子的丘脑后结节的一部分做了大量实验。看来，引起丘脑后结节反应的特征依赖于它们来自视皮质的输入，而不是来自上丘。[2]

如果通过化学手段使丘脑后结节的一小块区域的抑制增强，猴子转移注意会更困难；相反，降低抑制将使转移变得容易。其他人进行的一些实验表明，丘脑后结节扮演的角色是抑制来自无关事件的输入。对三名丘脑损伤患者的研究表明他们形成注意有一定困难。对正常人的PET扫描显示，当视觉任务分散注意力时，丘脑后结节的活动增强。

---

1. 丘脑后结节包括三个主要部分和一个较小的部分。其中两部分前区和侧区是与视网膜区域相对应的，每个均有一个或更多的关于视野的投射。它们与大多数初级视觉区域有双向连接，并接受来自上丘的很强的、非双向连接。第三部分称为中丘脑后结节，并不具有与视网膜区域的对应，而主要与顶叶及额叶有双向连接。它可能对其他感觉反应，而不仅仅是视觉。它可能更多参与认知过程，而很少参与形成生动的视觉觉知。
2. 回想一下，上丘与眼动控制有密切联系，而眼动控制是视觉注意的另一种形式。另外，从上丘到丘脑后结节的输入，看来更多地与视野不同部位中显著特征有关。

这些干扰物使得被试用更多的注意来完成任务。所有这些结果（综述文章见参考文献 13）有力地表明了丘脑的这些部分与在视觉注意的多个方面密切相关。[1]

这里尚有广阔的领域可以从事进一步的工作。需要进一步更细致地研究上面提到的每个丘脑后结节区的准确连接。比如说，几个视网膜区域对应区的连接方式有何不同？我们能否更准确地了解丘脑后结节的每个特定部位如何影响注意，以及它如何与相关的各个皮质区域的神经元相互作用呢？进一步的实验工作应当能回答这些问题（我在第 17 章对关于丘脑后结节不同区域的一些推测性想法进行了讨论）。

我们从对丘脑的研究中得到了多少关于视觉觉知的神经机制的知识呢？既然注意对觉知是重要的，忽略它将是愚蠢的。为了揭示视觉的奥秘，我们不仅需要了解新皮质如何工作，而且需要了解侧膝体和丘脑后结节。

有关的实验能否在人而不是猴子上做呢？这种实验的优点在于被试可以口头报告他们的体验，而猴子做不到。然而，出于伦理学原因，不太可能将电极插入一个人的脑中。不过，有时为了医学治疗必须这样做。从头颅外面研究脑波也是可能的，但这些结果通常更难以解释。

这个方法最初是由在加利福尼亚州立大学旧金山分校工作的本

---

1. 安德森（Jim Anderson）和范·埃森（David van Essen）[14] 也提出了这种观点，并将其作为他们的移动回路理论的一部分。

杰明·里贝特（Benjamin Libet）开展的。他喜欢在人体上做实验，因为他有理由相信别人是有意识的（他对猴子是否也有意识则并不那么有信心）。在过去，不仅是心理学家和神经科学家，还包括职业医生，都对关于意识的任何实验工作持严肃的怀疑态度。对于外科医生和麻醉师而言，他们几乎唯一的兴趣是如何在手术过程中对病人麻醉，以使病人察觉不出所发生的事情。这样做，部分是为了减轻病人的痛苦，部分是为了防止病人控告他们（里贝特告诉我，在他获得终身教授职位以前，他很明智地不在清醒的人身上做意识实验）。

里贝特的主要工作涉及自发运动前的某些脑波，以及脑中这些事件与被试出现试图或希望运动的觉知出现的时间有怎样的关系。[1]他的结果表明，对于这种形式的有意识的觉知，必定存在某个最短时间（100毫秒左右）的神经活动。这个时间的精确值或许依赖于信号的强度以及环境。

他的其他一些更新的工作是关于刺激丘脑的一部分——腹基复合体的效果。腹基复合体主要与触觉和痛觉等感觉有关。这种实验是在一些病人身上做的，在丘脑的这一部分安插电极可以减轻他们难以控制的疼痛。虽然这些实验[15]并不涉及视觉，但可能与盲视（如第12章所讨论的）的解释有关。因此我将对它们进行描述。

被试的丘脑接受了一定数量的刺激。然后，他（或她）需要判断

---

1. 由于两个原因我将不描述这些实验：它们并不直接与视觉系统有关，而且很难解释并引起了争论。这样，如果要全面讨论它们，要用一定的篇幅来描述。这作为一个旁证来说太长了。它们更多地与自由意志问题有关，我将在跋中作简要讨论。

刺激在何时出现（如果必要的话可以猜）。更精确地说，要判断刺激是出现在一种特殊的光点亮的1秒内，还是随后另一种不同的光点亮的1秒内。被试按下提供的两个按钮中的一个来表明他的选择。如果他不知道刺激何时出现，他就必须猜测，因而平均来说有50％的正确性。当刺激及反应结束以后，他需要按下三个按钮中的一个来表示他是否曾经察觉到了刺激。如果被试在通常的位置上曾察觉到了刺激，即便非常短暂，他也应按第一个按钮。如果他无法确定，或者认为他可能感受到了什么，就按第二个按钮。如果他只是觉得什么也没感觉到，则按第三个按钮。

里贝特及其同事们设计的实验十分复杂，因而我将只叙述其大致结果。刺激是由每秒72次的电脉冲组成；在不同次实验中会传递不同数目的脉冲，其幅度保持不变。结果表明，即便脉冲序列过于短暂而不足以引起觉知，被试的成绩也比随机选择要好。而要察觉刺激（即便这种觉知有不确定性）需要相当长时间的序列。

里贝特及其同事们解释说，这暗示着形成觉知需要一定时间的脉冲刺激。遗憾的是，在这些实验中他们并没有系统地改变刺激的强度。但这些及较早的工作已表明，提高一个固定时程的序列的强度可以改变被试的反应，即从无觉知状态到有觉知状态。简而言之，在躯体感觉系统中，一个弱的或短暂的信号能影响行为但不引起觉知，而较强或较长时间的同样形式的刺激能使觉知出现。由较强或较长时间刺激引起的精确的神经行为尚有待确定。

这一结果意味着，当试图解释盲视时，我们不能忽视一种类似的解释，即，从侧膝体到诸如V4区的通路太弱，不足以产生视觉觉知，但足以对人的行为产生影响。

　　虽然本章描述的实验尚不能得出任何关于视觉觉知的精确的神经关联的强有力的结论，但它们确实表明通过实验途径来研究意识是可能的。只要我们热情而执着地追求，这样的实验最终一定能促进问题的解决。

　　另一个平行的途径是试图猜测答案的一般本质，并把它仅仅作为进一步实验的指导。没有这种指导，实验便无法进行，其中一些猜测性的观点将在下一章概述。它们至今尚未形成一个和谐的观点集合，而更像是尝试性建议的大杂烩。不过我们将看到，它们之中的一些观点可以合理地组织在一起。

# 第 16 章
# 种种推测

无论何时我宁愿犯一个前进中的错误，只要它充满不断自我改正的种子。而你就抱着你的僵化的真理去吧！

——维弗雷多·帕雷托（Vilfredo Pareto）[1]

在一个指定时刻，某些神经元的发放与视觉感知的某些特性有关联。到此为止所概述的实验将有助于我们识别这些神经元。在猴子脑的一侧的视觉皮质区域大约有5亿个神经元。是否存在一些线索能将我们引向所寻找的神经元呢？

存在这样一种可能性，即虽然在任何特定时刻这些神经元中只有一小部分会成为觉知神经元，但它们全都具有扮演这一角色的潜力。从双眼竞争时神经元的行为来看，这似乎不大可能（见上一章的讨论）。不过也有可能有些非觉知神经元却在某些场合起这种作用。更为可能的是存在若干种形式各异的视觉觉知，对应于简单特征的觉知可能十分短暂，生动的视觉觉知则维持的时间更长一些；或许还有一种更深层的形式，它确实是与视觉有关的，但并不与好像出现在脑中

---

1. 维弗雷多·帕雷托（1848-1923），意大利经济学家和社会学家。他在华莱士之后将数学应用于经济学。他的关于社会的精英理论对后来的墨索里尼的法西斯党有很大影响。——译者注

的视觉"影像"相对应。我在概述戴维·马尔的观点（见第6章）和杰肯道夫的观点（见第14章）时已经涉及了这个问题。为了把问题简化，让我们把话题集中到生动的视觉觉知上（此时杰肯道夫的观点大致等同于马尔的2.5维图）。

我们的视觉世界的内部图像有一个显著的特征，那就是它组织得相当好。心理学家会很乐意向我们展示它并不像我们常常想象的那样有规律 —— 即，我们对相对大小和距离的判断并不总像工程师的图纸那样精确。但在一般情况下我们观察周围环境的时候很少会把它们弄混。真实的外部世界永远存在于那里，这是事实，因而脑可以利用这一点来检验它可能作出的任何暂时的判断。但是，即便如此，当我们的脑产生一个关于眼前的视觉世界的符号表象时，该表象在空间上仍组织得非常好。

如果视觉等级所有层次上的神经元都对它们所响应的特征在视野中的精确位置十分敏感的话，这就不会让人感到十分惊讶了。但我们已经看到这并非事实。有的神经元对复杂物体（如一张脸）的反应特别好，而不管这张脸是直接位于动物的凝视中心，还是稍微偏向一侧，甚至比正常的正上方位置更偏一些，该神经元的反应都几乎一样好。这是合理的。对于所有的高层次特征，几乎不可能在每个可能的位置上都有一个独立的神经元与之相对应。不可能有足够多的神经元来完成这个任务。

另外，V1区的神经元，确实对有关特征（诸如朝向、运动、颜色、视差等）在视野中的准确位置敏感。它们之所以能做到这一点，是因为那些特征相对简单且固定不变。同时，这也得益于 V 1 区中处理出现在凝视中心附近的特征的神经元特别多。

在1974年，心理学家彼得·米尔纳（Peter Milner）发表了一篇颇具洞察力的文章。[1]在文章中他主张，基于上述原因，初级视皮质（如V 1区）也像高层视皮质一样被紧密包括于视觉觉知中。他猜测，其实现机制可能涉及了从视觉等级高层的神经元向低层的大量反馈[1]。目前尚不清楚这些反馈的确切功能。由于它们是皮质之间的连接，它们都来自那些传递兴奋性的神经元。关键问题是它们的强度有多大。对此见解各异。有一种可能是，虽然这些反馈足以调节由其他输入引起的任何发放，但通常仅靠它们的强度尚不能使细胞快速发放。这可能意味着其作用对于后续的几个阶段来说太弱，不足以产生影响。如果区域C反向投射到区域B，而B同样也反向投射到区域A，人们就可能怀疑，除非从C直接反馈到A，否则在C发生的事件能否间接地通过B而对A产生足够的影响？我们将此图解为：

（仅显示回传通路）。C能影响A吗？ 或许我们需要一条附加的通路（显示在另外那两条通路的上方）来做到这一点。

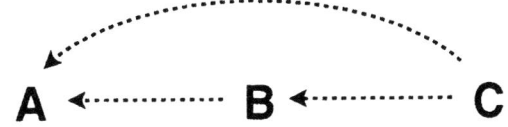

---

1. 这篇文章是他在休假时写的，并不太为人所知。克里斯托弗·科赫和我之前都没听说过。幸运的是，1991年我们和彼得在亚利桑那州参加一次会议，他向我们谈到了这篇几乎被遗忘的文章。在这篇文章中他还提出了解决捆绑问题的相关发放观点。这些年来斯蒂芬·格罗斯伯格、安东尼奥·达马西欧、西蒙·厄尔曼等人对这些回传通路的功能提出了类似的观点。

因此我们会问，猴子脑中的哪些皮质区域直接反向投射到了V1区？

参照图52的连接示意图我们可以看到，几乎所有不高于V4和MT层次的视觉区域确实有直接返回V1的连接，大多数等级上更高层次的区域则没有这种连接。这是否意味着仅仅是图52中较低部分的神经元直接与生动的视觉觉知有关呢？

由于皮质V2区也很大，并具有完全的视网膜区域对应，作为一种替代，或许我们只需考虑那些向V1或V2有反向投射的区域。这将涉及更多的皮质区域，但不包括颞下区域（那些名字以IT开始的区域）。

我相信这些观点会包含一定的真实性，但其论据是站不住脚的，无法作为引导我们探索的依据。它有所暗示，但并不令人信服。此外，更新的工作[2]表明向回投射到V1区的皮质区域比最初想象的要多。此时最好是在探索问题的过程中暂且将此事记在心里，但并不过多地相信它。在这一阶段，最重要的是更多地去了解关于这些众多的皮质反馈的解剖学和行为学。

另一种可行的策略是研究在某种意义上觉知是否需要脑与自身的通信的参与。用神经学的术语说，这或许意味着像杰拉尔德·埃德尔曼（Gerald Edelman）曾经提出的那样[3]经过一步或多步之后能回到出发点的再进入通路是必不可少的。然而问题是，很难发现一条通路不是再进入的。从该判断规则来看，海马是意识的确切位置（由于它的大部分输入来自内嗅皮质，而它的大部分输出回到那里，故是属于再进入的），但事实并非如此。这个反面的结果表明，我们必须小心地使用再进入规则。

再进入通路最简单的形式也许就出现在仅仅两个皮质区域之间。例如，区域A投射到区域B，而区域B也投射到区域A；但通常这种情况总会出现，它并不能给我们更多的帮助。我们能否将再进入的观点更加精确，并使之更加有用呢？

回忆一下，对于许多皮质区域，如果区域A投射到区域B的第4层，那么区域B并不投射到区域A的第4层。反向投射避开了那一层。我们可以用符号表示为：

$$\textbf{A} \xleftarrow{\hspace{2cm}} \xrightarrow{\hspace{2cm}} \textbf{B}$$

其中实线箭头表示"进入第4层"。这表明我们只需在少得多的情况下寻找两个彼此投射到第4层的皮质区域，用上面的约定，即：

$$\textbf{A} \xleftarrow{\hspace{2cm}} \xrightarrow{\hspace{2cm}} \textbf{B}$$

在图52的等级中，同层次上的皮质区域之间存在这种情况，但不总是如此。MT、V4和V4t就是明显的例子。

这个观点对我很有吸引力。很容易得到一些理论上的论据，使它具有一定的学术地位。遗憾的是，这种所谓的第4层的精细的神经相互连接细节尚未得到仔细研究。这种观点确实值得关注。

让我们来尝试一种相当不同的途径。到目前为止我们主要在谈论皮质区域。我们能否更进一步，试着猜测一下皮质的哪些层参与了表征觉知呢？或者更进一步，在这几层中哪些类型的神经元可能参与了呢？现在我们确实有了为数不多的零散的证据。

有一类引人注意的皮质神经元，它们是第5层的一些锥体细胞。它们是投射到皮质系统之外的唯一的神经元（我指的皮质系统是大脑皮质及丘脑、屏状核等与此紧密相关的区域）。可能有人争辩道，在脑中，从某一部分传到其他部分的应当是神经计算的结果。我已经说过，视觉觉知可能就对应于这些结果的一个子集。这使人们对这些特殊的锥体细胞感到好奇。它们还有其他不寻常的特性吗？（归根结底，科学家所谓的"证明"就是在对一个物体或概念的许多显然不同的方面终究达成一致）事实上，其中一些神经元能以一种特殊的形式发放。许多神经科学家发现这种神经元[1]趋向于"成簇"发放。他们将电流注入皮质切片上的许多不同的单个神经元中，发现其发放模式有三种类型[4]。第一种对应于抑制性神经元，第二种是大多数锥体细胞，但第三种神经元看来大部分是第5层较大的锥体细胞，它们在这种环境倾向于成簇发放。这些细胞的顶树突延伸到皮质的顶层（第1层），在那里它们可能接受前面提到的反向投射的输入。

所有这些证据相当粗糙，仍使人不禁怀疑这些第5层的锥体细胞是否与觉知密切相关。即使第5层的锥体细胞确实表达了皮质计算的"结果"，也不能由此得出在各个皮质区域上所有这样的神经元发放时

---

1. 这些神经元产生的轴突脉冲并不完全很规则，时间间隔并不随机；相反地，它们倾向于在一个时刻产生一短簇几个脉冲，而不同簇之间具有较长的间隔，其间只有极少的脉冲，甚至没有脉冲。

就产生了某种形式的觉知。形成觉知或许还需要其他一些机制，比如说，某些特殊的短时记忆形式，如本章后面讨论的回响回路。

虽然这些观点还只是推测，但是它确实勾画出了一种重要性，即当一个神经科学家报告某些实验结果时，他应当知道他所记录的神经元在哪一层，如果可能的话，还应知道它是哪种类型的神经元。在研究警觉的动物时，这通常会有技术上的困难，尽管更加精心设计的新方法能使之变得容易些。

更为一般的观点认为我们应更为密切地注意皮质的各个层次。虽然一个神经元的树突和轴突经常延伸到几层，但细胞体位于哪一层，也许在正常胚胎发育过程中是由遗传确定的（与之相反，神经元的连接细节则主要受它的经历影响）。如果确实存在某些特殊类型的皮质神经元，其发放与我们所看见的相关，那么我们可以期望这些神经元的细胞体仅仅位于一个或少数几个皮质层或亚层中。

脑试图理解进入眼睛的信息，并以一种紧凑的、组织良好的方式来表达它，其结果就是视觉觉知。但除非它对生物体真的有用，否则没必要这样做。可能有几处不同的区域需要它。这些信息在脑中被送到了哪些部位呢？两个明显的部位是海马系统（包括事件记忆的临时储存或编码）和运动系统（特别是它的较高的规划层次）。我们能否从这两个目的地跟踪回传连接来确定皮质上视觉觉知的位置呢？

遗憾的是，目前这种方法带来的困难比它要解决的困难更多。视觉觉知很可能与其他感觉（如听觉和触觉）的信息在某个阶段结合。

当你喝一杯咖啡时，你能感觉杯子的外观及用手摸的感觉，还有咖啡的气息和味道。高级视觉区域确实投射到了多重感觉的皮质区。目前尚不清楚的是，2.5维略图的生动的表面视觉觉知，以及三维模型的不那么形象化的信息，哪一个与送到海马及运动系统的视觉觉知的类型关系更密切？或许二者均是需要的。

目前对皮质视觉区、多重感觉区与海马结构之间的解剖学连接已经了解很透彻了（图52）。它们清楚地表明，视觉区中如V4和MT区以及颞下皮质，并不直接投射到海马。视觉信息必须通过其他皮质区才能到达那里。遗憾的是，当前我们关于这些区域神经元的行为的了解还相当肤浅，还需要进一步研究。

目前对到运动皮质的通路已开展了一些研究，但仍有待深入。此外，还有其他路径更为间接地到达运动皮质。从皮质有大量通路到纹状体，有趣的是这些联结也来自第5层的一些锥体细胞。信息从那里传向丘脑的一部分，再传到皮质的多个运动和前运动区。还有一个通路从皮质到小脑，然后返回丘脑，再到皮质。这些通路中的一些或许参与了"无意识的"、相当机械的活动。如果我们希望了解各种形式的视觉以及其他感官的觉知，还需要更多地通过实验对脑的这些部位进行研究。

觉知神经元的发放常常可能就是有关的神经网络决策而得的结果，这是它的特点之一。作出公正的妥协是个线性过程，作出一个敏锐的决策则是高度非线性的。比如说，选举美国总统是一个非线性过程，按比例选代表则更接近于线性，至少在每个人投完选票以后是这样的。神经元及经扩展而形成的神经网络，其行为是高度非线性的，原则上这是没有困难的。

对于神经元而言，这个机制很可能像总统选举那样是个胜者为王的过程 —— 有许多神经元相互竞争，但仅有一个（或极少数）能获胜，这就是意味着它的发放更为剧烈，或以某些特殊形式发放，同时其他所有神经元则被迫发放更慢，或者根本不发放。

这在人工神经网络中是很容易实现的，只需使每个神经元具有兴奋性输出，同时抑制其他所有竞争者即可。活动最强的神经元有希望压制所有的对手（就像在选举中那样）。但对于真实神经元而言就不那么简单了，因为大多数情况下单个神经元的输出只能是兴奋性的或抑制性的，而不能二者兼有。有许多种策略可能避开这个困难，比如，使得所有兴奋性神经元刺激一个抑制性神经元，而后者反过来又抑制所有的兴奋性神经元，那么对平均抑制优势最大的那个神经元则有可能成为胜者。设计一个能令人满意的执行胜者为王操作的神经网络需要一定的技巧，但确实是可以做到的，特别是允许有不止一个获胜者的话。

似乎没理由认为自然界不曾进化出这种机制。问题在于如何发现在脑中正在进行这种操作的准确位置。到目前为止我们对皮质内部及附近的高度复杂的局域回路的了解还不够，不能有很大帮助。当然，随着我们知识的增加，这将有所改变。人们也许会发现皮质内的神经相互作用十分复杂，以致其中不包含简单的机制。但也可能这种关键过程使用了一些特殊的神经策略。我们所能做到的只有密切注视种种有希望的迹象。觉知并不总要求在两个或多个选择中作出决定［如同看内克（Necker）立方体］，这使问题变得复杂化。在其他情况下，在不同来源的信息间达成妥协或许更为有效，例如利用不同的深度线索判断视野中一个物体的距离。反之，在判断一个物体是否在另一个物体的前面并部分遮挡了它时，决策是必不可少的。

迄今为止我们寻找觉知神经元可依赖的线索相当少，虽然它也指出了一些有希望的方向。我们是否还有更多可循的途径呢？研究短时记忆的神经机制能否使我们获得关于视觉觉知的一些有用的东西呢？事实上似乎可以肯定没有短时记忆我们便不会有意识，但它应该短到何种程度，它的神经机制又是什么呢？

回想一下可知，记忆有两种主要类型。当你主动回忆某件事情时，必定在你的脑中某些地方有神经元发放来表达这个记忆。然而，你能记住许多事情，诸如自由女神像，或者你的生日，但在某一时刻你并不在回忆它们。一般情况下，这种潜在的记忆并不需要相关的神经发放。在储存记忆时，许多突触连接的强度（以及其他参数）被改变了，使得在给定合适的线索后，所需要的神经活动能被重新生成。这样记忆就储存在脑中了。

活动回忆和潜在记忆，（这两种记忆形式中）哪一种参与了我们所感兴趣的极短时记忆呢？比较可能的是活动形式的记忆，即，你对一个目标或一个事件的立刻的记忆很可能是以神经的主动发放为基础的。这又是怎样发生的呢？我认为至少有两种可能的发生方式。

　　第一种机制是，神经元具有的某些内在特性，如由于它的许多离子通道的特点，一旦它被激发之后，可能会持续发放。这种发放会持续一段时间后消退，或者该神经元在接收到某些使它停止发放的外界信号之前一直发放。第二种机制则有很大差别，它不仅涉及神经元本身，还与其他神经元的连接方式有关。可能存在一些"回响回路"，即由神经元组成的一个闭环，环上的每个神经元要使下一个神经元兴奋，并保持这种活动性不断地循环。这两种机制都可能出现，它们并不互相排斥。

　　此外，是否可能具有某些潜在形式的短时记忆呢？这将意味着参与的神经元开始受到刺激而发放，继而停止发放；但如果有一个足够强的线索唤醒潜在记忆而成为活动记忆，这些神经元会迅速再度开始发放。但是，除非第一轮的发放在系统中留下了某些痕迹，否则这又怎能发生呢？或许，有关的突触强度（或其他神经元参数）能瞬间改变，可以在短时间内体现这种短暂的潜在记忆。事实上，是否有实验证据表明存在这种突触的瞬间改变呢？附带提一下，克里斯托夫·冯·德·马尔斯博格（Cristoph von der Malsburg）在前面提到的一篇相当难以理解的理论文章中曾提出了这种变化。

　　克里斯托夫有所不知，此前已有一些关于瞬间突触改变的实验证据。它们最早是在20世纪50年代被发现的，其位于神经和肌肉结合的地方（即激发肌肉的神经与该肌肉接触的地方）[5]，离脑很远。不久以后，在海马也发现了类似的瞬间突触改变（综述见参考文献6）。当轴突脉冲到达一个突触时，它几乎同时改变了该突触，以使该突触强度增加。一个快速脉冲序列可产生一个较大的增长。这种突触强度的增加随后以一种复杂的方式衰减，有的较快，约50毫秒；而慢者衰减时间在几分之一秒到一分钟左右。这正是短时记忆所涉及的时间。还有一些证据预示短时记忆也出现在新皮质的突触上。看来，这主要是由突触的输入一侧（突触前侧）的改变引起的，并可能牵涉附近的钙离子，以及突触结合处附近的突触囊泡的运动。[1] 无论是何原因，几乎可以肯定它是存在的。其大小是可察觉到的。

遗憾的是，现在关于这些瞬间改变的工作极少，这主要是由于突触强度的长时程改变（一个当前很热门的话题）更容易研究。大多数神经网络的理论工作也没有考虑这种情况。因此我们处于很奇怪的境地：一种对意识（特别是视觉觉知）可能是十分重要的现象，同时被实验学家和理论学者忽略了。

或许这种突触权重的瞬间改变对短暂维持回响回路也是重要的。有关突触强度的增加有助于回路保持其回响发放。

如何防止这种持续的发放过度传播并影响其他回路，解决这个问题更困难。脑中有大量的复杂回路，因此如果回响回路确实存在的话，要限定它的准确位置几乎是不可能的。这种类型的回响（与活动的短时记忆有关）是否可能仅出现在一个或少数特殊的位置呢？是否有迹象表明，这种回路在构建时与附近具有相同形式的回路多少有些隔离，从而使记忆不会以一种无控制的方式传播呢？

---

1. 如果它们仅仅是突触前的 —— 它们并不依赖于突触后侧发生的一切 —— 它们就不可能像冯·德·马尔斯博格所要求的那样是赫布型的。是否存在赫布型的瞬间改变尚在研究中。非赫布型的瞬间变化则长时间被理论家忽略。

有一条回路被认为可能参与了极短时记忆。它从丘脑投射到皮质第6层的一类锥体细胞，而这些细胞又有信号返回丘脑的同样部位。这些丘脑神经元和皮质神经元都只有极少的向侧边伸展的轴突侧枝，这样它们可能极少与其近邻有相互作用[7]。这使它们具有刚才提到的部分隔离性质。

对通路的研究主要集中在皮质V1区及其到侧膝体的连接。其中从侧膝体到第6层的锥体细胞的前向通路，看上去很弱。回传通路从第6层到侧膝体，具有极大量的轴突，可能是从侧膝体到第4层这一主要的前向连接的5~10倍。这本身很令人吃惊，特别是很难发现它们具有什么功能。然而，有关这一通路的大多数实验是在动物被麻醉情况下进行的；此时极短时记忆可能很弱甚至不存在，因而动物是无意识的。利文斯通和休伯在数页前提到的文章中，指出他们发现侧膝体神经元的活动在慢波睡眠时降低了。这可能会产生影响。虽然信号能从侧膝体传到皮质V1区（如他们发现的那样），但这些信号不够大，无法维持任何回响活动。现在已经知道有来自脑干的通路可以在慢波睡眠期改变侧膝体的活动（同时，通过延伸也可改变丘脑其他部分的活动）。

那么可以假设这些第6层的神经元与意识的一个关键因素 —— 维持体现极短时记忆的回响回路 —— 紧密相关。这与早期的一般观点是一致的，即主要是皮质较低层次的活动一般与意识有关，特别是与视觉觉知有关。

是否可能存在与所有皮质区域关联的这种回响回路呢？换句话

说，是否所有的皮质区域都在第6层具有锥体细胞投射到丘脑的某些部位，并从那里向回投射到同样那些第6层的锥体细胞呢？很遗憾，我们对此尚不完全清楚。或许只有感觉处理（它们具有可察觉的第4层）的低层及中间层次具有这种短时记忆形式所需要的第6层的回响回路。这也是杰肯道夫提出的有意识的觉知所需要的。或许一个到第4层的较强的输入能使第6层的回响回路激起更大的活力。如果所有这些都被证明是真的，这就把脑结构和杰肯道夫的假设有意义地联系在一起了。这种可能性令人振奋。

让我们先把这些推测放到一边。是否有证据表明神经元的持续发放与短时记忆的某些形式有关联呢？在前人工作[9]的基础上，耶鲁大学的帕特丽夏·戈德曼-拉基克（Patricia Goldman-Rakic）和她的同事们做了这样的实验[8]。他们训练一只猴子凝视电视屏幕中央的一个点，同时在屏幕其他地方随机地呈现一个目标刺激。当目标不再呈现，经过一段延迟后，要求猴子把眼睛移到刚才目标所在的位置。实验者研究了动物脑前额叶区视觉神经元的反应。通常当目标在屏幕的一个特定地方呈现时，有一个特定的神经元会对它作出响应，其他的神经元则会对屏上不同地方的目标作出响应。引人注目的是，这种神经元通常在刺激被撤掉后许多秒内仍能维持发放，直到猴子作出反应。此外，如果这种活动不再保持下去（这偶尔也会发生），猴子很可能会出现错误。简而言之，看来这些神经元像是对应视觉特定的空间位置的工作记忆系统的一部分。¹或许在脑中其他地方还有这种系统对应于其他类型

---

1. 他们也使用2-脱氧葡萄糖技术，显示与前额皮质连接的区域，诸如海马结构，后顶皮质，以及丘脑的中背核，在这样的任务时活动更加剧烈。

的工作记忆。这样我们至少有一个例子是神经元的持续发放参与了短时记忆[1]，尽管其他情况下的证据还有怀疑。

　　注意到这是一个单一的任务，因此猴子可能在延迟中在脑中重复这个任务。如果猴子必须执行两种迥然不同的任务的话，神经元的活动情况又会如何，尚不得而知。我们也不了解维持这种持续发放的神经机制。就像对注意的研究一样，我们可以说对短时记忆的神经机制的研究已经开始，但要揭示其奥秘还需大量的实验工作。

---

1.遗憾的是，这些神经元的发放方式并不能证明回响回路的存在。

# 第 17 章
# 振荡和处理单元

预言是一件困难的事情，特别是如果它涉及未来的话。

到此为止我还很少谈及可能解决捆绑问题的方法。一个物体（或事件）的不同特征在脑中对应于不同的神经元发放。捆绑问题即如何将这些神经元捆绑在一起。如果在一个感知时刻察觉到不止一个物体，这个问题就尤为突出。捆绑的重要性在于它可能至少对某些类型的觉知是必需的。在第14章曾提到捆绑可能通过有关的神经元的相关发放来实现。一种非常简单的相关发放形式是所有牵涉的神经元同时以一种节律形式发放（虽然节律对相关而言并非本质）。图57是一个理想化的例子，它显示了神经元每100毫秒有一簇发放，频率约为10赫兹。频率在此附近的节律称为"α-节律"。从头皮记录到的脑波（即脑电波图，EEG）是相当杂乱无章的信号，从中可以探测到这种节律以及其他节律。是否有实验证据表明由神经元组成的群体中存在相关发放呢？

一段时期以来人们已经知道，嗅觉系统中出现了具有振荡形式的相关发放[1]，但直到最近才在视觉皮质中清楚地观察到这种振荡。最令人振奋的结果来自德国的两个研究小组。法兰克福的沃尔夫·辛格

（Wolf Singer）、查尔斯·格雷（Charles Gray）及他们的同事们在猫的视皮质观察到了振荡现象[2]。这些振荡的频率为 35～75 赫兹，常被称作"γ振荡"，或不那么精确地被称作"40 赫兹振荡"。马尔堡的莱因哈德·艾克霍恩（Reinhard Eckhorn）和他的同事们独立地观察到了这种振荡[3]。他们使用了一种用于探测"场电位"的电极，能够特别清楚地观察到这种现象。大致说来，场电位所显示的是电极附近的一群神经元的持续变化着的平均活动，它很像是在鸡尾酒会上在一大群人中听到的叽叽喳喳的谈笑声。

这些实验比较新，而更新的实验结果仍不断出现。在这里，我仅给出一个非常简单的描述。

正如前面叙述过的，当视野内出现适当的刺激时，视皮质的一些神经元会变得活跃起来，并以一定的节律形式发放。在它们附近的平均的局部电活动（场电位）常表现为在 40 赫兹范围内的振荡。这种神经元发出的脉冲并不随机出现，而是和局域的振荡"合拍的"（图 60）。一个神经元会合拍地发放由两三个脉冲形成的短簇。有时它也可能根本不发放；但当它发放时，经常是与它的一些神经元"同伴"近似同步的。这些振荡并不很规则。它们的波形更像一条随手画出的粗糙的波，而不像具有恒定频率的非常规则的数学上的波。

辛格和同事们经常发现，当使用两个离得不太远的电极作记录时，如果其中一个电极附近的神经元发放，它们趋向于与另一个电极附近的神经元的发放同步。甚至当两个电极分隔达 7 毫米远，场电位还可能具有同位相振荡。不过这种情况更多出现在使它们兴奋的运动刺激是属于同一个物体而不是两个物体的时候[4]。只是目前支持最后一个陈述的实验证据还相当少。另外有实验表明，运动光棒能在第一视区和第二视区的相应位置引起同位相的节律发放，这正说明同步可以出现在不同皮质区域的神经元之间[5]。此外，也有实验表明同步可以出现在大脑两半球皮质之间[6]。

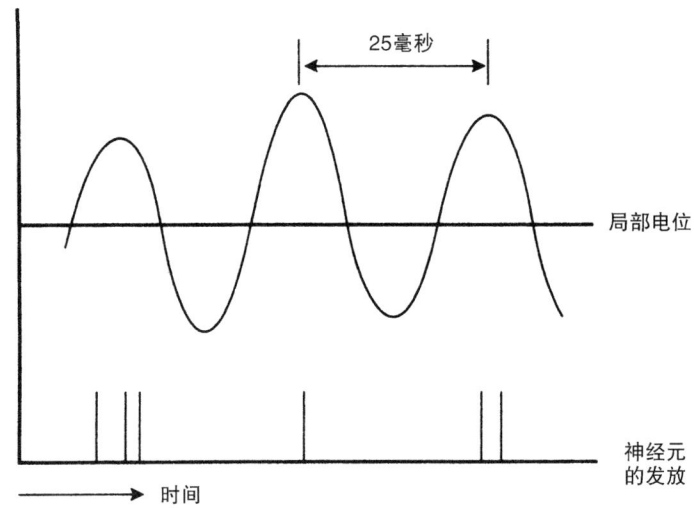

图60　一些神经元以40赫兹节律发放的示意图（一个40赫兹的振荡每25毫秒重复一次）。光滑曲线表示局域场电位。它测量的是附近许多神经元的平均"电活动"。短的竖线表示的是一个神经元的发放。现在请注意，当这个神经元发放时，它是如何与由局域场电位表达的邻近神经元的发放"合拍"的（在画场电位时，我把绘图惯例倒了过来）

　　德国的这两个研究小组都认为，这些40赫兹振荡可能是脑对捆绑问题的解答。他们提出，标志同一个物体所有不同属性（形状、颜色、运动等）的神经元通过同步发放将这些属性捆绑到一起。科赫和我将这一观点推广了一步，认为这种与γ振荡（35~75赫兹）合拍（或在此附近）的同步发放可能是*视觉觉知的神经关联*[7]。这种行为将是其他理论家提出的相关发放的一种特殊情况。

　　我们还认为，注意机制的主要功能可能是选择一个被注意的物体，然后帮助把所有神经元同步结合起来，这些神经元对应于脑对这部分视觉输入的最佳解释。我们猜测，丘脑是"注意的器官"，它的某些部分控制注意的"探照灯"在视野中从一个显著目标跳向另一个。

　　这些开创性的实验是在猫被轻度麻醉时进行的。在猫被深度地麻醉（使用巴比妥盐）的情况下没有观察到振荡，但此时神经元的活动性无论怎样都极度降低了，因而这一结果本身并未提供很多信息。最近的实验是在清醒的猫上进行的（查尔斯·格雷在同我的私人通信中提到了此事）。这里也存在 40 赫兹的振荡，因而振荡并不是麻醉引起的伪迹。一些新的实验使用了轻度麻醉的猴，在皮质第六区的也发现了振荡[8]。在清醒的猴子皮质 MT 区的实验表明，使用运动棒作为视觉输入时能观察到振荡[9]，当呈现伪随机运动的点组成的图案时则不然[10]。目前尚不能解释这种行为上的差异。这更像是振荡参与了图形/背景的鉴别，而不是视觉觉知。艾伯哈德·菲尔兹（Eberhard Feltz）及其同事们在清醒的猴子的运动/躯体感觉皮质的实验中[11]也清楚地观察到了振荡，特别是当猴子完成一项需要注意的复杂的操作任务的时候。

　　观察到的振荡通常是相当短暂的[12]。它们持续的时间常常依赖于所用的视觉信号呈现的长短。正如一些理论预测的那样，不同位置的神经元集团间的相关振荡仅持续几百毫秒。总的来说，很难让人们相信外部世界在我们的脑中留下的生动逼真的景象完全依赖于如此杂乱、难以观察到的神经活动。

现在你或许会感到迷惑，就像警察在侦破一个困难的谋杀案的初期状态一样。这里线索很多，但没有哪个能令人信服地指出这个谜团的可能的解答。这就是公众最难以体会的那一类警察工作 —— 沿着众多相当弱的线索进行系统的、费力的追踪。对于视觉觉知方面的科学探索也是如此。我们都想知道答案，但若不仔细地检查不同的"痕迹"，就不可能找到答案。可能有许多线索最终被证明是误导甚至完全是错误的。

从所有这些考虑当中我们可以知道，视觉觉知可能有若干种形式；推而广之，一般说来意识甚至可能有更多的形式。我们能否找到某种方法把视觉觉知的这些不同形式同灵长类动物视觉系统的结构和行为联系起来呢？

回想一下我所描述的视觉处理有三个可能阶段：一个阶段非常短暂，大致对应于马尔的要素图；一个更为持久和生动，大致对应于他的2.5维图和杰肯道夫的中间层次；还有一个三维的以物体为中心的过程，它并不对应于我们所真实看到的东西，而是对我们所看到的物体的某些推测。我生动地看到一个特定物体的轮廓和可视表面，这些表明它是茶杯，并具有推断出的三维形状。通常"看"这个词包括这么两种用法。如果我说"你看见那边的那个杯子了吗？"，我在两种意义上使用了看这个词。我可能仅仅是指杯子呈现在我面前的可视表面，也可能指所推断的整个杯子的三维形状。注意，2.5维图和三维模型是一类问题的两种推断，即它们都具有对这个视觉输入的解释，并且都可能是错的。我们对单词的日常用法可能并不精确地描述脑的真实行为。

有一种观点认为视觉处理的每个层次都有某个丘脑区域与之对应[1]，我称之为处理假设。从同一个丘脑核团接受输入的皮质区之间有什么共同之处？这个关键问题人们很少提及。

我们都知道在灵长类视觉系统中侧膝体（丘脑的一部分）主要与V1区有关联。灵长类丘脑有一个很大的部分被称为"丘脑后结节"，丘脑的其他视觉区都位于这里（见第15章）。它具有大量不同的亚区，其中一些亚区可能由若干更小的区域构成。是否每一个区域都与视觉处理的某一个阶段相关呢？这有两种可能性。一种可能是，这些亚区（其中三个是主要的，即前部、侧部和中部丘脑后结节）可能各与戴维·马尔理论中的一个阶段（即要素图、2.5维图和三维模型）或某些类似的东西有较强的关联。另有一种可能，即更小的、数目更多的小亚区各与范·埃森的视觉等级（图52）的一个层次有强相关。当然，这两种可能都具有一定真实的成分。

"强相关"是什么意思呢？丘脑向皮质发出的连接有两种形式：一种连接到第4层（或第3层）；另一种则避开了这些中间层，通常有很多向第1层的投射。第一种类型连接可能是驱动性的，第二种则更像是对已经发生的事件进行调节。我指的强相关是那些到中间层的驱动性连接。在这个简短的考虑中我暂时放下另一种类型。

---

1. 皮质区域比丘脑的区域要多得多。既然每个皮质区至少与一个丘脑区域连接，这意味着，一般来说一个丘脑区会与几个皮质区相关。

最简单地说，处理假设就是任何一个皮质区域仅仅与丘脑的某一部分密切相关。这种观点并非完全不可信。皮质V1区只与侧膝体密切相关，而与丘脑其他部分没有关系。人们发现，形成马尔的要素图（或某些类似的东西）的特征确实在V1区出现。在那里标识的信息对应于相当简单的局部特征，如视野中一小部分图像的朝向。科赫和我设想V1区可能是十分短暂形式的视觉觉知的所在地[7]。我们认为这并不需要注意机制。实验表明[13]，猴子的注意并不影响V1区神经元的发放，这可以认为是对这种提法的支持。

我们对其他部分的丘脑连接的细节尚不够了解，不能判断出假设是否正确。除了V1区以外，每个皮质区域是否仅仅与丘脑后结节的一个部分有强的连接呢？如若不然，它们又是怎样连接的呢？要回答这个问题还需要更多的实验。也有可能一些丘脑区域恰好与参与视觉觉知的皮质区有强的连接。

那么，假设的三维模型阶段又怎样呢？这种情况我们几乎不知从何下手。心理学家欧文·比德曼（Irving Biederman）认为这种表象将基于他称为"几何子[1]"的某些原始的三维形状[14]。一些理论家（如托马索·波吉奥）则认为我们脑中所具有的是一个物体的一系列二维视图，以及在它们之间进行内插的能力[15]。这两种观点很可能都是对的。如果所有这些确实存在的话，它们在猴子脑中究竟发生于何处尚有待确定。由于缺乏这些知识，要评价处理假设是困难的。许多乍看起来很美妙的假设常常由于实验的不确定性而停滞不前。

---

1. 几何子（geons），来自词根geo-，表示地理的、几何的。——译者注

　　不管怎么说，处理假设确有某些吸引人之处。它表明，我们或许将意识和无意识这两个词用于许多有差异的活动中。它们或许应该由某些短语如"处理单元"或者在某些情况下由"觉知单元"代替。每个觉知单元具有它自己的半全局表象，通常覆盖几个皮质区域。它们可能具有各自的特征处理时间，各自对应于极短时记忆的特征时间（如，V1 区非常短，高级皮质区域则较长些），以及，更重要的是，它自己的特殊的表象形式：V1 区的简单特征，下一个更高皮质表达的 2.5 维物体，等等。每一种形式的处理单元的特性会依赖于那种特殊表象的内容和组织。有可能每个特殊的丘脑区域都使用它自己的注意形式，允许它的皮质区域集团中的神经元发送信息到丘脑的神经元，而丘脑的神经元又将信息反馈回去，如此通过某种方式来协调它们的发放。这里还有一种推测性的观点（在第 16 章描述过），即丘脑 — 皮质 — 丘脑回路可能是紧密地关系到极短时记忆的回响回路。

　　当然，在许多不同皮质区域之间有复杂的、并不通过丘脑的直接连接，如图 52 所示。处理假设并不意味着神经元活动仅有一种流动方式，即不一定是从较低处理单元到较高单元。几乎可以肯定存在多个方向的信息流动。

　　这并不意味着丘脑自己能产生觉知的所有不同形式。除了丘脑以外，形成觉知还需要各个皮质区域的电活动，这就像指挥演奏乐曲的管弦乐队一样。[1]（由此）至少可以说，如果你对视觉觉知或者意识的其他方面感兴趣，那就不能忽略丘脑。有人或许会无视那"微不足

---

1. 乐队需要指挥吗？这个不严谨的问题不能被过多追问，一小群音乐家并不需要指挥，而一个非常大的乐队通常具有指挥。

道"的侧膝体，说它不过是一个中继站。但是研究视觉系统的学生会问："那为什么一定要有丘脑后节结呢？"这并不是脑中一小块不重要的区域；事实上，它在灵长类进化过程中变得越来越大。它可能具有某些重要的功能，但那又是什么呢？尽管在细节上比较含糊，处理假设确实提出了一种可能性。

丘脑是意识过程的一个关键参与者。这并非一个新观点。很早以前怀尔德·彭菲尔德（Wilder Penfield）[1]就提出过这个观点[16]。詹姆斯·纽曼（James Newman）和伯纳德·巴尔斯（Bernard Baars）在新发表的一篇文章[18]中扩展了后者的观点（这在第2章有过简短的讨论），提出，丘脑区的称为"层内核"的某些核团把信息传播到他们所假想的全局性工作空间。这些核团中有一个称为中央核，与视觉系统密切相关。它们主要投射到脑的一个重要的部分 —— 纹状体，也有较少的一部分投射到许多皮质区域。纹状体与运动系统有很强的连接，但它的某些部分也可能涉及更具有认知特性的问题。它是脑中帕金森病侵袭的部位之一。

每个层内核向外发出何种具体信息，尚有待探索[2]。纽曼和巴尔斯也很强调丘脑的网状核的作用（在第10章描述过）。就像我曾经考虑的[19]，他们相信网状核可能参与了对注意的控制。目前还不清楚网状核在丘脑中是否能执行所要求的选择性的程度。它或许只有一个功能，就是当脑处于睡眠或清醒等状态期间全面控制丘脑和皮质的活

---

1. 最近这种观点被哈佛的数学家戴维·芒福德（David Mumford）发展[17]。吴泉风（音译）送给我的一篇未发表的文章也涉及了这种观点。
2. 人们认为中央核参与了凝视的控制。

动。如果丘脑确实是形成意识的关键，网状核很可能参与了意识的某些控制。

　　这里还需简述一下另一个脑区，即屏状核[20]。它是靠近"脑岛"（皮质的一部分）附近低级皮质区的由神经元组成的薄片。其输入主要来自皮质，而大部分输出也返回到皮质，因而它犹如皮质中的一颗卫星。它接受来自许多皮质区域的输入，并可能向它们全体发回连接。皮质某些视觉区域（但不是全部）投射到它的一部分，（在猫脑中）形成一个单独的视网膜区域对应图。这些视觉输入与其他屏状核的输入可能有所重叠。近几年似乎很少有关于猴子屏状核的工作，因而上面所说的可能有某些不准确之处（例如，那里可能有两个视觉投射图）。

　　屏状核的功能尚不为人所知。为什么所有这些信息会汇总到一个薄片呢？人们或许会猜测屏状核具有某种形式的全局功能，但没有人知道那是什么。尽管它只是脑中一块相当小的区域，但也不可完全忽视它。

　　处理单元很有可能存在一个等级式系统。从某种意义上，有些可能对其他的部分执行某种类型的全局控制。还有一些神经元群（如屏状核和丘脑的层内核）向皮质有很广泛的投射，它们可能就扮演着这种角色。

　　回顾前面两章可以看出，目前并不缺乏看似合理的观点和实验。令人失望的是，目前看来还没有一些观点能以令人信服的方式组织在一起，以形成一个详尽的、貌似正确的神经假设。如果你觉得我就像在丛林中摸索道路，那你是完全正确的。研究前沿领域时，情况通常会这样。但现在我确实感觉到比十年前对"关键问题是什么"有了更深刻的理解。我甚至常对自己说，我能瞥见某些答案。不过，这是人们长久地研究一个问题时产生的一种共同的幻觉。我们已经探索到了较高的层次，因此，即使道路还很漫长和艰难，我们已经看到了探索的最佳方向。

尽管有所有这些不确定性，在仔细考虑所有这些非常分散的事实和推测之后，是否有可能描绘出一些全局性的示意图（哪怕是尝试性的），用来大致指导我们穿过面前的丛林呢？让我抛弃那些谨慎，勾画一个可能的模型。现实可能比它要复杂得多，而不大可能更简单。

意识是与某种神经活动相关联的。一个合理的模型认为这些活动发生在皮质的较低层次，如第5层、第6层。这种活动性表达了主要发生在皮质其他层次上的大部分"计算"的局部的（暂时的）结果。

并非较低层次上所有的皮质神经元都能表达意识。表达意识时，起最主要作用的是位于第5层的大的"成簇"的锥状细胞，例如向皮质系统外投射的那些细胞。

除非这些特殊的较低层次的活动由某些形式的极短时记忆维持不变，否则它不能到达意识。有理由认为，这可能需要一个有效的回响回路，从皮质第6层到丘脑，再返回到皮质第4层、第6层。如果缺乏这个回路，或者第4层太小，就不可能维持这些回响。因此仅有一些皮质区域能表达意识。

处理单元（其中仅有一些与意识有关）是这样一些皮质区域的集合[1]，它们处于视觉等级的同一层次上，并彼此向对方的第 4 层投射。每个这样的皮质区域集合都仅与丘脑的一个小区域有强连接。这样的区域通过同步发放协调与它相关的皮质区的电活动。

丘脑与注意机制密切相关。在进行物体标识操作（特别是图形／背景分离）时所需的特殊捆绑，通常具有调谐的发放形式，它的节律通常在 40 赫兹范围内。

参与意识的区域可能影响（不必是直接的）自主运动系统的一部分（二者之间可能有某些无意识的操作，如思考）。

再重复一下，意识主要依赖于丘脑与皮质的连接。仅仅当某些皮质区域具有回响回路（包括皮质第 4 层、第 6 层）并具有足以产生明显的回响的强投射时，意识才可能存在。

对于这个似乎合理的模型就讲这么多了。我希望不会有人把它称为克里克（或克里克－科赫）的意识理论。在我写下这个模型时，我内心对于材料的取舍颇为踌躇。如果它是别人提出的，我会毫不犹豫地指责它是一碰就塌的纸房子。因为它是拼凑起来的，并没有足够的关键性实验证据支持它的各个部分。它唯一的价值在于可能推动科学家和哲学家从神经的角度考虑这些问题，从而加速意识方面的实验进展。

---

1. 某些集合可能仅有一个成员，如 V1 区。

更加哲学性的问题又是怎样的呢？我确信当我们完全理解了意识的神经机制时，这些知识将回答两个重要问题：意识的一般本质是什么？进而使我们可以有意义地谈论其他动物的意识的本质，以及人造机器（如计算机）的意识：意识给有机体带来了哪些好处，从而我们可以发现为什么会有意识。最终或许会发现，视觉觉知的出现是因为它的详细信息需要发送到脑的若干不同区域。把这些信息彻底明晰化可能比把它们以隐含的方式沿着不同的通道传递更有效。具有一个单独的清晰的表象也可以防止脑的一部分使用对视觉场景的一种解释，同时，另一部分使用另一种相当不同的解释。当信息仅需要被送到一个地方时，它会按照经验而不必通过意识便可以到达那里。

真正被证明存在困难或不可能建立的是意识的主观本质的细节，因为这将依赖于每个有意识的有机体使用的精确的符号体系。除非我们能够把两个脑以一种足够精确而详细的方式联系到一起，否则我们无法直接把一个脑中的符号体系传递给另一个脑。即便我们能够做到这一点，它或许还有自身的问题。但是，如果不了解意识的神经关联，我并不相信这些问题中的有哪个能得出会思考的人们能接受的答案。

我特别要对那些目前相当活跃地工作在脑（特别是视觉）研究领域的许多科学家说几句话——正是他们所持有的相当保守的态度，阻碍了实验研究的顺利进行。

他们过于看重那些我含糊略过的许多复杂问题。他们不应该用这些错误和忽略作为他们不面对本书的广博的信息的借口。在我们观看时，脑中发生了些什么呢？忽略这个全局的问题而只研究视觉的某些特殊问题，这种做法现在是行不通的。一个门外汉会认为这种态度过于狭隘，而事实正是如此。就像我试图表明的那样，目前视觉觉知问题在实验和理论上都是可以进行探索的。此外，如果我们积极地面对这个困难，我们就会开始从一个全新的角度考虑问题，寻找先前显得无关或很少有兴趣的信息（如动态参数或者短时记忆）。我希望不久以后每一个研究人类及其他脊椎动物视觉系统的实验室都在墙上张贴有一条醒目的标语，写着：

> 意　　识
>
> **就在现在**

# 第18章
# 克里克博士的礼拜天 [1]

> 作为人类，真正重要的是我们自己主观的精神生活，包括感官感受，感情，思想，有意志的选择。
>
> —— 本杰明·里贝特

意识问题的研究已经提到日程上来了。我们已经了解了视觉系统的复杂性，以及视觉信息是如何按一种准等级的方式进行处理的（这种准等级方式只有部分是我们了解的）。我还概述了关于视觉觉知的神经机制的几个观点，并简要提出了可能有助于揭示它的机制的几个实验。我们显然还未完全解决这个问题，那么，到目前为止已经得到了些什么结果呢？

科赫和我正在试图去做的就是使人们，特别是那些与脑研究有密切关系的科学家，相信现在是严肃地对待意识问题的时候了。我们猜测，真正有用的可能是那些关于意识的一般性的探讨，而不是某些详细的建议。本书所讨论的那些设想并不是一些详细拟定的、有条理的

---

1. 原文标题为 "*Dr. Crick's Sunday Morning Service*"。在西方，人们在星期天早上到教堂做礼拜。教堂的神职人员负责向教徒讲道。本章为全书的最后一章，作者在此总结"惊人的假说"的主要思想，故以做礼拜布道作比喻。——译者注

观点。相反，它们还在发展之中。我相信，我们尚未发现将意识概念化的确切途径，而仅仅是在朝这方向摸索着前进。这正是实验证据如此重要的原因之一。新的结果会引出新的观点，也会使我们察觉出旧观念中的错误。

哲学家们试图去寻找解决这个问题的更好的方法，并想指出我们目前思考中的谬误，这当然是正确的。但他们仅仅取得了极少的实质性进展，这是由于他们是从外部观察系统的。这使得他们使用了错误的术语。从神经元的角度考虑问题，考察它们的内部成分以及它们之间复杂的、出人意料的相互作用的方式，这才能从本质上解决问题。只有当我们最终真正地理解了脑的工作原理时，才可能对我们的感知、思维和行为作出近于高层次的解释。这将有助于我们以一种更加正确和严谨的方式理解脑的所有行为，以取代我们今天的那些模糊的庸俗观念。

许多哲学家和心理学家认为目前从神经元水平考虑意识问题的时机尚不成熟。事实恰恰与此相反。仅仅用黑箱方法去描述脑如何工作，特别是用日常语言或数字化编程计算机语言来表达，这种尝试为时尚早。脑的"语言"是基于神经元之上的。要了解脑，你必须了解神经元，特别是了解巨大数目的神经元是如何并行在一起工作的。

读者也许会接受所有这些观点，同时又抱怨我更多地用推测而不是用铁一样的事实来谈论意识话题，并且回避了归根结底最让人困惑的问题。我几乎没有涉及可感受的特征（如"红颜色"的红）的问题，而仅仅将它推到一旁并期盼有个最好的结果。简而言之，为什么"惊人的假说"如此惊人呢？脑的结构和行为是否存在某些方面可以向我们暗示，为什么从神经角度了解觉知如此困难呢？

我认为某些暗示是存在的。我已经描述了脑这个复杂机器的一般工作情况。它可以在一个感知时间内迅速地处理总量巨大的信息。脑是个丰富的相互关联的信息的载体，它的许多内容是连续变化的，然而这台机器却能设法保存它刚刚所做的各种运行的记录。我们通过内省得到了非常有限的体验，但除此以外并未遇见任何机器具有这些特性。因而内省的结果显得比较奇特，这也不足为奇了。约翰逊-莱尔德也提出过一个类似的观点（这在第14章引述过）。如果我们能构建一台具有这些惊人特性的机器，并能精确地跟踪它的工作，我们会发现掌握人脑的工作原理就容易得多了。就像现在我们了解了DNA、RNA和蛋白质的功能之后，关于胚胎学的神秘感已大部分消失了，关于意识的神秘特性也将消失。

很明显，这引出了一个问题：在将来，我们能否造出这样的机器？如果能的话，它们看上去是否具有意识呢？我相信，最终这是可以实现的，尽管也可能存在着我们几乎永远不能克服的技术障碍。我猜想，短期之内我们所能构造的机器就其能力而言与人脑相比很可能非常简单，因此，它们只可能具有形式非常有限的意识。或许它们更像是一只青蛙甚至是一只低等的果蝇的脑。在理解产生意识的机制之前，我们不大可能设计一个恰当形式的人造机器，也不能得出关于低等动物意识的正确的结论。

应当强调的是，"惊人的假说"是一个假说。我们已有的知识已足以使它显得合理，但尚不足以使人们就像信服科学 —— 证实了许多关于世界本质（特别在物理学和化学方面）的新观点 —— 那样信服它。其他关于人类本质的假设，特别是那些以宗教信仰为基础的观点，它们的证据更站不住脚，只不过这本身并未成为否定这些观点的决定性的论据。只有科学的确定性（及其所有的局限性）才能最终使我们从祖先的迷信中解脱出来。

有人会说，不管科学家们怎么说，他们确实相信"惊人的假说"。这只在有限的意义上讲是对的。如果没有一些先入为主的思想指导，你不可能成功地解决一个科学难题。因此，泛泛而论，你首先应信奉这些观点。但对一个科学家来说，这仅仅是暂时的信仰。他们并不盲从于它们。相反地，他们知道，或许某些时候推翻某个珍爱的观点会取得实质性的进展。我不否认科学家对于科学解释有一种先入为主的倾向。这种倾向是有道理的，不仅仅是因为这支撑着他们的（科学）信念，更主要是因为近几个世纪以来科学已经取得了如此惊人的成功。

下一件需要强调的事是，意识研究是一个科学问题。科学与意识之间并没有什么不可逾越的鸿沟。如果从本书中能学到些什么的话，那就是我们现在看到了用实验的方法可以探索这个问题。那种认为只有哲学家可以解决这个问题[1]的观点是没有道理的。过去的两千年哲学家有着如此糟糕的记录，因而他们最好显得谦虚一些，而不要像他们常常表现的那样高高在上。毫无疑问，我们那些关于脑的工作原理的暂时性观点需要澄清和扩展。我希望能有更多的哲学家学习有关脑

---

1. 不客气地说，哲学家通常是这样一种人，他们更喜爱想象中的实验而不是真实的实验，并认为解释这样一个现象用日常用语就足够了。

的足够的知识，以便提出关于脑工作的观点，并在与科学证据相抵触时，放弃自己所钟爱的理论。否则他们只会受到嘲弄。

历史上，宗教信仰在解释科学现象方面的记录是如此之差，几乎没有理由相信这些传统宗教会在将来表现得更好。意识的许多方面，如可感知的特性，完全有可能是科学所不能解释的。过去我们已经学会了生活在这种局限当中（例如，量子力学的局限），它们仍将伴随着我们的生活。这并不意味着我们将被迫去信仰宗教。不仅仅大多数流行的宗教信仰是相互矛盾的，而且从科学准则来看，它们是建筑在如此脆弱的证据上，以至于只有那些盲目忠诚的人才会接受它们。如果教徒们真的相信死后会有生命的话，那么他们为什么不设计一些有力的实验去证实这件事呢？或许他们不能成功，但至少可以尝试下。历史表明，许多神秘现象（如地球的年龄），过去教会认为只有他们才能作出解释的，现在都已被科学的探索代替。此外，真实的答案通常与传统宗教给出的解答相距甚远。如果宗教曾经揭示了些什么的话，那就是证明了它们通常是错的。这种情况在解答科学探索意识问题时显得格外强烈。现在，唯一的问题是如何着手去解决它以及何时开始。我极力主张应该立刻开始研究。

当然，有不少受过教育的人士认为，"惊人的假说"是如此的合理，并没什么惊人的。我已在第1章简要地谈到了这一点。我猜想这些人常常并未理解这一假说的全部实质。我自己有时也发现很难回避头脑中有个小矮人"我"的想法。人们很容易就滑到了那个观点当中。"惊人的假说"说的是，脑行为的所有方面都来自神经元的活动。这并不是说，我们用神经术语解释了视觉处理的所有各种复杂阶段以后，就可以因为"看"这一行为确实是"我"所做的，从而草率地假设它的某些特征不需要解释。例如，除非有一些神经元的发放标志着你脑中的缺陷，否则你就不可能觉察这个缺陷，并不存在一个不依赖于神经发放的独立的"我"去识别缺陷。同样地，你通常不知道某些事情在脑中发生于何处，因为在脑中并没有这样一些神经元，它们的发放标志着它们或其他神经元在脑中的位置。

读者有理由抱怨本书所讨论的问题极少涉及他们所理解的人类灵魂。我没有讲述任何关于人类最具特色的能力 —— 语言，也没谈论我们如何求解数学问题，或是问题的一般求解。即使对视觉系统我也几乎没有提到视觉想象，或是我们对绘画、雕塑、建筑等的美学感受。没有一个词讲述我们在同自然界的接触中所得到的真实的愉快。自我觉知、宗教体验（它可能是真实的，尽管通常对它的解释是错误的）等话题完全被忽略，更不要说坠入情网了。一个教徒可能会断言，对他来说与上帝的关系才是最重要的。科学对此又能说些什么呢？

现在这种批评是完全有道理的，但倘若将这些内容加入本书，那就会显得对科学方法缺乏正确的理解。科赫和我之所以选择考虑视觉系统，是因为我们感觉到，在所有可能的选择当中，在这方面最容易取得实验上的突破。本书清楚地表明，尽管这种突破并不容易，但它确实有取得成功的机会。我们的其他假设是，一旦我们完全理解了视觉系统，将更容易研究"灵魂"的那些更迷人的方面。只有时间能够说明这种判断是否正确。新的方法和观点可能会使得其他的探讨途径更有吸引力。科学的宗旨是解释人脑的所有方面的行为，其中包括音乐家、神秘主义者以及数学家的脑的行为。我并不认为这能很快实现，但我确实相信，只要我们不断进行这种探索，我们迟早会有透彻的理解。这一天或许就在21世纪。我们越早开始，我们就能越早地得到对自然本质的清晰的认识。

当然，有些人会说他们并不想了解思维如何工作。他们相信，理解自然便是亵渎她，因为这消除了对她的神秘感和本能的敬畏感，这些感觉是我们面对那些知之甚少并且留下深刻印象的事物时产生的；他们更喜爱古代神话，即便它们已经和现代科学有明显矛盾。我并不同意这种观点。对于我来说，现代的宇宙观——它比我们的祖先所想象的要古老得多，也大得多，并且充满了神奇的、难以预料的物体，如快速转动的中子星——使早期以地球为中心的世界显得过于自大和狭隘，这种新的知识并没有减少对其的敬畏感，反而大大增加了这种效果。我们关于动植物结构（特别是我们身体的结构）的详细的生物学知识也起到了同样的作用。赞美诗的作者写道："我是多么神奇和美妙啊！"但他也只不过是非常间接地瞥了一眼精巧和微妙的分子结构的本质而已。进化过程中包含了许多我们祖先一无所知的奇迹。DNA的复制机制，尽管其本质是那样简单和优美，令人难以置信，但在进化过程中却变得十分复杂和精细。如果一个人看到这些而并不感到很神奇的话，那一定是感觉迟钝。认为我们的行为是以大量相互作用的一群神经元为基础的，这并不会贬低我们对自身的看法，相反，会大大扩展我们的观念。

有报道说，有一位宗教领袖看到一幅很大的单个神经元的示意图后叫道："脑就是像这样的啊！"虽然单个神经元是一件精密的、设计良好的奇妙的分子机器，但我们的脑并不是由单个神经元构成的。真实的脑的情况是：神经元有数十亿个，它们之间的相互作用模式十分复杂且不断发生变化，而这些神经元相互之间的连接方式从细节上说因人而异。我们平常用来描述人类行为的方式是经过删节和近似的，它只不过是我们真实自我的一种模糊的描述。莎士比亚说过："人是一件多么伟大的艺术品！"如果他生活在现代，一定会给我们写出衷心庆贺所有这些伟大发现的诗篇。

如果"惊人的假说"能最终被证明是正确的话，它也不太可能被广泛接受，除非它的表达方式能迎合大众的想象力，并能满足他们的需要，以他们所容易理解的方式形成对世界和自身的和谐观点。具有讽刺意味的是，虽然科学的目标恰恰是形成这样一种统一的观点，但是许多人发现，目前大多数的科学知识过于没有人性，过于难以理解。

这并不奇怪，因为大多数科学研究的是物理、化学等领域及其相关学科（如天文学），这些都与大多数人的日常生活多少有些距离。将来这会有所改变。我们可以期望更准确地理解直觉、创造力和美学享受等精神活动的机制，以便能更清楚地掌握它们，并像希望的那样更好地从中得到乐趣。自由意志（见跋）将不再神秘。这就是为什么如果以一种过于幼稚的方式理解我们的假说就会产生误解而一无所获。深入洞察脑的神奇的复杂性会使我们产生惊奇和赞叹，而这种复杂性我们今天只能隐约地感受到。

尽管仅从科学事实中我们可能无法推断出人类的价值，但是，如果假如科学知识（或非科学知识）对我们如何形成价值观没有影响，那也是没有说服力的。我们需要运用灵感和想象来构成一个新的世界体系，但建筑在错误基础上的想象最终是不会成功的。我们可以做梦，但现实已经无情地敲响了大门。即使我们所感知的现实大多是我们的脑构想出来的，它也必须与现实世界一致，否则最终我们会对它越来越感到不满。

如果科学事实足够明显，并被很好地确认，而且是支持"惊人的假说"的，那就可以说人具有非实体的灵魂的观点就像"人具有生命力"这个古老的观点一样是不必要的。这与当前数以亿计的人的宗教信仰是直接矛盾的。人们又怎样接受这种激进的挑战呢？

或许有人会自我安慰地相信大多数人会被实验证据说服而立即改变他们的观点。令人遗憾的是，历史证明恰恰相反。当今关于地球年龄的证据已确凿无疑了，但是在美国有数百万原教旨主义者仍然固执地坚持那种幼稚的观点，按《圣经》字面推断地球年龄比较短。他们也否认在这漫长的时期内动植物出现了进化，发生了剧烈变化，虽然这一点也早已被确认。这很难使人相信他们关于自然选择过程的言论是无偏见的，因为对宗教教条的盲从早已预先决定了他们的观点。

在我看来，有几种原因导致了人们固执地坚持这些陈旧的观念。在幼年时影响我们的一般观点，特别是道义上的观点，常常在我们脑中根深蒂固。要改变它们是十分困难的。这有助于解释为什么宗教信仰被一代又一代地传下来。但这种观点最初是怎样产生的？为什么它们常常是错误的呢？

原因之一是我们对全面解释世界和我们自身的本质有着非常本

能的需要。各种宗教都用一种一般人所容易理解的方式提供了这样的解释。应当记住，我们的脑正是在人类处于狩猎采集者的时期发展起来的。在一小群人的合作当中，在邻近的竞争部落间的敌对行动中，到处存在着强大的选择压力。甚至在 20 世纪，在亚马孙丛林中，在厄瓜多尔的偏僻地区，部落人员死亡的主要原因是部落间相互格斗所造成的伤害。在这种环境中，一种共同的信仰能增加部落成员的凝聚力。这种需要不太可能是因为进化而在我们脑中建立起来的。毕竟，我们高度发达的脑仅仅能使我们足够机敏地生存和繁衍后代，它不是为了发现科学事实而不断进化的。

从这种观点来看，这些共同的信仰并不必完全准确，只要人们相信它们就可以了。我们最有特色的能力是能流利地处理复杂的语言。我们不仅能用语言表达外部世界的事物和事件，还能表达更为抽象的概念。这种能力导致了人的另一种突出的特点，即我们具有几乎无限的自我欺骗能力，但这很少被提及。我们的脑发展成为从可用的有限的证据中去猜测最合理的解释，它的本质特征使得在缺乏科学研究训练时，我们几乎不可避免地陷入错误的结论中，对于那些相当抽象的事物尤其如此。

最终的结果尚有待观察。或许"惊人的假说"被证明是正确的；或许，某些接近于宗教的观点会变得更加合理。当然还有第三种可能，即事实支持一种全新的替代观点，从一种与许多神经科学家如今所支持的唯物主义观点以及宗教观点都显著不同的角度来看待"心－脑"问题。只有时间和更多的科学工作能使我们作出决定。不管答案是什么，要达到它，唯一切实可行的方法是进行仔细的科学研究。所有其他的途径都不过是吹口哨给自己壮胆罢了。人类对世界具有无止境的好奇心，不管传统和宗教仪式曾在一段时间内有多大的魅力以消除我们对其合理性的怀疑，我们永远也不会满足于昨日的猜测。我们必须不断地追求，直到形成了关于我们生存的浩瀚宇宙以及我们自身的明了的、合理的图像。

# 关于"自由意志"的跋

意识，意志使它充满活力……

—— 托马斯·哈代（Thomas Hardy）

从许多方面来说，"自由意志"是一个老话题了。许多人认为它是一件理所当然的事，因为他们感觉到，通常他们可以自由地想干什么就干什么。律师和神学家必须面对这个问题，但总的来说哲学家对这个问题已失去了兴趣。心理学家和神经科学家几乎从不提及这个问题。那些关心量子测不准原理的少数物理学家和别的科学家，有时猜测不确定性原理也许会是"自由意志"的基础。

1986年以前，我本人还没有注意"自由意志"。当时，我收到老朋友的一封信，情况才有所改变。他叫卢斯·里纳尔蒂尼（Luis Rinaldini），是一位阿根廷生物化学家。20世纪40年代后期，我与他在剑桥第一次相遇。卢斯和他的夫人现居住在门多萨（Mendoza，阿根廷的一个省城），该城靠近安第斯山脉。有一次他在美国访问期间，想会见一些人，谈谈他的一些想法。当我们在纽约会面时，他告诉我，他与他的朋友在门多萨已经组成一个讨论组，他们对"自由意志"很感兴趣。随后，他写信给我，更详细地谈到了这一问题。

直到那时，我浑然不知我个人关于"自由意志"已有了一种理论。但是，从他谈到的一些方法，我能看出，我的一些思想有别于他。那时我把它写出来，十分简短，我坚信我发现了一些什么，并把它寄给他，整个内容不足三十行。我曾把它给哲学家帕特丽夏·丘奇兰德（Patricia Churchland）看过。这样做的部分原因是使这个问题的叙述不至于太傻。她十分乐意给予帮助，在词语上加以明晰化，并附加了一些注记，她认为我的想法似乎是合理的。下面的内容就是我寄给卢斯稍加扩充的版本。

> 我的第一个假设是：人脑的某个部分与制订进一步行动的计划有关，但不一定执行它。我也假定人可以意识到这个计划，即，至少可以直接回忆起来。

> 我的第二个假设是：人不能意识到这部分脑所执行的"计算"过程，而只知道它作出的最终"决定"，也就是计划。当然，这些计算将依赖于这一部分大脑的结构（部分由于进化，部分由于过去的经验），也取决于来自脑其他部分的当时输入。

> 我的第三个假定是：执行这个计划或那个计划的决定受到同样的限制。换句话说，人可以直接回忆起决定是什么，但不知道作出这个决定的计算过程，即使可能知道一个计划在进行中。[1]

---

1. 奥蒂弗雷蒂（Odifreddi）教授对我指出，应当假定，决策与相应行为之间应当有某种一致性。

　　于是，如果这种机器（这是我信中使用的字眼）能像人一样决定自己的行为，即有一个"自身"的映象，那么这种机器看来便具有"自由意志"了。

　　决策的实际起因可能是十分清楚的（帕特丽夏添加的），即：可能是决定性的但却是混沌的。一个非常小的扰动可能造成最终结果的巨大差异。由于这一点，输出结果在本质上成为不可预测的，所以，使得"意志"看起来似乎是"自由"的。当然，意识活动也可能影响决策机制（帕特丽夏附加的）。

　　这样一种机器能够试着解释自己为何作出某种选择（运用内省法），有时会得出正确的结论。而在另一些时候，它将不知不觉，或者更可能进行虚谈，因为它没有意识到作出选择的理由。这意味着一定存在着一种虚谈的机制，只要给出一定量的证据，不管它们是否会产生误导，脑的某部分总会得出一个最简单的结论。正如我们已经看到的，这一切太容易发生了。

　　这就是我的自由意志的理论。显然，它依赖于对意识的理解（这是本书的主要议题）、大脑是如何计划（和执行）行为的以及我们如何进行虚谈，等等。我不知道整本书里是否真的有点儿新东西，尽管这里的某些细节并没有被包括在以前的解释中。

　　在那之后，我心满意足地将事情丢在一边。接着我在纽约会见了卢斯，随后他访问了加利福尼亚州的拉霍亚（La Jolla），得以同保罗·丘奇兰德（Paul Churchland，帕特丽夏的丈夫）讨论这个问题。我本不想在这个问题上多加思考，但是，一旦引起了我的兴趣，我就发现自己一天到晚在思考着它。

我想知道"自由意志"可能位于脑的哪个部位。显然，"意识"牵涉到大脑几部分的相互作用，但是，大脑皮质的某个特殊部位应当与其有种特别关系，这个想法不是不合理的。人们可能期望，这部分接收来自感觉系统高级水平的输出，又要馈送到运动系统的高级计划水平。

在这一点上，我偶然找到了一个有利于我的理论的证据，这就是安东尼奥·达马西欧（Antonio Damasio）及其同事关于一位大脑受损妇女的病例的描述[1]。她受损伤后，表现出对事物没有反应。她一声不响地躺在床上，脸上带着警惕的表情。她能用眼睛追随别人，但不能自觉地与人讲话。她对任何提问都不回答，虽然看起来她是理解这些问题的。她只是用点头加以答复。她能用极慢的语调重复词汇和一些句子。总之，她的反应极其有限，又总是一成不变。

一个月以后她获得了很大程度的康复。她说她以前不能交流时，并不感到不安。她能跟上交谈，但她感到"没有什么可说的"而不开口，她的头脑是"空"的。我马上想到"她失去了意志"！那么，大脑的什么部分受损呢？文献中指出，受损部位靠近波罗德曼（Brodmann）区的24区[1]，在一个叫作"前扣带回"的地方。如果大脑被一分为二，它就位于上顶部的内表面上。我高兴地得知，这部分接收许多来自高级感觉区的输入，又在靠近运动系统的高级水平。

---

1. 邻近的运动附区也被破坏了。

索尔克研究所的特里·塞吉诺斯基小组在工作周内有多次午茶会。这是讨论最新实验结果的理想场合，比如提出一些新的想法，或者只是关于科学、政策和一般新闻的闲聊。我参加过一次午茶会，并对帕特丽夏和塞吉诺斯基说，我已经发现了"意志"的部位！它就在"前扣带回"上及它的附近。当我与达马西欧讨论此问题时，我发现他也有类似的想法。他帮助我补充了有关这部分脑区的解剖学上的联系。它与大脑另一侧的对应部分有极强的联系 —— 正如我们所知，尽管裂脑人有两个独立的"意志"（见第12章），而我们正常情况下只能有单个"意志"在起作用。再则，大脑一侧的这一区域有极强的投射到两侧的胼胝体（运动神经系统的重要部分），这也正是我们从单一意志当中所要预料的结果。的确，这一切看起来十分理想。

过了一段时间，我读了一篇迈克尔·波斯纳（Michael Posner）写的文章。在论文中他也提到了一种罕见的病症，由于一种特殊类型的脑损伤引起的"异己手"症。例如，患者的左手可以活动，做一些十分简单的、刻板的动作，但他拒绝对此手负责[2]。例如，此手可能自发地抓住放在近旁的某个东西，但有的时候不能把它放下，不得不用右手把它从东西上拿开。有一位患者发现，他不能用他的意志力使"异己手"放开物体，但如果大声地喊"放开！"，也许"异己手"会把抓住的东西松开。

那么"异己手"症是什么部位受损导致的呢？可能是靠近或正好在前扣带回上（如果"异己手"为左手，那么损伤位于右脑），也可能是胼胝体的相应部分受损，以至于左侧区域发出指令不能到达由受损的右边区域控制的左手。再则，正如第8章提到的，某种选择性过程前扣带回处于活动状态，这可以从这部分血流增加上看出。

　　"自由意志"位于或靠近大脑的前扣带裂上，这一想法可能有点儿新意[1]。实际上，事情可能会更复杂。脑前区的其他部位也可能与其有关联。我们需要的是更多的动物实验、"异己手"和对有关病例的仔细研究，其中首要的是，对视觉意识的神经生物学有更多的了解，并由此增加对其他形式的意识行为的了解。这也是把这些建议附在本书末尾的原因。

---

1.约翰·埃克尔斯爵士先前提出 [3]，靠近24区（运动附区）的位置可能是"自由意志"所在。

附录

# 神经科学中常用的长度、时间和频率单位

## 长度

在讨论神经细胞时，最常用的长度单位是微米，记作 μm。

1微米=千分之一毫米

25.4微米=千分之一英寸

1微米=$10^{-6}$米

一个典型的神经元的细胞体的直径为10～20微米。可见光波的波长在1/2微米范围内。

如果讨论原子，用的单位是埃（Å）。

10000Å=1微米

10Å=1纳米

有机分子中两个相邻原子之间的距离为1~2Å。蛋白质分子平均直径为50Å，当然，有的大，有的小。

## 时间

为描述神经元的行为，最常用的时间单位是毫秒。

1毫秒=千分之一秒

1微秒＝千分之一毫秒

## 频率

1赫兹＝每秒一次或一周

中音 C 大约260赫兹。

# 词汇表

## A

**[ Acetylcholine ] 乙酰胆碱：**
一种小的神经化学递质。它由运动神经分泌来激发骨骼肌。其在脑的某些部分也发挥作用。

**[ Achromatropsia ] 色盲：**
患者不能看到颜色，只能看到合适的黑白图形。这通常是因为脑的特定部位受到破坏而引起的。

**[ Action potential ] 动作电位：**
沿轴突传递的"全或无"式的电脉冲，正常情况下从胞体向轴突远端的许多突触传递。

**[ Algorithm ] 算法：**
解决某一特定问题的一种规则。许多情况中这种规则由一组一再运用的运算步骤组成，例如，长除法。实际上存在许多不同种类的算法。

**[ Alien hand ] 异己手症：**
通常由于脑损伤产生的一种病症，患者的一只手只能作简单的运动而拒绝随意活动。

**[ Ames room ] 埃姆斯房子：**
由心理学家埃姆斯（Adelbert Ames）命名的一种歪斜了的房子。从房子墙上的一个固定孔用一只眼睛向里看，会产生虚假的透视。详见图14。

**[ Annulus ] 环状物：**
有一个同心圆孔的圆盘，如日常生活中的炸面包圈。

**[ Anterior commissure ] 前连合：**
通到脑前部的神经纤维束。它联络了包括对侧脑区在内的脑的多个区域。

**[ Anton 's Syndrome ] 安通综合征：**
这是一种极罕见的由于脑皮质损伤而产生的医学症状。患者确实失明了，但否认自己看不见。所以又称其为"失明否认症"。

**[ Aperture problem ] 小孔问题：**
通过一个圆形小孔观察一条无特征直线，来确定其真实运动的问题。（见第151页）

**[ Archicortex ] 古皮质：**
参见海马条目、大脑皮质条目。

**[ Artificial Intelligence（A.I.）] 人工智能：**
常用缩写字母 AI 表示。它研究如何使计算机具有智能行为。这项研究有两个目的：一是改进计算机技术；二是帮助我们了解脑是如何工作的。

**[ The Astonishing Hypothesis ] 惊人的假说：**
这个假说是：人的精神活动完全是由神经细胞、胶质细胞的行为以及构成和影响它们的原子、离子和分子的性质决定的。这也是本书的主题。

**[ Attention ] 注意：**
集中到某一特定的刺激、感觉和思想，而排除其余的。广义地说，可能不只一种脑机制在起作用。

**[ Axon ] 轴突：**
一个神经元的输出电缆。一个神经元通常只有一根轴突，但是它有许多广延的分枝。

## B

**[ Backprop ] 误差反传：**
是"back propagation of error"一词的简称。它是一种在有监督的多层网络中，特别是在多层前向网络中，调整权重的学习算法。（见第182页）

**[ Basket cell ] 篮状细胞：**
大脑皮质的一种抑制性神经元。常常有较长的轴突，与别的神经元的胞体有多重接触。

**[ Behaviorism ] 行为主义：**
心理学中的一种运动，相信精神事件应被忽略。其值得研究的是刺激与反应。

[Binocular rivalry] 双眼竞争：
当用不同图像呈现给每只眼时，大脑交替地压抑第一只眼和第二只眼，而不是简单地把二者组合成一个单一的感觉。（见第 214 ~ 216 页）

[Blindsight] 盲视：
是由于脑损伤引起的。患者能对某些简单的视觉信号作出反应，但否认能看到它们。（见第168 页）

[Blind spot] 盲点：
视网膜上没有感光细胞的区域。

[Brain waves] 脑波：
脑的电活动的日常用语。脑波通常是用电极接触头皮，用脑电图记录而成的。

[Broca's area] 布洛克区：
大脑优势半球上的一个区域，靠近大脑的前部，其功能与语言的某些方面有关。该区被破坏，引起某种形式的失语症。从现在医学的观点考虑，布洛克区是一群皮质区的集合。

C

[Cerebellum] 小脑：
位于头后部脑干后方的一个大的脑结构。这一大的皮质结构比较简单。据信其功能主要与精细的运动控制有关。

[Cerebral cortex] 大脑皮质：
常简称为皮质。其由一堆折叠的神经组织构成，各位于头顶部。有时又分为三个主要区：新皮质（灵长类动物中占大部分）、旧皮质（paleocortex）和古皮质（archicortex）。

[Chandelier cell] 枝形细胞：
皮质中的一类抑制性神经元，其轴突形成多个突触，与许多锥状细胞轴突的初始部分相联系。

[Cheshire cat effect] 柴郡猫效应：
双眼竞争的一个例子。一个运动物体（例如一只手），用一只眼睛有时可以看不见，用另一只眼有时只看到对象的一部分。如果对象是一张微笑的脸，可能产生这种情况，即一张笑脸消失了，留下微笑的嘴唇。因此，用《爱丽丝漫游奇境记》中的"柴郡猫"一词来命名。

[Cingulate] 扣带回：
大脑皮质的一部分，位于内中表面。前扣带在大脑的前部。

[Cognitive science] 认知科学：
科学地研究认知过程的任何一种学科。其主要分支是语言学、认知心理学和人工智能。据萨瑟兰（Sutherland）的看法："这种表达使那些本来不是科学家的人自称他们是科学家了。"进而他又说："认知科学家很少注意神经系统。"

[Cone] 锥状细胞：
眼睛中的一类特殊的神经细胞，其作用是作为一种光感受器。锥状细胞以感受日光和颜色为特点。见柱状细胞（Rod）。

[Corpus callosum] 胼胝体：
联络大脑皮质两半球的一类非常巨大的神经纤维束。

[Correlated firing] 相关发放：
当一个神经元以高于偶然性的发放与另一个神经元同时（或等时间距）发放时，称这两个神经元的发放为相关发放。例如，两个神经元经常严格地同时发放，它们的发放就称为高度相关的。

D

[Dendrite] 树状突：
一个神经元的树状部分。在绝大多数情况下，通过树状突接收来自其他神经元的信号。见"轴突"（axon）。

[Disparity] 视差：
空间某一点投射到双眼上的位置差。视觉系统中，双眼中的神经细胞常对两个输入的微小差别有反应。这种性质使得体视有可能发生。

[Dopamine] 多巴胺：
一种作为神经递质的化学小分子。

[ **Dualism** ] 二元论：
这种理论认为精神和大脑是分开的实体，精神在某种程度上以非物质的方式存在，服从于科学未知的规律。这是人类的一种共同信念，可能是错误的。

# E

[ **Electrode** ] 电极：
一种电的传导体，电流通过它进入或离开某种介质。在神经科学中，常用很细小的导体放置到一个神经细胞，用于收录它的电信号或者刺激它，或者既刺激又记录。

-

[ **Electroencephalograph（EEG）**] 脑电图：
脑电波的一种记录，用电极接触到颅骨记录到的一种很宽的电活动。它的时间分辨率很好，但空间分辨率较差。

[ **Electron microscope** ] 电子显微镜：
用电子而不是用光的一种显微镜。它的放大倍数比大功率光学显微镜还要大得多。在神经科学中用它来观察非常薄的组织切片，这些切片经化学方法处理过并且是干燥的。

[ **Emergent** ] 突现性：
一个系统具有的突现性并非它的各部分所具有的。从科学上讲，突现性并没有神秘莫测的含义。（见第 12 页）

-

[ **Enzyme** ] 酶：
生物学上的催化剂（催化剂是能加速化学反应的物质，在反应的终点它本身又没有改变）。几乎所有情况下，酶是一种相当大的蛋白质分子，有的酶在蛋白质分子上附着比较小的有机分子。

[ **Epigenetic** ] 后成说的：
一个后成过程发生在一个有机体在基因影响下发育的早期阶段。

-

[ **Event—related potential** ] 事件相关电位：
指诸如感觉输入等事件作用下脑内产生的电压的变化。通常用电极在颅骨上记录（见 EEG 条目）。一般来说，其信噪比相当差。

# F

[ **Feature detector** ] 特征检测器：
一种"特征"是一类刺激，脑内一个特定的神经元对此有反应，笼统地称这类神经元为特征检测器。（见第 144 页）

-

[ **Filling in** ] 填充：
这是脑的一种功能，它通过假设与有关信息的类似性来"猜测"缺失信息的性质。见盲点（Blind spot）。

-

[ **Fovea** ] 中央凹：
靠近视网膜中央的一个凹区，这个区域上光感受器彼此非常靠近，因此视锐度非常高。

-

[ **Free will** ] 自由意志：
人们可以自由地作出个人选择的一种感觉。

-

[ **Functionalist** ] 功能主义者：
有人相信了解精神的最好途径是研究和理论化它是如何行为的，不必顾及它的神经成分是如何连接的或者它是如何行为的。这种观点常为那些不喜欢神经科学的理论家所坚持。

# G

[ **Gaba** ] 一种小分子化学物质：
它的名字叫 γ-氨基丁酸（gamma-aminebutyric acid）。它是前脑主要的抑制性神经递质。

-

[ **GABAergic** ]GABA 能的：
使用 GABA 作为一种神经递质。

-

[ **Ganglion cell** ] 节细胞：
视网膜中一类神经细胞，它从视网膜中其他神经元接受信号，然后发送信号到大脑。

[ **Gestalt** ] 格式塔：
一种有组织的整体，其中各部分相互作用产生整

体行为。该词被用于心理学。

-

**[Glial cell] 胶质细胞：**
在神经系统中的一种细胞。它不是神经细胞，而是完成某种支撑作用的细胞。脑中存在几种不同类型的胶质细胞。

-

**[Global workspace] 全局性工作空间：**
巴尔斯（B.Baars）使用的一种术语，用于注明一个脑区，假设其为各特殊处理器之间信息交换的中心。

-

**[Glutamate] 谷氨酸：**
一种有机化学物质，是前脑的一种主要的兴奋性神经递质。

-

**[Gyrus] 脑回：**
折叠的大脑皮质表面上膨大部分的脊突。每一特殊的脑回有一个特殊的名称，如角回。

# H

**[Hebbian] 赫布律：**
以加拿大心理学家唐纳德·赫布（Donald Hebb）的名字命名的一种突触强度修正律。它取决于来自突触前的活动以及突触后接受细胞的活动。这一点十分重要，就是突触强度的改变要求两个神经元活动不同形式的时间上联系。

-

**[Hertz] 赫兹：**
测量频率的一种单位，一赫兹代表每秒一周或者一个事件。在美国，交流电是 60 赫兹。

-

**[Hippocampus] 海马：**
脑的一部分，因为其形状像海洋动物海马而得名。有时称其为 Archicortex。由于其结构相对比较简单，所以对其研究较多。其功能可能与短时记忆或长期事件记忆的编码有关。

-

**[Homunculus] 小矮人：**
存在于脑中心的一个假想的小矮人，他接收感知对象和事件，并作出决定。

-

**[Hopfield network] 霍普菲尔德网络：**
以发明人霍普菲尔德（John Hopfield）命名的一种简单的神经网络，其特点是对称性联系，并反馈联系到本身。因为它的对称性，有一 " 能量 " 函数调节其行为 [1]。

-

**[Hypothalamus] 丘脑下部：**
豌豆般大小的一个脑区。它分泌激素，功能涉及饥饿、渴、性等行为。

# I

**[Inferotemporal cortex] 颞下皮质：**
皮质颞叶下部的脑回。在猕猴脑中，这一部分的神经元与各种复杂的视觉刺激反应有关。

-

**[Intertectal commissure] 顶盖间连台，也叫后连合（ " posterior commissure " ）：**
它联结一边的上丘到另一边。

-

**[Intralaminar nucleus] 层内核：**
丘脑的一小部分，主要投射到纹状体，也同时散布到皮质的许多区域。

-

**[Ion] 离子：**
带电荷的原子或小分子。离子穿过细胞膜的运动是脑中电信号检测方法的基础。

# K

**[Kanizsa triangle] 卡尼莎三角：**
意大利心理学家卡尼莎（Gaetano Kanizsa）发现的一种光学错觉。

# L

**[ Lateral Geniculate Nucleus（LGN）] 侧膝体：**

丘脑的一小部分。它是眼睛到视皮质之间信号的中继站。它也接收来自皮质的反馈信号，虽然其功能意义不清楚。

**[ Lipid ] 类脂化合物：**

某些有机分子的一般性术语。它的一端具有亲水性，另一端具有近脂性。双层类脂化合物构成大多数生物膜，这种膜包住了细胞。

-

**[ Locus ceruleus ] 蓝斑：**

脑桥中的一个染色区。其轴突的一个分枝有着数量很多的突触，而且伸展到大脑皮质的大片区域。其精确功能尚未可知。其大多数在"快速眼动"睡眠期保持沉默。

# M

**[ Magnetic Resonance Imaging（MRI）] 磁共振成像：**

根据某些原子核的核共振造成的一种无损伤成像的现代方法，可以扫描身体各部分（特别是脑部）。标准的方法产生静止的二维地图（常组合而成三维图像），具有惊人的空间分辨率。最近利用此技术产生的新方法可显示大脑的活动。

**[ Magnocellular（Mcells）] 大细胞：**

有着较大的神经细胞。最初是存在于视觉系统的侧膝体部分六层细胞中的两层（参见Parvocellular）。现存的Mcells这一术语作为一般性名词用于灵长类视网膜和视皮质上的大细胞，它们对视刺激的反应有某种共同之处。

-

**[ Masking ] 掩模：**

在视觉心理学中，与主要视觉信号几乎同时或同地出现的另外一个类似信号，研究其对可视性的影响。

**[ Microelectrode ] 微电极：**

一种非常小的电极，用于从单个神经细胞上拾取电信号。

-

**[ Micron ] 微米：**

长度单位，千分之一毫米，即百万分之一米。常记为 μm。这是一种惯用的长度单位，因为可见光波长接近于半个微米，而大多数神经细胞的直径为 10～50 微米。

-

**[ Middle temple（MT）] 中颞叶：**

猴子脑中的一个特殊的视皮质区，有时称为 V5 区（视觉第五区）。其中的神经元对运动特别敏感。

-

**[ Molecular biology ] 分子生物学：**

从分子水平研究生物学，特别研究蛋白质和核酸的结构、合成和行为。现在由于其精确性和实验方法上的巨大威力，而成为许多生物学问题的主要研究途径。

-

**[ Motor cortex ] 运动皮质：**

大脑皮质的一部分，主要负责计划和执行躯体运动。

# N

**[ Necker cube ] 内克立方体：**

一种立方体的轮廓骨架图，可以用两种不同的方式去看它。

-

**[ Neglect ] 忽视：**

通常由于脑损伤，患者能看到视场的两个半球，但是，当在一个半球中出现感兴趣的事物时，患者常不理睬在另一个半球中出现的对象。

-

**[ Neocortex ] 新皮质：**

新发展出来的皮质，成为哺乳动物大脑皮质的主体。另外的部分称为旧皮质（palecortex）和古皮质（archicortex）。通常人们提到皮质时，常指大脑新皮质。

-

**[ NETtalk ] 一种神经网络：**

设计具有从事例中学习、根据书写英文发音的功能。

[**Neural correlate**] 神经关联物：
某种感觉、思想或行为的神经关联物是神经细胞的本质和行为。它的活动紧密相关于这些脑的活动。对于意识的神经关联物正在探索中。

-

[**Neural Network**] 神经网络：
一种其单元类似于十分简单的神经元的计算装置，这些单元可用许多不同方式联结起来，联结强度可以改变，以供网络行为达到所需方式。

-

[**Neuroanatomy**] 神经解剖学：
研究视觉系统的结构，特别是神经元及它们之间的联结方式，是神经生物学的一个分支。

-

[**Neurobiology**] 神经生物学：
动物神经系统的生物学。由于奇怪的历史偶然性，心理学不被认为是神经生物学的一部分。它不倾向于在生物学中教授，而倾向于在分开的院系中讲授。在最近 25 年中，神经生物学家的数目增长很快。

-

[**Neuron**] 神经元：
神经细胞的学名。

-

[**Neurophysiology**] 神经生理学：
神经科学的一个分支，处理神经系统及其元件的行为。其特别关心神经细胞如何发放，为什么发放以及什么时候发放。

-

[**NMDA**] 一种与谷氨酸有关的化学物质，叫 N–甲基–D–天门冬氨酸：
一种 NMDA 受体是谷氨酸受体的一种形式，它也能反应于 NMDA。它对于突触修正的某种形式是重要的。

-

[**Norepinephrinc**] 去甲上腺素，也叫 noradrenaline，一种激素：
作为一种神经递质使用，例如作用于前核。

[**Ocular dominance**] 眼优势：
视觉系统中的神经细胞对某只眼反应的优势程度。有的细胞只反应于左眼，有的只反应于右眼，有的以不同程度反应于双眼。

-

[**Oscillation（gamma，40Hz）**]（40Hz）振荡：
神经元（特别指脑电波）在很大频率范围内显示出周期性。接近 10 周叫 α 节律，接近 20 周的叫 β 波，35-70 周叫作 γ 振荡，有时不太准确地叫作 40 周振荡。

[**Pacman**]：
带有部分缺口的实心着色圆盘，见图 2。

-

[**Paleocortex**] 旧皮质：
大脑皮质中比较古老的部分，其很大部分与嗅觉有关。

-

[**Parvo cellular**] 小细胞：
最初用来描述视觉系统中侧膝体六层细胞中的四层。现在，P 细胞也用来说明灵长类视网膜和视皮质上的神经细胞，它们对于视觉信号有类似的反应。

-

[**Patch-champing**] 膜片钳：
用来研究膜上极小范围内个别离子通道行为的方法。

-

[**PDP**] 平行分布式处理：
是"Parallel Distributed Processing"的缩写，不同于传统计算机的一种计算技术（参看第 13 章），也用于称呼主要在圣迭戈的一群研究工作者，他们开发了这种计算的风格。

-

[**PET scan**] 正电子发射扫描：
PET 研究正电子发射断层图。使用发射正电子的放射性物质研究活体脑活动的一种技术。可显示相当粗糙的脑图，表明正在完成作业情况下脑何处有活动。

-

[**Photon**] 光子：
光的粒子。光具有粒子性，又具有波动性。

-

[ **Photoreceptor** ] 光感受器：
一种特殊分化的神经细胞，它对一定范围内的光波长起反应。

-

[ **Pop-out** ] 跳出：
"跳出"发生在视场内出现的某些事物几乎直接刺激被试，而与视场内使你分心的目标的数目无关。见图 20。

-

[ **Positron** ] 正电子：
一种基本粒子，类似于电子却携带正电荷。如果正电子遇到负电子就会发生湮灭，产生一对 γ 光子（非常短波长的 X 射线）。用于 PET 技术。

-

[ **Potential** ] 电位势能：
神经科学中常将此术语用于电压。通常有毫伏量级，一毫伏等于千分之一伏。

-

[ **Projects** ] 投射：
神经科学中，如果一个神经细胞的轴突终止于一个特殊的地方，则说它在这个地方有投射。如果 A 区投射到 B 区则意味着 A 与 B 是联系着的，因而信号可以从 A 传递到 B。

-

[ **Prosopagnosia** ] 面孔失认症：
人脸或某些特征的失认，常用于脑损伤。

-

[ **Protein** ] 蛋白质：
一大类生物分子，它由氨基酸组成的长链构成。蛋白质多种多样，它们构成细胞。酶和离子通道也由蛋白质构成。

-

[ **Psychology** ] 心理学：
系统地研究人和动物的行为和精神的科学，这一科学至今尚未连贯一致。它有许多不同的分支，其中有的从一般意义上讲很少提供解释，有的提出严格合理的科学理论。几乎所有的分支都相信实验的价值，不论这些结果的重要性和重复性如何［经允许，引自萨瑟兰（Sutherland）编的"*International Dictionary of Psychology*"］。

-

[ **Pyramidal** ] 锥状细胞：
在大脑皮质发现的一种主要类型的神经细胞。它具有相当大的树状突，树状突上有许多棘突。轴突形成第一类（兴奋性）突触。

[ **Qualia** ] 感受特性：
哲学术语，感受的复合。内心经验的主观定性，例如，红的红色性，痛的痛苦性。

-

[ **Quantum mechanics** ] 量子力学：
力学的一种形式，提出于 20 世纪 20 年代，它可以正确地描述物质和光的行为，特别是光子和电子的行为。其基本思想不同于日常经验。大多数情况下，对于大的物体的行为可以用牛顿力学很好地近似。

[ **Receptive Field** ] 感受野：
视野的一部分，在该部分内有一个适当形式的刺激可引起视觉系统中某一细胞的兴奋。

-

[ **Reductionism** ] 还原论：
其基本思想在于，用较简单的成分可以至少在原理上解释一种现象。这是一种严格科学常用的解释问题的方法。许多人（包括某些哲学家）常常由于某些不适当的理由而不喜欢它。

-

[ **REM sleep** ] 快速眼动睡眠：
REM 是英文 rapid eye movement 的缩写，别的睡眠常用"慢波睡眠"或非 REM 睡眠通称之。REM 睡眠中常有幻觉性梦境。

-

[ **Reticular formation** ] 网状结构：
许多脑干部位神经元群的陈旧的术语。这些神经元群的功能关系到睡眠、觉醒和各种躯体功能。

-

[ **Retina** ] 视网膜：
位于眼球后面的多层神经元组成的薄膜。大体上讲，光感受器位于内层，而轴突通向大脑的神经节细胞属于最外层，靠近眼球的晶状体。因此，视网膜感受器有一孔隙，节细胞的轴突通过孔隙向大脑投射，这一孔隙形成盲点。

-

[ Retina ganglia cell ] 视网膜节细胞 :
参见节细胞。

-

[ Retinotopic ] 视网膜区域对应 :
视网膜区域映射图意味着 : （脑中）某一区域
内相邻的两个点对应于视网膜上相应的两个点。
这种映射可能是被某种方式扭曲，视觉系统中
越接近眼球的部分的层次上，投射图的映射越
保持原样。

-

[ Rod ] 视杆细胞 :
视网膜上一类光感受细胞。其功能主要是在昏暗
光线下发挥作用。视杆细胞只有一种类型，所以
在昏暗的光线下不能看清颜色，在中央凹处缺少
视杆细胞，而视网膜外周存在众多的视杆细胞。

# S

[ Saccade ] 扫视 :
眼睛的一次闪动，造成一个新的凝视点。扫视是
快速的，但在 1 秒钟内不可能多于 5 次。许多人
眼球扫视的次数比它自己感知的要多，常常是每
秒 3-4 次。

-

[ Salient ] 突出的 :
如果一个目标能吸引注意力的话，则它是突出的 :
引人注目地突出在那里。

-

[ Scotoma ] 盲点 :
视觉系统中的盲点，常由于视网膜损伤或视皮质
损伤造成。

[ Second messenger ] 第二信使 :
某些受体并非打离子通道直接反应于神经递
质，而是在细胞内部产生生化变化，发送一种可
扩散的分子作为信号传递到细胞的其他部位。这
种信号叫作第二信使。这一过程比之离子通道上
的反应要缓慢得多。

[ Serial search ] 序列搜索 :
与 "跳出" 相反的过程。这是一个视觉过程，一
大群条目中是一条接一条地给以注意，而非一起
处理。

-

[ Serotonin ]-5-羟色氨 :

一种小的有机分子，作为神经递质使用。它存
在于脑干的缝隙核中，并散布轴突到整个大脑。
它可能与多种类型的精神疾病有关。

-

[ Signal-to-noise ratio——信噪比 :
所需信息的信号与背景噪声之比。在嘈杂的鸡
尾酒会上，对话信息的信噪比是相当低的。

-

[ Slow-wave-sleep——慢波睡眠 :
相对无梦的睡眠，此时脑电波中出现慢波，有
时称之为非快速眼动睡眠。人正常睡眠时这两
个睡眠相交替出现，经历一周的时间约 90 分钟，
慢波睡眠期常在快速眼动睡眠期之前出现。

-

[ SOA ]:
是英文词 " Stimulus Onset Asynchrony " 的缩写，
是一个刺激开始与另一个刺激开始的时间间隔。

-

[ Soma ] 胞体 :
细胞体的科学术语。

-

[ Somatosensory ] 躯体感觉 :
躯体各部分（包括体内外）的信息，处理痛觉、
冷觉和热觉等。

-

[ Spatial frequency ] 空间频率 :
在视觉研究中，呈现有规律的条纹，测量每度
视角内条纹的周数叫空间频率。

-

[ Spike ] 脉冲发放 :
沿轴突传导的短脉冲发放。参见 "动作电位"。

-

[ Spine ] 脊柱，棘 :
同一词有两个不同含义。最一般的用法是描述
脊椎动物的脊柱，树突棘则指树突上非常小的
分枝突起，其上分布着兴奋性突触（见第 99 页）。
一个典型的锥状细胞在其树突上有数千个棘。

-

[ Squid ] 超导量子干涉仪 :
是英文 " Super conducting quantum interference
device " 的缩写，是一种可以检测脑内非常小的
磁场变化的装置。

-

[ Stellate cell ] 星形细胞 :
一种星状树突上的神经元。在大脑皮质，一类"棘
状星形 " 神经元具有兴奋性突触，各种别的无

棘类型产生抑制性突触。

-

**[Striate cortex] 纹状皮质：**
之所以如此称呼，是因为纹状结构，许多髓鞘纤维大体平行地通向皮质页。它也叫17区，或V1区，或第一视区。

-

**[Sulcus] 沟，裂：**
皮质表面褶皱中的沟槽，多数沟有其专门的名字，诸如上颞沟等。

-

**[Superior colliculus] 上丘：**
一对神经元群，左右各一个，位于脑干顶部。在低等脊椎动物身上类似的器官叫顶盖。上丘是视觉系统的一部分，接收来自眼球节细胞的投射。在灵长类身上，其主要功能在于眼球运动，因为部分细胞投射到丘脑后结节，所以也可能与视觉注意有关。

-

**[Synapse] 突触：**
一个神经细胞与另一个之间的联结点。多数突触在轴突末端与接收神经元之间有一极小的间隙，神经递质扩散透过此间隙。在脑的某些部分，一个神经细胞的树突树上形成突触，与另一个神经细胞相联结，但这类突触在大脑皮质中极少。

# T

**[Thalamus] 丘脑：**
前脑的一个重要区域。它包括许多功能不同的部分，丘脑中灵长类动物的主要视区是外膝体和丘脑后结节。丘脑是通向大脑皮质之门，因为所有感觉（除嗅觉外）在此处中转后进入大脑。

# U

**[Unconscious inference] 无意识推论：**
亥姆霍兹于19世纪使用的术语，意味着感知过程中的无意识过程，此过程类似于意识推论。在许多方面这是正确的，但神经机制可能相当不同。

**[Veridical] 真实的：**
广义地讲，它是由另外一种信息源推论出来的"真实的"感觉。例如，触觉的可视对象。

-

**[V1，V2]：**
V1表示皮质第一视区，V2表示皮质第二视区，如此等等。这种命名法有点儿任意，例如V5常叫作MT区，没有V6区。皮质视区常用其他略语。

**[ernicke's area] 威尼克区：**
优势大脑半球（其产生语言功能）背部的一个区域。这是人的语言系统的一部分。该区受到损伤引起失语症。从现代科学观点考虑，该区不像是一个功能简单的皮质区域。

# 续读书目

著书无尽头；

苦读劳众生。

——《旧约·传道书》

　　这些是由我个人选择出来的书，覆盖了多个学科。其中一些书适合一般的读者，其他的比较困难。我把这些书分成六大类，以便有利于你选择某个你想跟踪的题目。这种分类必定有一些任意性。我对每本书都作了短评，以显示其特色。

## 一般读物

　　Blakemore, Colin. *The Mind Machine*, BBC Books, 1988.

　　Blakemore是一位英国生理学家，他对心脑问题有着广泛的兴趣。本书是一个BBC（英国广播公司）电视剧集的脚本。它覆盖了精神的很多方面，甚至还简要提及了意识，非常值得一读。

　　Changeux, Jean-Pierre. *Neuronal Man : The Biology of Mind*. L. Garey, trans. Pantheon, 1985.

　　Changeux是一位法国分子生物学家，他对神经生物学有着特殊的兴趣。这本书很具可读性，涉及了人的大脑和其他动物的脑，还有许多有趣的历史花絮。本书很少提及意识。

　　Kosslyn，Stephen M．，and Olivier Koenig.*Wet Mind*：*The New Cognitive Neuroscience*. The Free Press.1992．

　　此书面向普通读者，涉及了人脑功能的很多方面，比如阅读、语言以及运动的控制，还包括了视知觉。书名来源于这样一个思想，即意识就是大脑所做的一切，相对"干燥的"计算机而言，大脑是"湿润的"。书里包括一些有关神经网络的内容，但就神经元本身没怎么提及，最后一章讨论了意识。尽管我对Kosslyn的意识理论表示怀疑，但无疑此书值得一读，而且其写得条理清楚，浅显易懂。

　　Edelman，Gerald M. *Bright Air, Brilliant Fire*. Basic Books，1992.

　　Edelman是一位分子生物学家，现致力于发育生物学和脑理论模型的研究工作。此书虽然与他以前著的三本书涉及同一领域，但更适于普通读者。Edelman的一些故事，对他的朋友或许很合适，但付诸出版欠考虑。

## 心 — 脑问题

　　Searle，John R. *The Rediscovery of the Mind*. Bradford Books，MIT Press，1992.

　　Searle是一位哲学家。他的书是关于心 — 脑问题的，却竭力反对通常的人工智能方法。他不是二元论者，倾向于相信意识只是人脑的高级特征。Searle并不关心神经元可能如何做这些，或它们如何才可能编码。我同意他的观点，即我们很可能把脑人性化了，我们现在的许多关于脑的想法不会有助于详细地了解脑如何工作。

Lockwood，Michael. *Mind*，*Brain and Quantum*：*The Compound "I"*. Blackwell Pubs.，1989．

Lockwood是牛津大学的一位哲学家。他认识到意识给唯物主义者提出了一个难题，但他希望量子力学的佯谬会有助于问题的解决。他对这一切可能如何来做很模糊，于是转而依靠Herbert Frohlich的理论，而几乎没有科学家会相信这一理论。他确信对脑的更多了解无济于事。此书不易读懂。

Churchland, Paul M. *Matter*，*and Consciousness*. Bradford Books，MIT Press，1984．

Paul Churchland是加拿大的一位哲学家，现工作于圣迭戈。正如他所解释的，他是一位颓废的唯物主义者（eliminative materialist）。他比其他哲学家更了解大脑。我赞同他的观点——许多现在的心理学思想往往只想对真理作出粗略的证明。此书通俗易懂。

Churchland, Paul M．*A Neurocomputational Perspective*：*The Nature of Mind and the Structure of Science*. Bradford Books, MIT Press,1989．

本书主要是一系列有激烈争议论文的文集，它们更新与扩充了作者关于可感受性、大众心理学、神经网络与其他学科的观点。此书反映了当前哲学家们对那些问题的一些争论。

Dennett，Daniel C. *Consciousness Explained*. Little，Brown，1991.

Dennett是一位懂得一些心理学和大脑知识的哲学家。他有一些有趣的想法，但看起来好像是在用他的雄辩使人勉强相信。他的主要目标是"笛卡儿剧院"，即意识只存在于大脑中的一个地方。就这点来说，他很可能是对的，尽管可能存在多个"笛卡儿剧院"。他认为意识是个不断发展的过程，并把它描绘为一个"多草图（multiple drafts）"模型。这个想法有很多合理之处。他认为大脑不可能区分这样两类事件：一类是从未发生的但由脑臆造出的事件，另一类是确实发生过的但又被篡改的事件。我相信如果我们确切地知道脑在事件过程中做了什么，是能够区分它们的。他对填充和可感受性机制的解释是不合理的（参看本书第4章和第11章的讨论）。

Dennett确实漫不经心提出过建议，可以做一些实验来支持他的观点。坦白地说，这些都是心理学的，你不能指望从他的书里知道用神经科学得到实验的证明是最基本的。


Churchland，Patricia Smith. *Neurophilosophy：Toward a Unified Science of the Mind-Brain*．Bradford Books，MIT Press，1986．

Patricia Churchland是一位哲学家。她是最早的神经哲学家之一，这意味着她对神经元、大脑以及神经网络有着详细的了解。全书三个部分，第一部分是对神经科学的介绍，第二部分包括了在科学哲学领域的最新发展，第三部分给出了一些脑功能的理论，现在看来有些过时了。她的写作风格活泼生动，具有可读性。


Jackendoff，Ray．*Consciousness and the Computational Mind*．Bradford Books，MIT Press．1987．

Jackendoff是一位认知科学家，尤其对语言与音乐感兴趣。在这本书中，他进一步发展了意识的中间层次理论。这意味着，例如，我们不能直接觉知我们的想法，仅知道由这种想法所产生的说不出的言语与图像，见我这本书的第2章与第14章。这本书写得很清楚明了，但不见得读一次就能掌握其意思。

Baars，Bernard. *A Cognitive Theory of Consciousness.* Cambridge University Press，1988.

Baars是少数几位能认真、严肃考虑意识问题的认知科学家之一。在他的书中，描述了意识的一个一般性理论，即全局工作空间，并且对意识的许多方面作了丰富的综述。虽然Baars对神经元也有某些兴趣，但在他的书中仅有一点儿有关神经元的论述。有关他的观点见我这本书中的第2章与第17章。

Penrose，Roger. *The Emperor's New Mind.* Oxford University Press，1989.

Penrose是一位著名的数学家和理论物理学家。他相信大脑实现的过程不是图灵计算机所执行的计算。他认为物理是不完整的，因为还没有量子引力理论。他希望一个合适的量子引力理论能够揭示意识的奥秘，但也不太清楚怎样去做。最后，他确信量子引力是神秘的，意识也是神秘的，如果用一个来解释另一个，那不就很完美了吗？这本书的大部分涉及图灵机、戈德尔（Gödel）定律、量子理论及时间之箭，所有这些都解释得非常透彻和清晰。有关脑的特性的论述占很少一部分，尤其没有提及心理学。Penrose是一位柏拉图主义者，这种观点并不合每个人的胃口。如果他的主要观点能被证实，那将是惊人的。

Popper，Karl R.，and John C. Eccles．*The Self and Its Brain*．Springer-Verlag，1985．

Popper是一位哲学家，Eccles是一位神经科学家。这本书包括三部分，第一部分由Popper撰写，第二部分由Eccles撰写，第三部分是他们之间的谈话。他们都是二元论者，他们相信机器具有灵魂。我不同意他们的观点，但他们也许会说他们的观点与我的一样。

Eccles，John C. *Evolution of the Brain*：*Creation of Self*. Routledge，1989.

这本书主要论述人脑的进化。在后面的章节中，作者给出了一个比*The Self and Its Brain*中所陈述的更新的观点。

Edelman，Gerald M.*The Remembered Present*：*A Biological Theory of Consciousness*. Basic Books，1989.

这本书是作者所著系列学术书籍中的第三本。Edelman对这些课题的方方面面都有广博的知识。他过于喜爱他所创造的概念（例如：神经群选择性理论，神经达尔文主义，再进入回路）。热情的读者会更多注意到繁杂的内容，而不是其简明性。

Humphrey，Nicholas. *A History of the Mind*：*Evolution and the Birth of Consciousness*. Simon & Schuster,1992.

Humphrey是剑桥大学的神经科学家。他的书通俗易懂，充满着英国英语的魅力。他深入浅出地讨论了意识问题。他强调了反馈回路的重要性（正如Edelman所作），但有一点未弄清楚 —— 哪些回路对意识是至关重要的。他没考虑到神经网络通过学习能够识别它们输入中的关联。

Marcel，A. J, and E. Bisiach（eds.）. *Consciousness in Contemporary Science.* Oxford University Press，1988.

本书是各种研究意识问题方法的大杂烩，但这些方法具有相当的代表性。这本书面向学术界读者。

Griffin，Donald R. *Animal Minds*．University of Chicago Press，1992.

Griffin是一位生物学家。动物有意识吗？这本书对此作了深入的剖析。Griffin得出了一个表面上看似正确的结论：至少一些动物具有意识，并且反对有关这方面的一些武断的声明。这个问题不可能得到确定的回答，除非理解了意识的神经机制。

## 人工智能和神经网络

Boden，Margaret A. *Artificial Intelligence and Nature Man*. Basic Books，1977.

Boden既是哲学家，又是心理学家。她的书对当时的人工智能作了很好的描述，也讨论了其更为广泛的含义。

Winston，Patrick Henry. *Artificial Intelligence*，3rd ed．Addison-Wesley Publishing Company，1992．

一本关于人工智能的有用的教科书。

Minsky, Marvin. *The Society of Man*. Simon & Schuster, 1985.

Minsky是人工智能的创始者之一。在这本相当随意的书中，作者陈述了其成熟的思想：脑是如何工作的。这本书读起来像是Minsky在自言自语。他的题目包括了基本的思想，但在整本书中，对各个学科作出了许多具有启发性的评论。实际上，这本书未对脑作任何讨论。

Newell, Allen. *Unified Theories of Cognition.* Harvard University Press, 1990.

Newell相信存在着认知的一般性理论，但许多人认为这是不可能的。他与同事们一起设计了一个用于人类一般认知的装置，称之为"SOAR"。这个装置受到脑一般性特性的限制，例如：神经元的活动时间，但它与神经科学很少有联系。SOAR主要论述了思考、智力与即刻行为，但未涉及知觉。Newell宣称它可能为"觉知（awareness）"提供一种理论，但不是为"意识（consciousness）"，他指的是可感知的特性。SOAR进行的大多数过程需要花费一秒钟或更多时间，然而我集中在那些花费时间更少的过程。SOAR比许多基于A. I. 的模型更具有脑的特性。这个装置是否类似真实脑的工作方式，有待证实。

Blake, Andrew, and Tom Truscianko（eds.）. A. I. and the *Eye*. New York: Wilev. 1990.

这是一本国际会议论文集，参加者有视觉心理学家、人工智能工作者。这些文章显示人工智能的方法对理解大脑没有什么帮助，但也做了某些尝试。

Allman, William F. *Apprentices of Wonder*: *Inside the Neural*

*Network Revolution.* Bantam Books，1989．

　　一本由科学记者撰写的生动活泼的书，书中包括一些人的闲谈。在这本书中，非常容易学到一些神经网络的知识并可了解其起源。

Caudill，Maureen，and Charles Butler.*Naturally Intelligent Systems* Bradford Books，M1T Press，1990．

　　简单一句话就是，这本书讲的是神经网络。由这两位网络工作者撰写的这本书是学习网络的入门书，他们写得简明易懂。这本书有一个有用的词汇表。他们的专业术语"neurodes"—— 神经网络的单元 —— 没有被广泛使用。

Bechtel，William，and Adele Abrahamsen．Connectionism and the Mind：*An Introduction to Parallel Processing in Networks.* Basil Blackwell，1991.

　　对学生来说，这是一本很具可读性的导引。此书主要是关于网络的，也包括了一些关于普通出版物的讨论。但几乎没提到神经元，更不用说意识了。

Churchland，Patricia S，and Terrence J. Sejnowski. The Computational Brain：*Models and Methods on the Frontiers of Computational Neuroscience*．Bradford Books，MIT Press，1992．

　　此书由我在圣迭戈的两位亲密的伙伴完成，它不仅描述了计算和神经网络的现代理论，还讨论了它们能够应用于真正的生物系统的例子。在我的书第13章里，对神经网络做了非常简单的介绍，此书对于那些想继续深入研究该理论的朋友是必不可少的。

Zometzer，Steven F，Joel L．Davis，and Clifford Lau（eds．）.*An Introduction to Neural and Electronic Networks*.Academic Press，1990．

这本书涵盖了真正的神经元、硅神经元以及神经网络模型。很多文章是由不同领域的带头人所著的，包括从分子学到数学。书中提出了关于现在研究方向范围的一个很好的想法，但此书并非为初学者所写。

Rumelhart，David E，James L. McClelland，and the PDP Research Group. *Parallel Distributed Processing*，vols．1 and 2．Bradford Books，MIT Press，1986．

这本曾引起神经网络革命的书，在那时成为学术界的畅销书，现在毕竟有些过时了。此书介绍性的前四章和最后一章对当时的研究结果进行了很好的总结。

Abeles，M Corticonics：*Neural Circuits of the Cerebral Cortex*.Cambridge University Press，1991．

作者是一位以色列的神经生理学家。书名是从"皮质"（cortex）和"电子学"（electronics）造出来的。此书提出了一些关于大脑神经回路可能的特性的有趣议论。此书不适用于初学者。

Schwartz，Eric L.（ed.）.*Computational Neuroscience*．Bradford books，MIT Press，1990．

此书是由多位作者所著，包括了从生物系统到人工神经网络。此书很好地阐述了由神经网络革命带来的动荡。

## 认知科学

Gardner．Howard.*The Mind's New Science*：*A History of the Cognitive Revolution.* Basic Books，1985．

对认知科学及其起源进行了概略的描述，简单易懂。

Johnson-Laird，Philip N．Mental Models，Harvard University Press，1983，and *The Computer and the mind*：*An Introduction to Cognitive Science*，Harvard University Press，1988．

Johnson-Laird是一位英国认知科学家，现工作于普林斯顿。Mental Model主要讲的是语言和推理，其中有一小部分谈到了意识和计算。The Computer and the mind则涉及很多不同的主题，其中包括视觉感知。这两本书均思想深邃，简单易懂。参见我在第2章和第14章中对他的思想的评论。

Posner, Michael I.（ed．）. *Foundations of Cognitive Science.* Bradford Books，MIT Press，1989．

这是一本写给想对认知科学有深入了解的读者的学术著作。此书没有提到意识，只有一章谈到了神经元。

Sutherland, Stuart．*The International Dictionary of Psychology.* Macmillan Ltd.，1989．

涵盖了心理学及与其密切相关的一些学科中使用的大部分术语。Surtherland对某些分支如精神分析学有一些很坚定的看法。他关于爱（Love）的定义不合常规。

Hebb. D. O. *Organization of Behavior.*（First published 1949.）Wiley，
1964.

本书由于对现在称为"赫布律"的法则的清晰陈述（参见第13章）和关于回响回路的相当含糊的建议给人们留下了深刻印象。

James，William.*The Principles of Psychology.*（First published 1890.）Harvard University，1981.

此书无疑是一部经典之作，虽年代久远仍值得一读。此书说明，当时意识是心理学中的一个重要课题。我在第2章中引用了其中一部分。

## 视觉感知

Rock，Irvin. *Perception.* Scientific American Library，distributed by W. H. Freeman,1984.

此书是视觉感知方面的一本极好的入门读物。作者是一位心理学家。他以其对视觉系统行为的研究而闻名遐迩。这是一本深入浅出、图文并茂的著作。此书没有提到意识，只有一点儿关于神经元和脑的内容。

Sekuler，Robert，and Randolph Blake. *Perception*，2nd ed McGraw-Hill，1990.

两位作者均为心理学家。本书谈到了所有的感觉，但主要是关于视觉。它是一本教科书，对于外行来说也相当易懂。此书主要涉及心理学方面的内容，也有一点关于脑，没有谈到意识。

Marr，David. *Vision*. W. H. Freeman，1983.

此书肯定会成为经典之作，主要是因为作者思路清晰，叙述观点时有说服力。他的总体看法和一些详细的建议现在看起来有些过时。但是，他所坚持的立场可能会存在下去 —— 他认为应该对视觉问题进行仔细分析，并且重要的是要提出一个明确的模型。此书在作者去世之后出版。

Kanizsa，Gaetano. *Organization in Vision*：*Essays on Gestalt Perception* *Praeger*，1979.

Kanizsa是一位意大利心理学家。这本书中，作者设计了许多引人注目的插图，用来说明我们视觉系统行为的方方面面。它将会成为一部经典之作。

Petry，Susan，and Glenn E. Meyer（eds.）.The Perception of Illusory Contours. Springer-Verlag，1987.

这是在一次会议的基础上，由多个作者共同完成的著作。它给出了有关幻觉轮廓（illusory contour）的许多例子和观点。此书只适于那些对这一主题很感兴趣的读者。

Johnson，Mark H，and John Morton. *Biology and Cognitive Development*：*The Case of Face Recognition*. Blackwell，1991.

一本其主题能引起大多数人兴趣的好书。其在具有学术水平的同时，给人以阅读的乐趣。此书回避了有关婴儿的意识的难题。

Weiskrantz，L. *Blind Sight*：*A Case Study and Implications*. Oxford

University Press，1986．

　　一本权威的关于这一主题的综述，同时也详细叙述了作者以前的一些未发表的工作。此书内容可以作为了解最新进展的背景知识。

Kosslyn，Stephen Michael. *Ghosts in the Mind's Machine*. W. W. Norton．1983．

　　Kosslyn是用科学的方法研究脑的想象力的先驱之一。我基本上没有谈到这个有趣的问题。本书阅读起来相当容易。

Baddeley，Alan．*Human Memory*：*Theory and Practice*. Allyn and Bacon，1990．

　　Baddley是一位英国心理学家。此书涵盖了记忆的许多方面，并较多地介绍了历史背景。此书内容翔实，相当易懂。有一些关于脑损伤和神经网络的内容，但没有提到真正的神经元。

Julesz，Bela. *Foundations of Cyclopean Perception.* University of Chicago Press，1971．

　　Julesz是一位在贝尔电话实验室工作了许多年的匈牙利心理学家。他发明的随机点对立体图使我们关于立体视觉的观念焕然一新。这本详尽地描述他的研究工作的书已成为一本经典之作。

Gregory，R. L.，and E. H. Gombrich（eds.）. Illusion in Nature and Art. Duckworth，1973．

　　Gregory是一位英国视觉心理学家。Gombrich是一位著名的文艺评论家。他们与四位英国作者共同写的这本书是针对一般读者的。书中充满了对自然和艺术的有趣的观察结果。

Barlow，Horace，Colin Blakemore，and Miranda Watson-Smith. *Images and Understanding*．Cambridge University Press，1990．
在为此书而做的前言中我曾写到，它对每一个人来说都是一种享受。书中讨论了为数众多的主题，从神经元、大脑直到动画、舞蹈、漫画。

## 神经科学

Dowling，John E. The Retina：*An Approachable Part of the Brain*. Harvard University Press，1987．
Dowling从事视网膜研究已经很多年了。他的著作是一个很好的对这一主题的综述。此书主要适用于学生。

Hubel，David H. *Eye*，*Brain and Vision*. Scientific American Library，distributed by W. H. Freeman，1987．
此书是一位卓越的神经生理学家对哺乳动物初级视觉系统的图文并茂的描述，易读。Hubel最近转向了心理学（心理物理学）。他相当不愿意大胆地深入研究V1和V2区以后的皮质区。此书没有关于意识的内容。

Zeki，Semir. *A Vision of the Brain*. Blackwell Scientific Publications，1993．
Zeki是一位著名的英国神经科学家。他最先开始探索猴视觉系统V1和V2区以后的部分。此书聚焦于他自己的工作，特别是他在颜色视觉方面的兴趣，很少涉及下颞叶皮质。此书在简短的章节中同时容纳了众多实验细节的清晰描述和思想深刻的一般观测结果。最后一章谈到了与视觉有关的意识问题。此书主要针对学生而写，但也适于任何想对视觉神经科学有较多了解的人。行文明快易懂。

Blakemore, Colin ( ed. ). *Vision : Coding and Efficiency.* Cambridge University Press, 1990.

此书是一本献给 Horace Barlow 的科学论文集。Barlow 提出过许多关于视觉系统的有启发性的思想。书中涵盖了与视觉有关的很多主题，适于高校读者。开头 Barlow 所写的一小篇读起来令人兴趣盎然。

Farah. Martha J. *Visual Agnosia : Disorders of Object Recognition and What They Tell Us about Normal Vision.* Bradford Books, MIT Press, 1990.

一本思想深刻的很好的学术著作。对一般读者来说，细节太多，但对学习视觉的学生来说很重要。

Damasio, Hanna, and Antonio R, Damasio. *Lesions Analysis in Neuropsychology.* Oxford University Press, 1989.

本书由两位神经科学家所著，概述了不同的扫描方法（如 MRI）在了解人脑不同损伤情况中的作用。书中探讨了损伤方法的优越性和局限性，并描述了这一方法给出的一些重要结果。作者简述了他们的"会聚区（convergence zone）"的思想。"会聚区"不仅出现在许多皮质区，而且在大多数与皮质区有联系的脑区也有出现。书中提供了许多关于脑损伤的有趣的照片。此书只适于医务工作者及科学家。

Dudai，Yadin．*The Neurobiology of Memory*：*Concepts*，*Findings*，*Trends.* Oxford University Press，1989．

Dudai是一位神经生物学家。他的这本著作主要是针对高校读者的。它的内容包括从人一直到加利福尼亚海蛞蝓。此书是一本叙述清楚、思想深刻的著作。


Squire，Larry R．*Memory and Brain*．Oxford University Press，1987．

Squire是一位神经心理学家。虽然此书是针对科学家和学生的，但它对已知的记忆的不同方面的概述相当清楚。


Dowling，John E．*Neurons and Networks*：*An Introduction to Neuroscience*．Belknap Press of Harvard University Press，1992．

此书不是关于作为脑的理论模型的神经网络的，而是对神经科学的一个相当概括的介绍。它基于作者在哈佛大学讲授的一门介绍性课程的讲义著成，适于大学生及有相应水平的读者。


Shepherd，Gordon M.（ed.）．*The Synaptic Organization of the Brain*，3 rd ed. Oxford University Press，1990．

此书是一本著名的教科书的最新版本，从多学科的角度描述了神经元、它的组成以及它们的回路组织形式，主要涉及对人脑了解得较清楚的部分。对一般读者来说，内容太细太难。


Nicholls，John G.，A Robert Martin，and Bruce G Wallace．*From Neuron to Brain*，3 rd ed. Sinauer Associates，1992．

此书是一本标准教科书的最新版本。它罗列了关于视觉系统的许多基本知识。其中一部分较详细地叙述了哺乳动物视觉系统的早期阶段，从视网膜（经过侧膝体）到视皮质。但基本没有涉及"我们怎么看"的问题。

Kandel, Eric R., James H. Schwartz, and Thomas M. Jessell ( eds. ). *Principles of Neural Science*, 3 rd ed. Appleton and Lange. 1991.

一本标准教科书，适用于生物学、行为学和医学学生。书中包括了由不同的作者写的关于脑的许多方面的内容。有几章讲的是视觉系统。在Kandel所写的关于视觉感知的一章中，他通过一些视觉心理学的例子指出，视觉是一个创造性的过程。Kandel还探讨了捆绑问题、注意、40-Hz振荡以及它们对于视觉觉知的意义。

Groves, Philip M., and George V. Rebec. *Introduction to Biological Psychology,* 4 th ed. William C. Brown, 1992.

一本涵盖脑的各方面内容（从视觉到性）的教科书，适合于大学生阅读。

Nauta, Walle J. H., and Michael *Feirtag. Fundamental Neuroanatomy.* W. H. Freeman, 1986.

Nauta是一位卓越的神经解剖学家，Feirtag是一位科普新闻记者。此书适用于医学院学生，但对神经科学家来说也是一本有益的入门读物。这一主题本身的复杂性使此书对一般读者来说相当难懂。但书中的非常明了的插图仍值得参考。

Peters, Alan, and Edward G. Jones ( eds. ). *Cerebral Cortex*, vols. 1~9. Plenum，1984~1991.

　　它是一本标准参考书，第一卷于1984年问世，最近一卷（第九卷）于1991年完成。早期的一些部分现在有些过时了。

Jones，Edward G. *The Thalamus*. Plenum，1985.

　　仍然是一本关于丘脑的有水准的著作。希望会有更新的版本出版。

Steriade，Mircea，Edward G. Jones，and Rodolfo R. Llinas（eds.）. *Thalamic Oscillations and Signaling*. Wiley，1990.

　　由三位著名的权威所做的关于这一主题的博学的描述，不容易读懂。写于当前对40-Hz振荡的广泛关注之前。

Levitan，Irwin B.，and Leonard K. Kaczmarek . *The Neuron：Cell and Molecular Biology* . Oxford University Press，1991.

　　此书对离子通道进行了广泛的讨论，适于高校学生。书中充分展示了单个神经元的巨大的分子复杂性。

Hall，Zach W .，et a1. *An Introduction to Molecular Neurobiology*. Sinauer Associares，1992.

　　一本内容相当丰富的好书，适于高校读者。它很好地综述了这一学科的众多分支及其复杂性。

# 参考文献

**第 1 章**

1.Popper, K. K., and Eccles, J. C.（1985）.The Self and Its *Brain*. New York；Springer-Verlag.

2.Eccles, J. D.（1986）.Do mental events cause neural events analogously to the probability fields of quantum mechanics？*Proc Roy Soc Lond* B 227：411–428.

3.Barlow, H. B.（1972）. Single units and sensation：a neuron doctrine for perceptual psychology？*Perception* 1：371–394.

4.Jacob, F.（1977）. Evolution and tinkering. *Science* 196：1161–1166.

**第 2 章**

1.Kosslyn, S. M.（1983）. *Ghosts in the Mind's Machine*.New York：W. W. Norton & Co.

2.Johnson-Laird, P. N.（1983）. *Mental Models*.Cambridge, MA：Harvard Univ Press.

3.Johnson-Laird, P.N.（1988）.*The Computer and the Mind：An Introduction to Cognitive Science*.Cambridge, MA：Harvard Univ Press.

4.Jackendoff, R.（1987）.*Consciousness and the Computational Mind*. Cambridge,MA：Bradford Books,MIT Press.

5.Baars, B.（1988）. A *Cognitive Theory of Consciousness*. Cambridge,England：Cambridge Univ Press.

6.Crick , F .,and Koch, C.（1990）. Towards a neurobiological theory of consciousness. *Seminars Neurosc* 2：263–275.

**第 3 章**

1.Kanizsa, G.（1979）. *Organization in Vision: Essays on Gestalt Perception*.New York: Praeger Publishers.

**第 4 章**

1.Rock, I. , and Palmer,S.（1990）. The legacy of Gestalt psychology.*Sc Am* Dec：84–90.

2.Nakayama, K., and Shimojo, S.（1992）. Experiencing and perceiving visual surfaces. *Science* 257：1357–1363.

3.Chaudhuri, A.（1990）.Modulation of the motion after effect by selective attention. *Nature* 344：60–62.

4.Ramachandran, V. S.（1992）. Blind spots. Sc Am 266：86–91.

5.Ramachandran, V.S., and Gregory, R. L. （1991）. Perceptual filling in of artificially induced scotomas in human vision.*Nature* 350 : 699 – 702.

6.Ramachandran, V. S. （1993）. Filling in gaps in perception : Part 2., scotomas and phantom limbs. *Curr Direct Psychol Sc* 2 : 56 – 65.

**第 5 章**

1.Posner, M. I., and Presti, D. E. （1987）. Selective attention and cognitive control. *Trends Neurosc* 10 : 13 – 17.

2.Luck, S. J., Hillyard, S. A., Mangun, G. R., and Gazzaniga, M. S. （1989）. Independent hemispheric attentional systems mediate visual search in split brain patients. *Nature* 342 : 543 – 545.

3.Yantis, S. （1992）. Multi-element visual tracking : attention and perceptual organization. *Cogn Psychol* 24 : 295 – 340.

4.Baylis, G. C., and Driver, J. （1993）.Visual attention and objects : evidence for hicrarchical coding of location.*J Exp Psychol* 19 : 1 – 20.

5.Julesz, B. （1990）. Early vision is bottom-up, except for focal attention. *Cold Spring Harbor Symposia on Quantitative Biology*, The Brain 55 : 973 – 978.

6.Treisman, A.M, , Sykes, M., and Gelade, G. （1977）.Selective attention and stimulus integration. In : S.Dornic （ed.）, *Attention and Performance* VI （pp.333–361）. Hillsdale, NJ : Lawrence Erlbanm.

7.Egeth, H., Virzi, R. A., and Garbart, H. （1984）.Searching for conjunctively defined targets, *J Exp Psychol* : Human Perception and Performance 10 : 32 – 39.

8.Treisman,A.,and Gormican, S. （1988）. Feature analysis in early vision : evidence from search asymmetries. *Psychol Rev* 95 : 15 – 48.

9.Treisman, A., and Schmidt, H. （1982）.Illusory conjunctions in the perception of objects. *Cogn Psychol* 14 : 107 – 141.

10.Cave, K. R., and Wolfe, J. M. （1990）.Modeling the role of parallel processing in visual search. *Cogn Psychol* 22 : 225 – 271.

11.Duncan, J., and Humphreys, G. W. （1989）. Visual search and stimulus similarity. *Psychol Rev* 96 : 433 – 458.

12.Dudai, Y. （1989）.*The Neurobiology of Memory* : *Concepts*, *Findings*, *Trends*. Oxford, England : Oxford Univ Press.

13.Sperling, G. （1960）. The information available in brief visual presentations. *Psychol Monographs* 74 : Whole no. 498.

14.Baddeley, A.（1990）.*Human Memory : Theory and Practice.* Needham Hgts, MA : Allyn & Bacon, Inc.

-

15.Shallice, T., and Vallar, G.（1990）. The impairment of auditory-verbal shor-tterm storage. In : G. Vallar and T. Shallice（eds.）, *Neuropsychological Impairments of Shor-term Memory*（pp.11 – 53）. Cambridge,England : Cambrldge Univ Press.

**第 6 章**

1.Libet, B.（1985）. Unconscious cerebral initiative and the role of conscious will in voluntary action. *Behave Brain Sc* 8 : 529 – 566.

-

2.Efron, R.（1967）. The duration of the present. *Annals NY Acad Sc* 138 : 367 – 915.

-

3.Reynolds, R. I.（1981）. Perception of an illusory contour as a function of processing time. *Perception* 10 : 107 – 115.

-

4.Ramachandran, V. S. Personal communication. See Ramachandran, V. S.（1990）. In : A.Blake and T. Troscianko（eds.）, *A. I. and the Eye*（pp.21 – 77）. Chichester, England : John Wiley & Sons, Inc.

**第 7 章** 无

**第 8 章** 无

**第 9 章**

1.Ojemann, G. A.（1990）. Organization of language cortex derived from investigations during neurosurgery. *Sem Neurosc* 2 : 297 – 305.

-

2.Crick, F., and Jones, E.（1993）. Backwardness of human neuroanatomy. *Nature* 361 : 109 – 110.

-

3.Nevillc, H.J.（1990）.Intermodal competition and compensation in development : evidence from studies of the visual system in congenitally deaf adults.*Ann NY Acad Sci* 608 : 71 – 91.

-

4.Roe, A. W., Pallas, S. L., Kwon, Y. H., and Sur, M.（1992）. Visual projections routed to the auditory pathway in ferrets : receptive fields of visual neurons in primary auditory cortex. *J Neurosc* 12 : 3651 – 3664.

-

5.Pardo, J. V., Pardo, P. J., Janer, K. W., and Raichle, M. E.（1990）. The anterior cingulate cortex mediates processing selection in the Stroop attentional conflict paradigm. *Proc Natl Acad Sci USA* 87 : 256 – 259.

-

6.Clark, V. P., Courchesne, E., and Garafe, M.（1992）. In vivo myeloarchite ctonic analysis of human striate and extrastriate cortex using magnetic resonance irnaging. *Cerebral Cortex* 2 : 417 – 424.

7.Neher, E., and Sakmann, B.（1992）. The patch clamp technique. *Sc Am March* : 44 – 51.

**第 10 章**　1.Sparks, D.L., Lee, D., and Rohrer, W. H.（1990）. Population coding of the direction, amplitude, and velocity of saccadic eye movements by neurons in the superior colliculus. *Cold Spring Harbor Symposia on Quantitative Biology, The Brain* 55 : 805 – 811.

**第 11 章**　1.Le Vay, S., Hubel, D. H., and Wiesel, T. N.（1975）. The pattern of ocular dominance columns in macaque visual cortex revealed by a reduced silver stain. *J Comp Neurol* 159 : 559 – 575.

2.Mitchison, G.（1991）. Neuronal branching patterns and the economy of cortical wiring. *Proc Roy Soc Lond B* 245 : 151 – 158.

3.Grosof, D. H., Shapley, R. M., and Hawken, M. J.（1992）. Monkey striate responses to anomalous contours?*Investigative Ophthalm Vis Sc S* 33 : 1257.

4.Von der Heydt,R.,Peterhans,E.,and Baumgartner,G.（1984）.Illusory contours and cortical neuron responses. *Science* 224 : 1260 – 1262.

5.Felleman, D. J., and Van Essen, D. C.（1991）. Distributed hierarchical processing in the primate cerebral cortex. *Cerebral Cortex* 1 : 1 – 47.

6.Allman, J., Miezin F., and Mc Guinness, E.（1985）. Direction–and velocity–specific responses from beyond the classical receptive field in the middle temporal visual area( MT ). *Perception* 14 : 105 – 126.

7.Bom, R. T., and Tootell, R. B. H.（1992）. Segregation of global and local motion processing in primate middle temporal visual area. *Nature* 357 : 497 – 499.

8.Adelson, E. H., and Movshon, J. A.（1982）. Phenomenal coherence of moving visual patterns, *Nature* 300 : 523 – 525.

9.Stoner, C. R., and Albright, T. D.（1992）. Neural correlates of perceptual motion coherence.*Nature* 358 : 412 – 414.

10.Zeki, S.（1983）. Colour coding in the cerebral cortex : the reaction of cells in monkey visual cortex to wavelengths and colours. *Neurosc* 9 : 741 – 765.

**第 12 章**　1.Bisiach, E. and Luzzatti, C.（1978）. Unilateral neglect, representational schema, and consciousness. *Cortex* 14 : 129 – 133.

2.Sacks, O., and Wasserman, R.（1987）.The case of the colorblind painter. *NY Rev of Books* 34 : 25 – 34.

3.Damasio, A. R., Tranel, D., and Damasio, H.（1990）. Face agnosia and the neural substrates of memory. *Annu Rev Neurosci* 13 : 89 – 109.

4.Tranel, D., Damasio, A. R., and Damasio, H.（1988）. Intact recognition of facial expression, gender, and age in patients with impaired recognition of face identity. *Neurology* 38：690－696.

-

5.Hess, R.H.,Baker,C.L.,and Zihl,J.（1989）.The "motion-blind" patient：lowlevel spatial and temporal filters.*J Neurosc* 9：1628－1640.

-

6.Warrington, E. K., and Taylor, A. M.（1978）. Two categorical stages of object recognition. *Perception* 7：695－705.

-

7.Humphreys, G. W., and Riddock, M. J.（1987）.*To See but Not to See：A Case Study of Visual Agnosia*. London：Lawrence Erlbaum Assoc.

-

8.Brown, J. W.（1983）. The microstructure of perception：physiology and patterns of breakdown. *Cogn Brain Theory* 6：145－184.

-

9.Damasio, A. R., Damasio, H., Tranel, D., and Brandt, J. P.（1990）. Neural regionalization of knowledge access：preliminary evidence. *Cold Spring Harbor Symposia on Quantitative Biology, The Brain* 55：1039－1067.

-

10.Bogen, J. E.（1993）. The callosal syndromes. In：K. M. Heilman and E. Valenstein（eds.）, *Clinical Neuropsychology*, 3rd ed.（pp.337–1407）. Oxford,England：Oxford Univ Press.

-

11.Sperry, R. W.（1961）. Cerebral organization and behaviour. *Science* 133：1749－1757.

-

12.Weiskrantz, L.（1986）. *Blindsight*. Oxford, England：Oxford Univ Press.

-

13.Stoerig, P., and Cowey, A.（1989）. Wavelength sensitivity in blindsight. *Nature* 342：916－918.

-

14.Fendrich, R., Wessinger, C. M., and Gazzaniga, M. S.（1992）.Residual vision in a scotoma：implications for blindsight. *Science* 258：1489－1491.

-

15.Tranel, D., and Damasio, A. R.（1988）. Non-conscious face recognition in patients with face agnosia. *Behav Brain Res* 30：235－249.

**第 13 章**

1.Anderson, C. H., and Van Essen, D. C.（1987）.Shifter circuits：a computational strategy for dynamic aspects of visual processing. *Proc Natl Acad Sci USA* 84：6297－6301.

-

2.Newell, A.（1990）.*Unified Theories of Cognition*. Cambridge, MA：Harvard Univ Press.

-

3.MeCulloch, W. S., and Pitts, W.（1943）. A logical calculus of the ideas imminent in neural nets.*Bulletin of Mathematical Biophysics* 5：115－137.

-

4.Roscnblatt, F.（1962）. *Principles of Neurodynamics*. New York：Spartan Books.

-

5.Minsky, M., and Papert, S.（1969）. *Perceptrons：An Introduction to Computational Geometry*. Cambridge, MA：MIT Press.

6.Hopfield, J. J.（1982）. Neural networks and physical systems with emergent collective computational abilities. Proc Natl Acad Sci USA 79：2554－2558.

7.Hebb, D. O.（1964）. Organization of Behavior. New York, NY：John Wiley & Sons, Inc.

8.Crick, F. H. C., and Mitchison, G.（1983）. The function of dream sleep. Nature 304：111－114.

9.Crick, F., and Mitchison, G.（1986）. REM sleep and neural nets. J Mind Behav 7：229－249.

10.Willshaw, D.（1981）. Holography, assoiative memory, and inductive generalization. In：G. E. Hinton and J. A. Anderson（eds.）, Parallel Models of Associative Memory（pp.83－104）. Hillsdale, NJ：Lawrence Erlbaum Associates.

11. Rumelhart, D. E., McClelland, J. L., and the PDP Research Group（eds.）（1986）. Parallel Distributed Processing.Cambridge, MA：Bradford Books, MIT Press.

12.Sejnowski, T. J., and Rosenberg, C. R.（1987）.Parallel networks that learn to pronounce English text. Complex Systems 1：145－168.

13.Lehky, S.R., and Sejnowski, T. J.（1990）. Neural network model of visual cortex for determining surface curvature from images of shaded surfaces. Proc Roy Soc Lond B 240：251－278.

14.Zipser, D.（1992）. Identification models of the nervous system. Neurosc 47：853－862.

## 第 14 章 无

## 第 15 章

1.Heywood, C. A., Cowey, A., and Newcombe, F.（1991）. Chromatic discrimination in a cortically colour blind observer. Europ J Neurosc 3：802－812.

2.Newsome, W. T., Britten, K. H., and Movshon, J. A.（1989）. Neuronal correlates of a perceptual decision. Nature 341：52－54.

3.Salzman, C. D., Murasugi, C. M., Britten, K.H., and Newsome, W. T.（1992）. Microstimulation in visual area MT：effects on direction discrimination performance.J Neurosci 12：2331－2355.

4.Duensing. S., and Miller, B.（1979）.The Cheshire cat effect. Perception 8：269－273.

5.Logothetis, N.K., and Schall, J.D.（1989）.Neuronal correlates of subjective visual perception. Science 245：761－763.

6.Ramachandran, V. S.（1991）. Form, motion, and binocular rivalry. Science 251：950－951.

7.Piantanida, T. P.（1985）.Temporal modulation sensitivity of the blue mechanism：measurements made with extraretinal chromatic adaptation. Vis Res 25：1439－1444.

8.Pritchard, R. M., Heron, W., and Hebb, D. O. (1960).Visual perception approached by the method of stabilized images.*Canad J Psychol* 14 : 67 – 77.

-

9.Fiorani, M., Rosa, M. G. P., Gattass, R., and Rocha-Miranda, C. E. (1992).Dynamic surrounds of receptive fields in primate striate cortex : a physiological basis for perceptual completion? *Proc Natl Acad Sci USA* 89 : 8547 – 8551.

-

10.Livingstone, M. S., and Hubel, D. H. (1981).Effects of sleep and arousal on the processing of visual information in the cat. *Nature* 291 : 554 – 561.

-

11.Moran, J., and Desimone, R. (1985).Selective attention gates visual processing in the extrastriate cortex. *Science* 229 : 782 – 784.

-

12.Spitzer, H., Desimone, R., and Moran, J. (1988).Increased attention enhances both behavioral and neuronal performance. *Science* 240 : 338 – 340.

-

13.Robinson, D. L., and Petersen, S. E. (1992).The pulvinar and visual salience. *Trends Neurosc* 15 : 127 – 132.

-

14.Anderson, C. H., and Van Essen, D. C. (1987).Shifter circuits : a computational strategy for dynamic aspects of visual processing. *Proc Natl Acad Sci USA* 84 : 6297 – 6301.

-

15.Libet, B., Pearl, D. K., Morledge, D. E., Gleason, C. A., Hosobuchi, Y., and Barbaro, N. M. (1991). Control of the transition from sensory detection to sensory awareness in man by the duration of a thalamic stimulus. *Brain* 114 : 1731 – 1757.

## 第 16 章

1.Milner, P. M. (1974). A model for visual shape recognition. *Psychol Rev* 6: 521 – 535.

-

2.Douglas,K.L.,and Rockland,K.S. (1992).Extensive visual feedback connections from ventral inferotemporal cortex. In: *Society for Neuroscience Abstr* 169. 10.

-

3.Edelman, G.M: (1990).The Remembered Present:A Biological Theory of Consciousness. New York: Basic Books:

-

4.Connors, B. W., and Gutnick, M. J. (1990).Intrinsic firing patterns of diverse neocortical neurons. *Trends Neurosc* 13:99 – 104.

-

5.Magleby, K. L:, and Zengel, J. E. (1982).A quantitative description of stimulation-induced changes in transmitter release at the frog neuromuscular junction. *J Gen Physiol* 80:613 – 638.

-

6.Zucker, R. S. (1989).Short-term synaptic plasticity. Ann Rev Neurosc 12:13 – 31.

-

7. Tömböl, T. (1984).Layer VI cells. In:A. Peters and E. G. Jones (eds.),Cerebral Cortex,vol 1:*Cellular Components of the Cerebral Cortex* (pp.479 – 519). New York:Plenum Press.

-

8.Goldman-Rakic, P. S., Funahashi, S., and Bruce, C. J. (1990) Neocortical memory circuits. *Cold Spring Harbor Symposia on Quantitative Biology*, The Brain 55:1025 – 1038.

9.Fuster, J. M.（1989）.*The Prefrontal Cortex*, 2nd ed. New York:Raven Press.

**第 17 章**

1.Freeman, W. J.（1988）. Nonlinear neural dynamics in olfaction as a model for cognition. In E.Basar（ed.）, *Dynamics of Sensory and Cognitive Processing by the Brain*（pp.19 – 20）. Berlin：Springer.

2.Gray, C. M., and Singer, W.（1989）.Stimulus-specific neuronal oscillations in orientation columns of cat visual cortex. *Proc Natl Acad Sei USA* 86：1698 – 1702.

3.Eckhorn, R., Bauer, R., Jordan, W., Brosch, M., Kruse, W., Munk, M., and Reitboeck, H. J.（1988）.Coherent oscillations：a mechanism of feature linking in the visual cortex? *Biol Cybern* 60：121–130.

4.Gray, C. M., Königning, P., Engel, A. K., and Singer, W.（1989）. Oscillatory responses in cat visual cortex exhibit inter-columnar synchronization which reflects global stimulus properties. *Nature* 338：334 – 337.

5.Engel, A. K., Kreiter, A. K. König, P., and Singer, W.（1991）.Synchronization of oscillatory neuronal responses between striate and extrastriate visual cortical areas of the cat. *Proc Natl Acad Sci USA* 88：6048 – 6052.

6.Engel, A. K., König, P., Kreiter, A. K., and Singer, W.（1991）. Interhemispheric synchronization of oscillatory neuronal responses in cat visual cortex. *Science* 252：1177 – 1179.

7.Crick, F., and Koch, C.（1990）. Towards a neurobiological theory of consciousness. *Seminars Neurosc* 2：263 – 275.

8.Livingstone, M. S.（1991）.Visually-evoked oscillations in monkey striate cortex.*Soc for Neuroscience Conf Proc.*

9.Kreiter, A. K., and. Singer, W.（1992）.Oscillatory neuronal responses in the visual cortex of the awake macaque monkey. *Europ J Neuroscience* 4：369 – 375.

10.Bair, W., Koch, C., Newsome, and Britten, K.（1993）.Power spectrum analysis of MT neurons in the awake monkey. In：F. Eeckman（eds.）, *Computation and Neural Systems* 92（In press）. Norwell, MA：Kluwer Academic Publ.

11.Murthy, V. N., and Fetz, E. E.（1992）.Coherent 25-to-35- Hz oscillations in the sensorimotor cortex of awake behaving monkeys. *Proc Natl Acad Sci USA* 89：5670 – 5674.

12.Gray, C. M., Engel, A. K., König, P., and Singer, W.（1992）.Synchronization of oscillatory neuronal responses in cat striate cortex：temporal properties. *Visual Neurosc* 8：337 – 347.

13.Wise, S. P., and Desimone, R.（1988）.Behavioral neurophysiology：insights into seeing and grasping. *Science* 242：736 – 741.

14.Biederman, I.（1987）.Recognition-by-components：A theory of human image understanding. *Psycnol Rev* 94：115－147.

-

15.Poggio, T.（1990）. A theory of how the brain might work：*Cold Spring Harbor Symposia on Quantitative Biology, The Brain* 55：899－910.

-

16.Penfield, W.（1975）.*The Mystery of the Mind*. Princeton NJ：Princeton Univ Press.

-

17.Mumford, D.（1991）. On the computational architecture of the neocortex：I. The role of the thalamo-cortical loop . *Biol Cybern* 65：135－145.

-

18.Baars, B. J., and Newman, J.（In press）.A neurobiological interpretation of the Global Workspace theory of consciousness. In：A. Revonsuo and M. Kamppinen （eds.）, *Consciousness in Philosophy and Cognitive Neuroscience*（In press）. Hilldale, N J：Erlbaum.

-

19.Crick, F. H. C.（1984）,The function of the thalamic reticular complex：the searchlight hypothesis. *Proc Natl Acad Sci USA* 81：4586－4590.

-

20.Sherk, H.（1986）.The claustrum and the Grebral cortex（Chapter 13）. In：F. G. Jones and A. Peters（eds.）,*Cerebral Cortex：Sensory-motor Areas and Aspects of Cortical Connectivity* 5（pp. 467－499）. New York：Plenum Press.

## 第 18 章　　无

# 关于"自由意志"的跋

1.Damasio, A. R., and Van Hoesen, G. W.（1983）. Emotional disturbances associated with focal lesions of the limbic frontal lobe. In: K. M. Heilman and P.Satz( eds.), *Neuropsychology of Human Emotion*. New York：Guilford Press.

-

2.Goldberg, G., and Bloom, K. K.（1990）.The alien hand sign：localization, laterilization and recovery. *Am J Phys Med Rehabil* 69：228－238.

-

3.Eccles, J. C.（1989）. *Evolution of the Brain：Creation of the Self*. New York：Routledge, Chapman & Hall.

# 插图出处

图 1 : Adapted from Frisby, j., *Seeing*. Oxford : Oxford University Press, 1980.

图 2 : Adapted from Kanizsa, G., *Organization in Vision*. New York : Praeger, 1979.

图 3 : Adapted from Rock. I., *The Logic of Perception*. Cambridge, MA : MIF Press, 1983.

图 5 : Photo courtesy of Becky Cohen, Leucadia, California.

图 8 : Adapted from Kanizsa, G., *Organization in Vision*. New York : Praeger, 1979.

图 9 : Drawing by Ron James.

图 10 : Adapted from a photo by Kaiser Porcelain Ltd. for the Silver Jubilee of Queen Elizabeth II.

图 11 : Drawn by Odile Crick.

图 12 : Leon D. Harmon, by permission of the Estate of Leon D. Harmon. Photo furnished by E. T. Manning.

图 13 : Courtesy of V. S. Ramachandran.

图 14 : From Sekuler, R., *Perception*. New York : McGraw-Hill, Inc., 1990.Material is reproduccd with permission of McGraw-Hill.

图 17 : Copyright 1988 by the American Psychological Association. Reprinted by permission from Warren, W. H., Jr., Morris. M. W., and Kalish, N. L., J *Exper Psychol* : *Human Perception and Perform* 14 : 646-660, 1988.

图 19 : Courtesy of V. S. Ramachandran.

图 20 : From Julesz. B. J., and Bergen. J. R., " Textons, the fundamental elements in preattentive vision and perception of textures, " *The Bell System Technical Journol*, 62（6）: 1619-1645. Copyright $^{©}$ 1983 AT & T. All rights reserved. Reprinted with permission.

图 21 : Adapted from Anne Treisman and Stephen Gormican in *Psychol* Rev 95（1）: 15-48, 1988.

图 22 : Adapted from R. I. Reynolds in *Perception* 10 : 107-115, 1981.London : Pion.

图23 : Adapted from J. E. Dowling in *Neurons and Networks*. Cambridge, MA : Harvard University Press, 1992.

图24 : From F. Crick and C. Asanuma in Parallel Distributing *Processing* : *Explorations in the Microstructure of Cognition*, vol 2. D. Rumelhart and J. L. McClelland（eds.）, 333–371. Cambridge, MA : MIT Press, 1986.

图25 : Adapted from J. E. Dowling in *Neurons and Networks*. Cambridge, MA : Harvard University Press, 1992.

图26 : From Krech, D., and Crutchfield, R., *Elements of Psychology*. Copyright<sup>©</sup>1958 by David Krech and Richard S. Crutchfield. Copyright<sup>©</sup>1969, 1974 by Alfred A. Knopf, Inc. Reprinted by permission of the publisher.

图27 : Adapted from J, E. Dowling in *Neurons and Networks*. Cambridge, MA : Harvard University Press, 1992.

图28 : From F. Crick and C. Asanuma in *Parallel Distributing Processing* : *Explorations in the Microstructure of Cognition*, vol. 2. D. Rumelhart and J. L. McClelland（eds.）, 333–371. Cambridge, MA : MIT Press, 1986.

图30 : Drawn by Ramony Cajal.

图31 : Courtesy of Charles D. Gilbert.

图32 : Courtesy of Charles Stevens from Sc *Am* 241（3）: 54–65, 1979. Copyright<sup>©</sup>1979 by Scientific American, Inc. All rights reserved.

图33 : From F. Crick and C. *Asanuma in Parallel Distributing Processing* : *Explorations in the Microstructure of Cognition*, Vol. 2. D. Rumelhart and J. L. McClelland（eds.）, 333–371. Cambridge, MA : MIT Press, 1986.

图34 : From D. M. D.Landis in *J. Comp. Neurol.* 260 : 513–525, 1987. Permission granted by the editor-in-chief of *The Journal of Comparative Neurology.*

图35 : Courtesy of Steve Hillyard in *Machinery of the Mind* : *Data, Theory and Speculations about Higher Brain Function*, E. Roy John（ed）, 186–205. Boston : Birkhauser, Inc., 1990.

图36 : Courtesy of Hanna Damasin.

图37 : Courtesy of Hanna Damasio.

图38 : Modified from Eric Mose, "Eye and camera," by George Wald. Copyright<sup>©</sup>August 1950 by Scientific American, Inc. All rights reserved.

图39 : From *Eye, Brain and Vision* by David H. Hubal. Copyright 1988 by Scientific American Library. Reprinted with permission of W. H. Freeman and Company.

图 40 : Modified from David Hubel and Torsten Wiesel, "Brain mechanisms of vision." Copyright September 1979 by Scientific American, Inc. All rights reserved.

图 41 : From *Eye, Brain and Vision* by David H. Hubel. Copyright [©] 1988 by Scientific American Library. Reprinted with permission of W. H. Freeman and Company.

图 42 : Courtesy of David Hubel and Torsten Weisel.

图 44 : Courtesy of David Hubel and Torsten Weisel.

图 45 : Adapted from Allman. J., "Evolution of the visual system," in Progress in Psychobiology and Physiological Psychology. New York : Academic Press, 1977.

图 46 : From LeVay, S., Hubel, D. H., and Wiesel. T. M., "The pattern of ocular dominance. columns in macaque visual cortex revealed by a reduced silver stain." J. Comp Neurol 159 : 559, 1975.

图 47 : Adapted from Felleman, D. J., and Van Essen D. C., *Cerebral Cortex* 1 ( 1 ) : 1–47, 1991.

图 48 : Adapted from Felleman, D. J., and Van Essen D. C., *Cerebral Cortex* 1 ( 1 ) : 1–47,

图 52 : Adapted by David Amaral and Wendy Suzuki from Felleman, D. J., and Van Essen, D.C. , *Cerebral Cortex* 1 ( 1 ) : 1–47, 1991.

图 56 : Adapted from Sejnowski, T., and Rosenberg. C., "Parallel networks that learned pronounced English text," *Complex Systems* : 145–168, 1987.

图 58 : Adapted from Duensing.S., and Miller. B., *in Perception* 6 : 611–613, 1977.

图 59 : Drawn by Jamie Simon, The Salk Institute, La Jolla, CA.

## 图书在版编目（CIP）数据

惊人的假说 /〔英〕弗朗西斯·克里克著；汪云九等译. — 长沙：湖南科学技术出版社，2018.1
（2024.10重印）
（第一推动丛书.生命系列）
ISBN 978-7-5357-9532-8

Ⅰ.①惊… Ⅱ.①弗… ②汪… Ⅲ.①意识—研究②视觉—心理学—研究 Ⅳ.① B842.7 ② B845

中国版本图书馆 CIP 数据核字（2017）第 225063 号

*The Astonishing Hypothesis*
Copyright © 1994 by Francis Crick and Odile Crick Revocable Trust
This edition arranged with Felicity Bryan Associates Ltd.
through Andrew Nurnberg Associates International Limited
All Rights Reserved

湖南科学技术出版社通过安德鲁·纳伯格联合国际有限公司独家获得本书中文简体版中国大陆出版发行权
著作权合同登记号 18-2006-033

JINGREN DE JIASHUO
## 惊人的假说

著者
[英]弗朗西斯·克里克

译者
汪云九 等

出版人
潘晓山

责任编辑
吴炜 戴涛 颜泪 李蓓

装帧设计
邵年 李叶 李星霖 赵宛青

出版发行
湖南科学技术出版社

社址
长沙市芙蓉中路一段416号
泊富国际金融中心
http://www.hnstp.com

湖南科学技术出版社
天猫旗舰店网址
http://hnkjcbs.tmall.com

邮购联系
本社直销科 0731-84375808

印刷
长沙超峰印刷有限公司

厂址
宁乡市金州新区泉洲北路 100 号

邮编
410600

版次
2018 年 1 月第 1 版

印次
2024 年 10 月第 8 次印刷

开本
880mm × 1230mm 1/32

印张
12

字数
253000

书号
ISBN 978-7-5357-9532-8

定价
59.00 元